華 章 圖 書

一本打开的书，一扇开启的门，

通向科学殿堂的

# THE PROBLEM WITH SOFTWARE

## Why Smart Engineers Write Bad Code

# 软件困局

## 为什么聪明的程序员会写出糟糕的代码

[美] 亚当 · 巴尔（Adam Barr）著

乔海燕 曾烈康 译

机械工业出版社
China Machine Press

图书在版编目（CIP）数据

软件困局：为什么聪明的程序员会写出糟糕的代码 /（美）亚当·巴尔（Adam Barr）著；乔海燕，曾烈康译．—北京：机械工业出版社，2019.11

书名原文：The Problem with Software: Why Smart Engineers Write Bad Code

ISBN 978-7-111-64193-3

I. 软…　II. ① 亚…　② 乔…　③ 曾…　III. 软件开发－研究　IV. TP311.52

中国版本图书馆 CIP 数据核字（2019）第 255291 号

本书版权登记号：图字　01-2018-8474

Adam Barr: The Problem with Software: Why Smart Engineers Write Bad Code (ISBN 978-0-262-03851-5).



# 软件困局：为什么聪明的程序员会写出糟糕的代码

出版发行：机械工业出版社（北京市西城区百万庄大街 22 号　邮政编码：100037）
责任编辑：孙榕舒
责任校对：殷　虹
印　　刷：三河市宏图印务有限公司
版　　次：2020 年 1 月第 1 版第 1 次印刷
开　　本：147mm×210mm　1/32
印　　张：12.125
书　　号：ISBN 978-7-111-64193-3
定　　价：79.00 元

客服电话：（010）88361066　88379833　68326294　　投稿热线：（010）88379604
华章网站：www.hzbook.com　　读者信箱：hzit@hzbook.com

# •• 译 者 序 ••

现代社会越来越依赖于软件产品，现代人的生活就像离不开电力一样离不开软件。另外，软件作为一种有别于普通商品的人类智能产品，很容易包含平时在外表上或者功能上不易显现的瑕疵或者缺陷，业内一般将这类瑕疵或者缺陷称为bug。软件bug在一定条件下被触发后，轻则使软件不能完成预期功能，打乱人们的工作和生活秩序，重则造成重大财产损失，甚至危及用户的人身安全。

为什么软件容易包含bug？为什么软件的生产如此困难，以至于人们难以预测开发所需的时间，造成软件发布延迟甚至被迫取消发布？为什么软件的生产不能像其他商品的生产一样，按照某种标准流程来确保商品质量和生产周期？

软件工程其实并没有多少"工程"的成分，这已经是公开的秘密了。自计算机诞生以来，特别是20世纪60年代大批软件问世之后，围绕软件的种种问题一直伴随且困扰着从事软件生产和研究的人们。本书对这些问题做了深入细致的分析和探讨，并提出了诸多实用且可行的建议。作为一名在微软工作超过20年的资深软件工程师，亚当·巴尔指出了造成当前软件工程困境的诸多因素。一方面，在大学里，学生并没有学到在团队中如何编写便于后续维护的软件，他们在大学里完成的软件作业仅达到了课程项目的要求，却与业内软件开发的实际规模和真实复杂度完全脱节；另一方面，在工业界，靠自学成长起来的一代聪明的程序员习惯于凭自己的直觉和经验来解决问题，他们相信软件必然会包含 bug，但这些包含了 bug 的软件照样可以带来巨大财富，这些根深蒂固的观念导致工业界缺乏改进软件工程的动力。针对这一现状，巴尔提出了一些可行的建议。例如：在大学里让学生学习最新的知识，编写易于理解的代码，阅读和使用更大型的软件；工业界应加强与学术界的合作，推进软件工程的学术研究，特别是实证研究。巴尔认为，随着软件的消费方式由套装软件逐步转向云服务，软件工程将迎来更光明的前景。

在阅读本书的过程中，我们与作者有同样的感慨：为什么学校没有教授学生那些已经存在的重要知识？为什么人们在重复发明轮子上浪费了如此多的时间和精力？作者对软件发展的细致分析表明，软件发展历史上积累的知识或许比我们想象的还要多得多，这些知识对于学术界和工业界来说是一笔宝贵的财富。无论是对于改进软件生产过程还是对于开发更可靠的软件来说，这些知识都具有非同寻常的指导意义。

本书的翻译得到了许多同行的支持，感谢孙榕舒编辑的工作，使得译文清晰顺畅了许多！限于译者水平，译文中难免出现疏漏和错误，欢迎大家批评指正！

译者

2019 年 6 月于中山大学东校区

# •• 前　　言 ••

1988年11月，尚处于萌芽状态的互联网上的计算机遭到了一种计算机病毒攻击。这种病毒滥用了一个程序员的错误：假定可以信任另一台计算机发送了正确数量的数据。这是一个简单的错误，其修复也很容易，但是所使用的编程语言很容易受到这种类型错误的攻击，并且没有一种标准的方法来检测这种问题。

2014年4月，现在无处不在的互联网上的计算机遭到一种计算机病毒攻击。这种病毒同样滥用了一个程序员的错误：假定可以信任另一台计算机发送了正确数量的数据。这是一个简单的错误，其修复也很容易，但是所使用的编程语言依然容易受到这种类型错误的攻击，并且依然没有一种标准的方法来检测这种问题。

在经历了四分之一个世纪的发展之后，软件工程仍然停滞在“易受攻击的编程语言”和“无法检测错误”的阶段，这显然不是人们期望的。其他新的工程学科在发展初期会生产出不可靠的产品。例如，在航空业发展的早期，人们在车库里制造飞机，结果是可想而知的。而一百年后，我们已经无法想象那个没有航空旅行的世界了——我们已充分掌握了这项技术，在统一的工程标准的基础上，可以制造出非常可靠的飞机。

但是，编写软件却不是这样的。虽然软件被称为工程学科，但它几乎没有工程的特征，即随着时间的推移，在严格的实验基础上建立起一个知识体系。人们自然会问关于工程产品的那些问题：它有多坚固？可以使用多久？什么情况下可能失败？对于软件来说，无论是针对程序的一个部分还是整个软件，这些问题都无法得到可靠的答案。专业许可是大多数工程学科的标志，但这却被软件行业视为潜在的诉讼来源，而不是制定标准的机会。

这样做不仅造成了用户可见的错误，还造成了程序员的重复工作、大量精力浪费、挫败感增加，并且使软件发布被延迟或永远无法发布。

如果你听说过软件行业，那可能是因为不同寻常的程序员面试方式。网站、书籍，甚至是为期一周的培训课程都致力于帮助人们为令人畏惧的编码面试做准备，在这个过程中要么完全有机会展示你的技能和知识，要么完全没有机会。尤其是“白板编程”，候选人必须在白板上匆匆写出短程序。一些求职者抱怨说，这并不能准确反映他们的日常工作，他们希望公司把注意力集中在他们背景中的其他方面。然而，这些求职者可能没有意识到，在他们的背景中并没有太多可以关注的方面。与其他工程学科不同，拥有软件工程学位并不能保证你理解已有的关于编程工具和技术的知识，因为这样的东西根本不存在。你在大学期间可能写了很多代码，但是没有办法知道这些代码是否有用。因此，要求求职者在白板上写代码片段是我们评估一个人的最佳方式。

请看这个笑话，尽管这不是什么好笑的事：你怎么称呼医学院毕业排名最末的人？答案是“医生”——因为从医学院毕业并完成实习意味着他已经学会了如何做医生。我问过医生，他们是如何面试然后被聘用的。他们说，面试时从未被问过具体的医学问题或完成某种简单的医疗程序；相反，面试官谈论的是他们如何与患者交谈、他们对新药物的看法如何这类事情，因为面试官知道他们已经掌握了医学的基本知识。但是，对于计算机科学专业的毕业生来说，这样的普遍要求并不实际。

早在1990年11月，卡内基–梅隆大学的玛丽·肖（Mary Shaw）为《IEEE软件》杂志撰写了一篇题为《软件工程学科的前景》的文章，她解释说："工程依赖于有关技术问题领域的、以实践者可以直接使用的方式编纂的科学知识，从而为实践中常见的问题提供答案。普通的工程师可以用这些知识来更快地解决问题。这样一来，工程部门就可以共享先前的解决方案，而不是总依赖于某个行家的问题解决方案。"她将软件工程与土木工程进行了比较，并指出，"尽管大型土木结构在有历史记载之前就已经建成，但在过去的几个世纪里，它们的设计和建造都是基于理论知识，而不是凭直觉和积累的经验。"[1]我翻阅了美国土木工程师协会的出版物目录，其中尽是有趣的标题，如《水管情况评估》和《寒冷地区路面工程》，我很欣赏在其他工程学科中有这么多的理论知识。

回顾各种形式的工程史，肖写道，"工程实践是从商业实践中产生的，它充分利用了一门伴随科学的成果。科学成果必须成熟和丰富到能够建模实际问题。这些知识也必须以对实践者有用的形式组织起来。"[2]然而，自从她的文章发表以来，软件工程界在构建支持真正的工程学科所需的科学结果方面几乎没有取得进展，它仍然停留在“直觉和积累的经验”阶段。同时，软件在现代生活中变得至关重要，人们认为软件比支撑它的工程方法的保障更可靠。

肖在文章的结尾说：“好的科学依赖于研究者和实践者之间强有力的互动。”然而，文化差异、无法访问大型且复杂的系统，以及完全难以理解这些系统，都干扰了支持这些交互的交流。同样，对如何将研究结果转化为生产环境的有用元素的理解不足，阻碍了研究界研究结果的采纳……简单地说，如果能够培养学术界和工业界之间的建设性交互，那么软件的工程基础将发展得更快。”[3]

在 2013 年由计算机协会（ACM）主办的“系统、编程、语言和应用：服务人类的软件”（SPLASH）会议上，一位名叫格雷格·威尔逊（Greg Wilson）的程序员发表了题为“两个独行侠”的主题演讲，讨论了软件学术界和工业界之间的这种分歧。在做了一段时间的程序员之后，威尔逊发现了里程碑式的书籍《代码大全》（Code Complete），这是第一批尝试解释软件工程实践的书籍之一，也是少有的关于软件实践研究的书籍之一。威尔逊意识到他以前不知道这一切，正如他在演讲中所说的：“我怎么不了解我们熟悉的事情呢？”[4] 后来他意识到他的同事跟他一样，而且，他们对自己的这种无知很满足，也不想多学点东西。他还评论说：“参加软件工程国际会议的人中，不到 20% 来自工业界，而且大多数人在微软研究院这样的实验室工作。相反，只有少数的研究生和一两个富有冒险精神的研究人员参加大型的工业会议，比如年度敏捷大会。”[5]

对软件工程的焦虑这一术语自 50 多年前被发明以来就一直存

在。本书不会提出解决方案，虽然我在最后给出了一些建议，但本书将尝试提供软件行业从早期到现在所经历的路线图。

除了几章以外，其他章节是按时间顺序编排的，始于1980年左右，大致与我作为一名程序员的经历平行。本书并没有尝试给出软件行业的完整历史，相反，它深入挖掘了一些特别重要和具有代表性的特定时刻。这些时刻包括一系列号称可以一并解决程序员面临的所有问题的想法，这些想法在还没有不可避免地回到现实时就被下一件大事取代了。与此同时，学术界和工业界之间的鸿沟不断扩大，使得每一个新的想法在研究中都不那么持久，而软件则进一步远离而不是更接近玛丽·肖希望的工程基础。

从根本上讲，本书是关于一个我经常问自己的问题：是软件开发确实太难，还是软件开发人员能力不足?

最后，提醒一下不喜欢技术细节的读者：本书含有一些代码。不要惊慌。如果不了解程序员在想什么，就不可能了解软件行业；而如果不深入了解程序员编写的实际代码，就不可能了解程序员在想什么。好软件和差软件之间的区别可能就是一行代码——一个程序员做出的看似无关紧要的选择。要理解软件中的某些问题，需要对代码有足够的理解才能明白，以及为什么程序员编写了糟糕的代码，而不是优质的代码。

所以请阅读代码吧！非常感谢。

## 注释

1. Mary Shaw, “Prospects for an Engineering Discipline of

Software," *IEEE Software 7*, no. 6 (November 1990): 16, 18.

2. 同上，21 页。

3. 同上，24 页。

4. Greg Wilson, " Two Solitudes " (keynote address, SPLASH 2013, Indianapolis, IN, October 30, 2013), accessed December 18, 2017, https://www.slideshare.net/gvwilson/splash-2013.

5. Greg Wilson and Jorge Aranda, " Two Solitudes Illustrated, " December 6, 2012, accessed December 18, 2017, http://third-bit.com/2012/12/06/two-solitudes-illustrated.html.

# ·· 致　谢 ··

真诚地感谢通过会面或电子邮件接受我采访的计算机科学家：亨利·贝尔德、维克托·巴斯利、弗雷德·布鲁克斯、罗伯特·哈珀、高德纳、亚当·麦凯、大卫·帕纳斯、沃恩·普拉特和本·施内德曼。我还要感谢格伦·达迪克和文森特·埃里克森，感谢他们回复我在脸书（Facebook）上即兴写下的信息，并且填补了一些重要的历史细节。

我还要向所有审阅本书的人表示最深切的感谢。我要向我的妹妹黎贝卡表达最衷心的感谢，她用专业编辑的眼光通读了全书三遍。我也很感谢我的父母迈克尔和玛西娅，还有我的弟弟乔，他们阅读了整本书并给出了很多反馈意见，还有克里希南·拉玛斯瓦米，尽管他与我没有任何关系，但他还是阅读并评论了每个章节。我还想感谢我的儿子扎卡里，他提供了宝贵的反馈，还有艾米丽·帕佩尔和卡丽·奥尔森，他们在本书早期创作期间给予了我很大鼓励。感谢伯纳德·范、凯特·瓦尼和约瑟夫·怀特的评论。鲍勃·德鲁斯再一次出色地完成了最终手稿的编辑。

非常感谢麻省理工学院出版社每一位参与本书出版工作的编辑，特别是玛丽亚·卢夫金·李，她对这本书表达了最初的兴趣并最终推动了本书的成功出版。克里斯汀·萨维奇和斯蒂芬妮·科恩回答了关于本书的许多问题。感谢一位匿名审稿人精辟的评论。我还要感谢弗吉尼亚·克罗斯曼、辛迪·米尔斯坦和苏珊·克拉克。

感谢微软卓越工程团队的所有同事，尤其是那些与我在卓越开发者项目中合作过的同事，我要特别感谢埃里克·布雷奇纳让我进入卓越工程团队，并为我们的许多工作提供指导。我还要感谢克里斯汀·莱恩向我解释旋钮和管道的接线问题。

感谢国王县图书馆系统的工作人员为我在写作本书时提供的环境。感谢当地各咖啡店的咖啡师，特别是伊萨夸的 Yum-E 酸奶。西雅图的计算机博物馆让我重温了许多年轻时的记忆，我非常感激。

Reddit 论坛上的许多匿名人士贡献了一些与本书直接相关或间接相关的知识。虽然我们并不相识，但请相信，这是向您表达的感谢。我也要感谢我在写作本书期间阅读过的维基百科页面的维护者。

最后，我要感谢我的妻子毛拉，她忍受了我那一大堆布满尘土的软件书籍，一如既往地陪伴我左右。

# 目　录


译者序

前言

致谢

第 1 章　早期的日子 …… 1

第 2 章　程序员接受的教育 …… 32

第 3 章　软件的层次 …… 62

第 4 章　夜晚的小偷 …… 94

第 5 章　做正确的软件 …… 132

第 6 章　对象 …… 162

第 7 章　设计思维 …… 197

第 8 章　你最喜爱的程序设计语言 …… 230

第 9 章　敏捷开发 …… 272

第 10 章　黄金时代 …… 309

第 11 章　未来 …… 331

# 第1章

## 早期的日子

我手里有一些1982年无线电器材公司出售的计算机目录，不知是什么原因，这些东西从我高中时代一直保存到现在。这些产品的牌子是TRS-80，并且看起来很熟悉：带有显示器和键盘的计算机、打印机、硬盘以及游戏和办公软件。按目前的标准来看，它们的价格有点高，但在当时却是合理的：一台基本的台式计算机800美元，一台有额外内存的则要1100美元，再添加一个功能更强的商务系统则是2300美元。当时还没有笔记本计算机（尽管有“袖珍计算机”），触摸屏也是后来很晚才出现，但其他的配件都和如今的差不多。[1]

然而细节会让人惊讶。与目前的硬件相比，这些计算机的计算能力差得可怜。入门级的TRS-80 Ⅲ型只有4KB内存，也就是4096字节。从今天的角度看，即使一台低端计算机也有4GB内存，很难想象4KB内存（不到如今低端计算机内存容量的百万分之一）的计算机能做什么有用的事情。

外存的差异同样是巨大的。当时一个售价为5000美元的硬盘可以容纳 8.4MB，如今购买一个更大的 8TB 硬盘也用不了 300 美元。当时一张软盘可容纳 170KB（需要再付 1000 美元购买软盘驱动器和磁盘操作系统软件），现在的 U 盘容量是这个软盘的 100 多万倍。将一个现代的存储设备容量缩小到当时的容量大小，就相当于将本书缩减到半封信。以今天汽车速度百万分之一的速度行驶的汽车每小时移动十几厘米，在正常人看来，这样的车是静止不动的。

1982 年也是我个人历史上的一个里程碑：我们家购买了第一台家用电子计算机，一台运行 IBM PC DOS（磁盘操作系统）1.00 版的早期 IBM 个人计算机。

在 1981 年底 IBM PC 出现之前，计算机行业有三类不兼容的品牌：无线电器材（Radio Shack）、苹果（Apple）和康懋达（Commodore）。如果你想把软件卖给拥有这三款计算机的人，那么你必须写三次软件。IBM PC 推出了第四个平台。在当时，IBM 发展成为世界上最知名的计算机公司，它的名字几乎成了个人计算机产业的代名词，IBM PC 的硬件设计比竞争对手的产品更具扩展性。同时，微软向其他硬件公司出售了 DOS 系统的一个版本，一家叫作凤凰科技（Phoenix Technologies）的公司编写了 IBM 计算机中一种受法律保护的底层软件。总之不论是由于意外事件还是上述或其他原因，所有这些因素都在某种程度上促使 IBM PC 成为所有个人计算机的标准，这一标准得到了兼容计算机销售公司的市场支持，另外三家竞争对手也渐渐退出了历史的舞台。标准平台的确立触发了个人计算机软件产业的快速增长。如果说这些运行缓慢、能力不足的计算机就像是一块贫瘠的土地（在这块土地上仍然成长出了像 IBM 这样的企业），那么从程序员的角度来看，过去的计算机似乎已经是几个世纪以前的产物。

我小时候接触实际计算机的机会并不多，因为大部分的技术不适合家用。我通过玩乐高积木为未来的职业生涯做准备，积木是我这个年龄段的程序员人生故事中的一条主线。在 20 世纪 70 年代中期，计算机有两种形式：大型计算机和小型计算机。大型计算机是你在老电影中看到的那种，用于天气预报和其他用途，往往为大公司、政府和大学所有；小型计算机则是那种体积更小、自成一体的机器，被企业用于诸如计算工资表之类的用途。在当时看来，在家里放一台计算机的想法是无聊且荒谬的。计算机是用来做枯燥但重要的事情的，如果任你选择，你会把它放在哪里呢？ 1976 年微软成立时，企业的愿景是“让每张桌子上和每户家里都有计算机”，这听起来，似乎完全是一种幻想。

1977 年首次出现了三种非常成功的个人计算机，即康懋达公司的 PET、Tandy 公司的 TRS-80 和苹果公司的 Apple Ⅱ，随之一起出现的还有 Atari 2600 游戏系统（和现在一样，当时的游戏系统也是计算机，只是具有不同的用户界面和不同名义的用途）。与此同时，在这些斗志昂扬的新星之外，远在麦吉尔大学数学系（我父亲在那里担任教授），有人说服该系从一家名为王安（Wang）的公司以 20000 美元的价格购买一台小型计算机，外加每年 2000 美元作为维护服务费用。大型计算机往往是工业冰箱的大小，安装在能控制温度和湿度的玻璃墙后面，但小型计算机的尺寸要小得多，可以安装在任何地方。小型计算机最终被原始个人计算机的后代所替代（当时的个人计算机用不怎么被看好的术语“微型计算机”来称呼），不到15年，王安实验室（Wang Laboratories）便面临了危险的“创新者的窘境”（Innovator’s Dilemma）——借用克莱顿·克里斯坦森（Clayton Christensen）的书名——从一家拥有三万名员工的公司走向破产，但在当时，王安计算机仍然被认为是性能优良的。[2]

在我小的时候，家里没有参与到第一波的个人计算机购买潮流中——我们的客厅没有苹果、康懋达或TRS-80，甚至也没有游戏系统，但周六我父亲偶尔会带我到麦吉尔大学数学系，在那里我可以消磨一下午，在王安小型计算机上玩《保龄球》《足球》和《星际旅行》游戏——这些都是非常简单的版本，用文本可爱地呈现出“图形”（足球场地用破折号、加号和大写字母I标记，中场时屏幕上移动的字母B-A-N-D表示乐队的存在）。我一年大概有三次这样的机会，每当下一次机会临近时，我会满怀期待，至今我仍然能记得那种期待的感觉。写到这里的时候，我和我的两个孩子正在飞机上。此时两个孩子都在看书，但半小时前他们还在手持设备上玩游戏。对于玩计算机游戏这件事来说，当时和如今的差异（就不用说游戏本身的质量了）是如此巨大，令人难忘：就好像我在一代人的时间内观察到了从三叶虫进化到霸王龙的历程。

计算机游戏的出现大致与电子游戏《Pong》走进千家万户的时间点一致，所以，我不是唯一一个眯着眼睛紧盯着粗劣的电子游戏的孩子，但是，我开始编写软件的时间要比同龄人更早一些。我编写的第一个软件不是在计算机上的。惠普公司有一个计算器系列产品，这些产品可以执行用户编写的程序（正如其中一个计算器的说明书所述，“由于其先进的计算能力，这些计算器甚至可以被称为个人计算系统”)。[3] 20世纪70年代末，我父亲拥有几台惠普计算器，其中一台还配有内置热敏打印机（HP-19C)。这些计算器主要用于数学运算，例如计算抵押贷款，但我不需要做这些。我只是对纯粹的程序设计很感兴趣，所以我写了一些在现实中无用的程序，比如打印素数的程序（我从来没有发现自己需要素数列表，但我已经用几种程序语言编写了这个程序)。

在进一步讨论程序设计之前，我应该先解释一下计算机是如何运行程序的。处理器是计算机内部的芯片，它有一组**寄存器**，每个寄存器可以存储一个数字。处理器可以对这些寄存器中的数字执行加法、乘法等操作，还可以对它们进行测试，检查它们是否等于某个值，或者其中一个值是否大于另一个值，例如，如果结果为真，则跳到程序中的另一个位置。最后，由于寄存器数量有限（通常是8到32个)，处理器可以将值从寄存器移到计算机内存，并可从计算机内存移到寄存器，以便保存这些值并在需要时送回寄存器。

基本上这就是处理器可以做的事情：对寄存器的操作，这些寄存器之间的比较，基于这些比较结果的跳转，以及在寄存器和内存之间来回移动数据。处理器还有其他一些功能（比如直接对内存中的数据执行数学运算的能力，而不是先把数据移到寄存器中再做计算)，但实际上所有的操作都是由以上这些**指令**的组合构成的。

计算机运行的程序是一系列指令。例如，在当今许多个人计算机使用的英特尔处理器上，有一个名为 `ADD` 的指令可以将两个寄存器相加。要将 `EAX` 寄存器和 `ECX` 寄存器相加（并将相加的结果存储在 `ECX` 中)，可用如下可读形式的指令编写：

```
ADD ECX, EAX
```

但对于机器来说，它实际上是一个比特序列：[4]

```
0 0 0 0 0 0 0 1 1 1 0 0 0 0 0 1
```

也就是“只包含 0 和 1 的序列”，即“计算机处理器解析只包含 0 和 1 的序列”。[5]

只包含 0 和 1 的序列被称为**机器语言**，而人类可读的形式如

```
ADD ECX, EAX
```

被称为**汇编语言**。一个被称为**汇编程序**的程序可以把汇编语言转换成机器语言，以使计算机能执行该程序。

惠普计算器上的程序设计其实也是一种汇编语言的体验：我的程序必须将数据在内存和处理器可以对其进行操作的位置之间来回移动（从技术上讲，这是一个栈，而不是寄存器，但实际使用中相当于在只有两个寄存器的处理器上进行程序设计）。[6] 有些人说，每个程序员都应该先学习汇编语言，这样他们才能知道程序在底层是怎么运行的，但事实上，这些惠普计算器程序虽然在那个时候引人关注，但使人容易在程序设计时犯简单的错误，而且代码可读性很差。

在 1980 年底，我父亲把一种称为**终端**的设备带回家，它可以连接到麦吉尔大学的主机。按照今天的标准，这种设置是很原始的——即使按照几年后的标准来看，这种设置也是原始的——但这是可以理解的，因为它的发展大致处在计算爆发前的黎明到现在的中间点。终端是一种被称为**电传打印机**或**电传打字机**的类型，也被称为**行终端**。它有一个键盘，但没有屏幕，只有一台打印机，所以它看起来像一台消耗折叠纸的大型打字机（这种连续

折叠纸的两边有可移动的孔，现在只能在旧电影和汽车租赁公司里看到）。这种设备一直处于无精打采的状态，直到我们拨通麦吉尔大学里一台大型计算机的电话号码，并将听筒放在一个声音耦合器上为止。

声音耦合器看起来像装在一个盒子上的两个超大耳机听筒（在1982 年无线电器材公司的目录中一台卖 240 美元）[7]，把听筒紧紧地抱住，把哔哔声和隆隆声传给麦克风，就能听到扬声器发出相同的声音。这些声音被用来与麦吉尔大学里的计算机交换数据，麦吉尔大学里的计算机进行所有的实际处理。如果你设想了一台有键盘、显示器和主机的现代台式计算机，那么键盘和显示器在我家，而主机在麦吉尔大学，它们不是通过短电缆而是通过电话连接。它的连接速度相当慢，只有 300 波特，大约每秒 30 个字符，相当于今天典型宽带连接带宽的百万分之一。关于慢连接的好处，我能想到的只有终端的低速打印不会成为问题，因为一整行 80 个字符的文本需要大约 3 秒钟的时间来传输，所以打印机的打印速度虽然很慢，但跟上传输速度还是没有问题的。

坐在我父母的卧室里，我在这个系统上学会了一种叫作 WATFIV 的程序设计语言，它是早期程序设计语言 Fortran 的一个版本。[8]与汇编语言相比，这是一种**更高级的语言**，它提供了有用的抽象，例如能够为存储位置（被称为**变量**）命名，而不需要使用处理器寄存器名，例如 EAX 和 ECX。一种叫作**编译器**的程序将高级语言转换成机器语言（从概念上讲，编译器将其转换成汇编语言，然后再转换成机器语言，但通常它会直接输出 0 和 1）。

由于 WATFIV 语言是设计成在大型计算机上运行的，而这些计算机通常通过使用传统的行终端访问（就像我使用的行终端那样），因此它的输出功能有限。由于终端常常既没有屏幕也没有扬声器，因此它不支持在屏幕上绘制图形或通过扬声器发出声音。WATFIV 程序的输入 / 输出功能仅限于读取和打印文本行。

我作为一名 Fortran 程序员的正式训练来自一本书——《使用 WATFOR 和 WATFIV 的 Fortran IV 程序设计》（Fortran IV with WATFOR and WATFIV），在高中上历史课时我都会抽时间看一看这本书。这本书教会了我 Fortran 语言的基本语法，但没有解释如何编写一个程序以完成一些有用的事情，就像了解英语语法后你可以完成一张商品宣传页或一纸求婚书。

下面是来自这本书的一个 WATFIV 程序的例子，如果有一种程序设计语言非常适合以固定宽度的（我将用于本书中的所有程序片段）大写形式打印，那么它肯定是源自 Fortran 的语言（事实上，整本书都是以固定宽度的字体打印的）：[9]

```
C EXAMPLE 6.3 - SUMMING NUMBERS
      INTEGER X,SUM
      SUM=0
    2 READ,X
      IF(X.EQ.0)GO TO 117
      SUM=SUM+X
      GO TO 2
  117 PRINT,SUM
      STOP
      END
```

这个程序并不难读懂，如果你本能地跳过了代码，那么我鼓励你返回去读一遍代码。程序中的一组步骤通常被称为代码（Code），但并不像《达·芬奇密码》（The Da Vinci Code）那样。

达·芬奇密码是一个无法理解的谜，而代码只是符合特定规则的一系列指令。

程序声明了两个 INTEGER 类型（表示数字）的变量，分别命名为 X 和 SUM，将 SUM 初始化为 0，读取一个值并将其存储在 X 中，并检查 X 是否为 0。如果 X 是 0，那么它会打印出总和并终止；否则它会将 X 的值加到 SUM 存储的累加和中，然后返回读取另一个值。

指令行 READ,X 和 PRINT,SUM 就是所谓的 API，它代表应用程序编程接口。API 为程序提供完成某些任务的功能，在这里的功能分别是读取一个值和显示一个值。我们说代码*调用*了一个 API，也就是说，代码告诉编译器它想跳转到该 API 来执行一个操作。API 可以接收*传递*给它的*参数*，这些参数提供更详细的信息。在这段代码中，传给 READ 的参数是 X，告诉它要将值读取到什么变量，传递给 PRINT 的参数是 SUM，告诉它要打印什么变量。

代码左侧的数字 2 和 117 是可选的行号，它们是 GO TO 指令的目标；GO TO 2 表示“跳到编号 2 的行并从该点继续执行”。与大多数现代语言不同，每行开头前的空格很重要。根据 Fortran 的规则，行号写在第 1 列到第 5 列中，实际的程序代码从第 7 列开始。第一行将 C 放在第一列作为起始，表示第一行是注释，编译器会忽略注释的内容。

至于这个程序调用应用程序编程接口 READ 时将要读取的数据，Fortran 及其变体设计的是从穿孔卡（一张穿孔卡表示一行程序）读取程序，运行它们，并打印出结果。数据通常放在程序之后，在另一张穿孔卡片上（程序和数据之间必须有一个只包含文本

$ENTRY 的特殊卡片）。应用程序编程接口 READ 从卡片堆中的下一个穿孔卡读取数据（运行在麦吉尔大学计算机上的 WATFIV 版本是增强版，允许你将程序和数据存储在大型计算机的磁盘驱动器上，而不必每次从卡上重新读取，如果你愿意，还可以读取键盘上键入的输入数据）。[10] 这个特定的程序期望最后有一个值为 0 的卡片，表示数据的结束。

这些都是人们编写的典型 Fortran 程序，用于解决简单问题，例如根据学生各门课的考试分数计算学期成绩（当然每张打孔卡表示一个考试分数）。在许多情况下，编写程序的人就是使用这些程序的人，因为他们编写的程序特定于自己的具体情况。

在 Xbox 游戏玩家拥有自己的真实场景的今天，很难想到不久前，玩计算机游戏仍然被视为一种极客的爱好。许多玩计算机游戏的人也编写计算机游戏，他们无疑是极客。你可能不记得英国一个名为 Sigue Sigue Sputnik 的流行乐队，他们以一首《爱情导弹 F1-11》（Love Missile F1-11）轰动一时。1986 年，当我在当地的山姆唱片公司（Sam the Record Man Store）看到密纹唱片的背面时，我发现这支唱片是 Sigue Sigue Sputnik 乐队的。毫无疑问，他们的服装和发型看起来很酷、很有远见。但令我惊讶的是，这个乐队的成员把“电子游戏”列为他们的爱好之一——这对我来说是一个很重要的时刻。今天的一个学生告诉我，他们对程序设计感兴趣，并不是因为 1 和 0 的迷人，而是因为他们喜欢使用软件，并且认为学习如何编写软件可能很有趣，这让我有点惊讶。他们的兴趣来源居然与乐高积木没有关系？

至于惠普计算器，我用它胡乱地学会了 WATFIV，脑子里却没有任何特定的目标。我当时写了一些简单的程序，比如将一个数字列表（在程序设计术语中被称为一个包含数字的数组）从大到小排序。或者如果我想得到交互体验，就会编写一个游戏程序——“计算机存储了一个数。你可以猜一下这个数，我会用‘猜大了’或‘猜小了’来回应你猜的答案。”即使是这样一个小游戏，靠自己编写出可用的程序也是需要花时间的，因此，你必须相信解决问题本身是有价值的——相信寻找解的过程本身就是回报。此外，你没有多少机会犯一个不能用试错法解决的错误。你可能会将更多的时间花费在发现一行 Fortran 代码错误地从第 6 列而不是第 7 列开始，而花费较少的时间用于处理程序逻辑错误。

就这方面而言，小时候玩乐高可能是个不错的准备。要将小组件拼成一个更大的部件，必须准确地遵循详细的指引。将它们轻轻地“咔嚓”连接在一起的过程与编写小程序的过程极为相似。

我们 1982 年购买的 IBM PC 是一个比麦吉尔大型计算机能力更强的软件平台。除了不必通过调制解调器远程连接（等到家里人不使用电话的时候）以外，IBM PC 还可以显示图形和播放声音。[11] 程序员利用这一优势编写文字处理程序，从而在屏幕上显示准确的格式，或者显示实时计算的电子表格，以及实现其他当时看来奇迹般的操作。玩足球游戏时不再需要先输入文本命令然后观察响应，不再需要通过字母 B-A-N-D 在屏幕上来回移动来表示乐队。现在你可以编写真正实现人机交互的游戏了（这正是我所关心的）。

更妙的是，包含在 IBM PC 中的 BASIC 语言支持所有这些硬件，因为这种语言是为 IBM PC 定制的。事实上，IBM PC 的

BASIC 语言包含一些高级功能，这些功能是我在其他系统上找不到的。有一个名为 `PLAY` 的 API，你可以用它来输入一种“曲调定义语言”，它便可以播放所定义的音符。比如

```
PLAY "L8 GFE-FGGG P8 FFF4 GB-B-4 GFE-FGGG GFFGFE-"
```

将播放“玛丽有只小羔羊”。[12] 一个名为 `DRAW` 的 API 支持一种“图形定义语言”，如

```
DRAW "M100,100 R20D20L20U20 E10F10"
```

将画出一个长方形和一个三角形，其中，三角形位于长方形的上方。[13]

麦吉尔大型机上的可用命令非常有限，只能满足“学习程序设计”示例小程序的运行需求，而这些示例小程序可以很快写好，但是也很快就会被丢在角落。突然间，我从这种资源非常有限的程序设计环境转向了一个资源相当丰富的环境，在新的环境下我可以编写任何我想实现的高级程序，例如可扩展、可稳定地持续运行的程序（我甚至会将这些高级程序展示给其他人）。

这段时间涌现了一大批为 IBM PC 社区服务的书籍和杂志。然而，我的 BASIC 知识主要来源于计算机附带的参考手册。我再一次通过自学掌握了 BASIC 语言——我并不是想突出我自己的能力，我想强调的是，阅读参考手册是那时人们学习程序设计的标准方式。同时，我还在一个朋友的 Apple Ⅱ 计算机上编写 BASIC 代码，以同样的方式学习其中的细节（Apple Ⅱ 的 BASIC 语言也支持图形和声音，但是在 IBM PC 和 Apple Ⅱ 计算机上 BASIC 语言的操作细节是不同的，事实上，当时大多数个人计算机的 BASIC 语言都有不同的操作细节）。

我跌跌撞撞地自己学会了足够多的 IBM PC BASIC 知识，还制作出一些街机游戏的劣质翻版，比如《吃豆人》(Pac-Man) 游戏和《 Q 伯特》( Q*Bert) 游戏。我在高中的最高成就可能是在毕业的那一年写了一个程序，将班上所有同学的名字排列成一个巨大的数字“84”，然后印在运动衫上。不幸的是，有几个因素阻碍了我学习编写大型程序的正确方法，尤其是在程序员职业生涯中编写的那种大型程序。

第一个问题是，无论那时是否有关于如何写“好”程序的知识，我都对此一无所知。BASIC 手册中有一些简短的代码片段，每一段都描述了编写 BASIC 程序时使用的一部分关键字和 API 的正确语法和用法。虽然这些例子可能说明了不同部分完成的工作，但从未讨论过为什么特定的代码段是以某种特定方式编写的。代码示例有效，这就足够了。剩下的由你自己去判断。

面对仅用于演示调用一个 API 的小代码示例时，你不会花太多时间考虑可读性或清晰性。这种可读性和清晰性会以各种方式出现。例如，在一个较长的程序中，用 I 或 J 命名变量对可读性和清晰性并没有特别大的帮助，在这种情况下你需要更具描述性的信息。但是在这些示例中，人们经常使用单字母来为变量命名，在没有考虑过这一点（大型程序的可读性和清晰性）的情况下，这种风格将被沿用到实际的代码中。大多数程序员编写代码是为了自己使用，他们自己明白代码是如何工作的，所以不太关心代码对别人的可读性。当时的我当然也不关心。

第二个问题是计算机有限的内存。

为了适应资源的限制，IBM PC 附带了三个 BASIC 版本，你可以购买一台只有 16KB 内存的 IBM PC。在这样一台机器上，你只能运行计算机附带的盒式磁带 BASIC（Cassette BASIC），这种版本被烧成 32KB 的 ROM（只读存储器）芯片，这意味着它不占用 16KB 内存的任何空间。它之所以被称为盒式磁带 BASIC，是因为你可以订购不带磁盘驱动器的 IBM PC，而使用盒式磁带进行存储。在这种情况下，计算机将直接引导到盒式磁带 BASIC。机器上没有 DOS，因为没有可以操作（或从中加载 DOS）的磁盘。

我估计没有几个人会订购一台仅可以使用盒式磁带的 IBM PC（我隐约记得给早已休刊的杂志《Softalk for the IBM PC》的一封信中曾讲到这个问题），绝大多数人订购了带软盘驱动器的 PC。这意味着你正在运行 DOS，因此可以启动磁盘 BASIC（Disk BASIC）或高级 BASIC（Advanced BASIC）（即 BASIC 和 BASICA），只需在 DOS 命令符后键入启动指令。

磁盘 BASIC 是盒式磁带 BASIC 的一个超集，它增加了对在磁盘上读写文件以及通过调制解调器通信的支持。高级 BASIC 还包括高级图形和声音 API，如 `DRAW` 和 `PLAY`。磁盘 BASIC 需要 32KB 的内存，而高级 BASIC 则需要高达 48KB 的内存。需要记住的是，内存必须容纳 BASIC 的解释器本身（尽管一些更高级的 BASIC 确实依赖于存储在单独的 ROM 中的一些磁带 BASIC 代码）、你的程序代码以及任何程序中用变量存储的数据。

考虑到这一点，所有变量使用单个字母命名的习惯便很容易理解了，使用较短的变量名可以尽量减少代码占用的内存。BASIC 允许你在代码中添加注释来解释这段代码的行为，注释的方法是在语句的前面加上 `REM` 或 `'`（单引号）字符，但是注释也被视为一种占用内存空间的奢侈品。一台 16 KB 内存的 IBM PC 甚至不是运行 BASIC 的最低配环境。回想一下，无线电器材公司销售的是一台具有 4KB 低配置内存的 TRS-80 计算机，它运行的 BASIC 非常小，甚至几乎不支持包含文本序列的字符串变量。你的程序代码中只能有两个字符串变量，分别被命名为 A$ 和 B$ [14]。

事实上，为了节省内存，一些早期的 BASIC（虽然不是 IBM PC 附带的版本）允许省去空格字符。循环（一种允许语句重复的标准程序设计结构）通常是像下面这样用 BASIC 编写的（当时的 BASIC 程序在每一行上都需要行号）：

```
10 FOR J = 1 TO 10
20   PRINT J
30 NEXT
```

但是你也可以把它们写在一行：

```
10 FOR J = 1 TO 10: PRINT J: NEXT
```

这一行可以被压缩成

```
10 FORJ=1TO10:PRINTJ:NEXT
```

而且这被认为是完全正常的，甚至是聪明的。

这些内存限制在大型计算机时代的配置上倒退了一步。那些大型计算机也没有太多的内存（虽然我不知道麦吉尔大学计算机的具体细节，但在 20 世纪 70 年代，一台典型大型计算机的内存在 256KB 到 1MB 之间），并且在任何时候所有连接的用户共享内存，但是操作系统使用了一种称为虚拟内存的技术，使得磁盘驱动器可被用作额外的内存。在这样的环境中，从代码中删除一些字节就不那么重要了，程序员可能偶尔会在注释行上挥霍一下。

妨碍我在 IBM PC 上学习正确的编码技术的第三个问题是，用当时的 BASIC 语言编写大型程序是困难的。大型程序由多层的代码组成，而且通常各层由不同的人编写，并通过 API 连接在一起。你编写的代码通常调用较低层提供的一个 API，但也提供一个供较高层调用的 API。虽然 BASIC 允许代码调用 BASIC 本身提供的 API，例如 DRAW 和 PLAY，但是你的代码无法向其他代码提供自己命名的 API。

BASIC 确实有*子程序*，它允许代码跳转到程序中的其他地方，然后返回到调用代码。它在概念上是一个 API，但是不是由名称引用的，而是由行号引用的（类似于 Fortran 的 GO TO 语句或 BASIC 的 GO TO 语句）。此外，子程序不支持参数。它直接引用变量。程序员使用 GOSUB（有时拼写为 GO SUB）语句和指定行号调用子程序。考虑 1983 年出版的《结构化 BASIC》（Structured BASIC）一书中的这个例子（为了清晰起见稍作修改）：[15]

```
100 READ A
110 GO SUB 700
120 PRINT S
130 GO TO 999
700 S = 0                       ! 子程序的开始
710 FOR I = 0 TO A
720 S = S + I
730 NEXT I
740 RETURN                      !!! 子程序结束
999 END
```

在第 120 行，程序调用从第 700 行开始的子程序，其功能是将 0 到 A 的数字相加，并将结果存储在 S 中。从概念上讲，变量 A 是该子程序的参数，因为子程序在计算中使用 A，变量 S 是子程序的**返回值**，因为 S 设置为子程序的净值。但是事实上，除了子程序用到了这些变量外，这些变量与子程序是没有任何关系的。用软件术语来讲，BASIC 中的所有变量都是**全局变量**，这意味着，无论是在主程序还是子程序中，任何代码都可以访问这些变量。调用者在调用第 700 行开始的子程序时，必须“恰好知道”在调用前将某个值存入 A，并且“恰好知道”子程序计算的返回值将存储在 S 中。更不用说，它必须“恰好知道”将 0 到 A 之间的数字相加的子程序是从第 700 行开始的，而不会一不小心把程序跳转到第 690 行或 710 行。[16] 第 700 行和 740 行的注释以一个感叹号（！）开始，告诉读者它们是子程序的开始和结尾，但是编译器忽略注释，并不知道第 700 行应该是子程序的开始。

这看起来可能只是一个很小的细节，但实际上，它使得调用其他人的代码变得相当棘手（当然，我独自编程，没有与其他程序员合作（所以不存在这个问题）——这也是另一个阻止我学习“真正的”软件开发的原因）。设想将另一个程序员的代码复制到自己的 BASIC 程序中。除了需要知道被调用子程序的确切行号以及用于传递和返回值的确切变量名之外，你不能保证在其他人的代码中使用的行号和变量名与你已经使用的行号和变量名不同，如果恰好出现了相同的情况，这将导致冲突。BASIC 需要行号的部分原因是，它原本的设计是针对可能没有任何文本编辑器的交互系统的。如果要在两个程序行之间插入一行代码，则必须选择介于这两个行号之间的一个数字作为行号。如果你选择了一个已经使用的行号，那么 BASIC 将用新的代码行替换旧的代码行，这意味着如果行号有冲突，那么加载其他人的代码将替换你的部分代码。[17] 你编写的程序基本上只能依赖 BASIC 的内置 API。如果一个程序确实加载了其他代码段，那么你必须精心设计，使得同一程序的这两部分的行号不会重叠，这与现代分层程序更常用的“调用某人编写的一个 API 实现”是完全不同的。

另外，作为 BASIC 程序员，你可能缺少为其他人定义一个清晰的 API 接口的实践。这些接口连接是程序中的脆弱点，因为 API 的接口名容易引起误解，API 的调用者可能无法确切地了解 API 的功能，特别是如果 API 是由不同的人在不同的时间编写的（在大型程序中，实现底层 API 的*源代码*（未经编译的原始代码）对于调用者来说通常是不可见的）。在 BASIC 里，你不必考虑传递什么变量给子程序或子程序返回什么变量。任何子程序都可以读取或设置程序中的任何变量。甚至关于 API 命名问题也没有人讨论，因为只有行号可以标识子程序。

即使维护一个不依赖任何其他代码的独立程序，你仍然会遇到难读的代码。为 IBM PC 开发的操作系统 MS-DOS 包含了一些 BASIC 示例程序，这些示例程序用于演示该语言的功能，并给在商店挑选计算机的人们提供一些操作的试用机会。我记得有一家商店展示了 IBM PC 上可用的颜色图表（一共有 16 种），另一家商店则在计算机屏幕上连续不断地绘制随机大小的矩形来勾勒出一个“城市”的“天际线”——对于一个调用应用程序编程接口 `LINE`、仅用大约 10 行代码写成的程序来说，这已经是很好的展示效果了。如果你传入合适的参数到应用程序编程接口 `LINE`，这段程序还可以画出填充的矩形。[18]

大约一半的示例程序是由 IBM 编写的，其余的程序是由微软编写的。据提供 IBM 代码的格伦·达迪克（Glenn Dardick）说，他在手术后恢复的几天内编写了大部分代码。他的主要贡献是“音乐”程序，该程序可以播放 11 首不同的歌曲，包括《砰！去追黄鼠狼》（Pop! Goes the Weasel）、《胜利之歌》（Yankee Doodle Dandy）、约翰·施特劳斯的《蓝色多瑙河圆舞曲》(Blue Danube Waltz）和沃尔夫冈·阿玛多伊斯·莫扎特的《第 40 号交响曲》(Symphony #40）。该程序在播放的同时会在钢琴键盘示意图上显示相应的音符。达迪克邀请了一位家族朋友，纽约大都会歌剧院的音乐指挥理查德·沃伊塔赫（Richard Woitach）来帮他编写曲子。[19]

在这些 BASIC 示例中，最著名的或者说最声名狼藉的，是《驴子》(DONKEY)，也被称为“DONKEY.BAS”（“DONKET.BAS”是包含《驴子》的 BASIC 源代码文件名）。《驴子》是一个非常简单的游戏。游戏中屏幕显示了一条从屏幕顶部到底部的双车道公路，在屏幕底部有一辆赛车，赛车可以在左车道行驶，也可以在右车道行驶。一头驴会出现在其中一条车道上，从屏幕顶部向下移动，然后你使用空格键把车移到另一条车道上，以避免撞到驴。避开这头驴之后，另一头驴会出现在屏幕顶部的其中一条车道，玩家需要不断地躲避出现的驴子。这个游戏就是这样！网络上流传了该游戏的视频，但不要误解，我并不是在建议你观看这个视频。游戏的作者（比尔·盖茨也是游戏的作者之一）辩称，这个游戏只是在深夜编写的一个练习，目的是展示高级 BASIC 的力量。[20] 游戏使用了应用程序编程接口 `DRAW` 和 `PLAY`，演示了编写交互式游戏的基本知识，对于像我这种习惯于大型计算机的非交互式线路终端体验的人来说，这个游戏非常有指导意义。

我承认我也玩过几次《驴子》游戏，而且我是把它当成一款电子游戏作为娱乐消遣，而不仅仅是惊叹于它的简洁优雅。我的一个孩子在读本章的草稿时，找到了这款游戏的一个可以玩的版本，而且他发现自己很快就被这款游戏迷住了。每次成功避开一头驴，赛车就会移动到更靠近屏幕顶部的地方——我已经忘记了这个细节，然而正是这个细微之处唤醒了玩家的兴奋感。2014 年，一款手机游戏《像素小鸟》（Flappy Bird）流行一时，但是与 1981 年的《驴子》相比，这款游戏的玩法几乎没有什么吸引力，控制也没有那么复杂。

得益于《驴子》游戏的出名，这款游戏的源代码被保存到了今天，所以我们今天仍然可以看到一个 8 位时代的 BASIC 程序长什么样子。[20] 它只有 131 行，其中前 45 行用于打印介绍性消息并确保你使用的硬件是正确的。游戏的核心逻辑很容易看懂，但是当你碰到了下面这两行，可能会皱一下眉头（在 IBM PC BASIC 中，GOSUB 被写成一个词）：[22]

```
1480 GOSUB 1940
1490 GOSUB 1780
```

这里没有上下文来帮你理解这些子程序的语义，即子程序的功能是什么，它们依赖于哪些调用之前需要设置的变量，以及它们在运行时修改了哪些变量。至少在 Fortran 中，类似的代码会这样写：

```
CALL LOADDONKEYIMAGE(DNK)
CALL LOADCARIMAGE(CAR)
```

这段代码提供了关于接口用途的一点提示，即将驴子和汽车的图像加载到变量 DNK 和 CAR 中，以便在屏幕上更容易绘制（这是 1940 行和 1780 行的 BASIC 子程序所做的事情）。即使不能像 Fortran 那样编写代码，《驴子》的作者本来可以在 BASIC 代码行中添加注释：

```
1480 GOSUB 1940      '将驴的图像加载到 DNK
1490 GOSUB 1780      '将赛车的图像加载到 CAR
```

接下来写 1940 行的代码：

```
1940 CLS
1950 DRAW "S08"
1960 DRAW "BM14,18"
1970 DRAW "M+2,-4R8M+1,-1U1M+1,+1M+2,-1"
```

这里本不应直接跳转到这个序列中去画驴子[23]，而是应该以注释行开始，说明其功能，比如

```
1940 画驴子并将图像加载到 DNK 变量
```

同时，三个字母的变量 DNK 和 CAR 是整个程序中使用的最长和最具描述性的变量。其他变量包括 Q、D1、D2、C1、C2 和 B。请注意，BASIC 允许的最长变量名可以达到 40 个字符。

在 DONKEY.BAS 中的还有一行代码是这样的：[24]

```
1750 IF CX=DX AND Y+25>=CY THEN 2060
```

这是汽车和驴子的碰撞测试，CX 和 CY 是汽车的屏幕坐标，DX 和 Y（为什么不是 DY？原因不明）是驴子的屏幕坐标。考虑这些变量间的数学关系总是需要动点脑筋的，所以 IF 语句的复杂性是可以预料的（该 IF 语句的意思是，如果屏幕上的 $x$ 坐标相同，表示汽车和驴子在同一条车道上，而屏幕上驴子的 $y$ 坐标与汽车

的 $y$ 坐标差距在 25 之内，那么驴子的下边缘就与汽车的上边缘重叠，因此发生了碰撞）。代码令人困惑的原因是，发生碰撞时（IF 判断的条件为 true 时）没有调用诸如名为 SHOWEXPLOSION 的 API，而是跳转到第 2060 行（就是 THEN 2060 所做的操作）。同样，也没有注释来解释这些操作。如果你转去 2060 行想弄清楚要做什么，你会看到：[25]

```
2060 SD=SD+1:LOCATE 14,6:PRINT "BOOM!"
```

首先，给变量 SD 加 1 并没有提供多少有用的信息（SD 保存了驴子撞车的次数，对于一直在读代码的人来说，它看起来像是“score-donkey”的缩写），然后 LOCATE 语句神秘地将光标移动到第 14 行第 6 列，但你会看到它打印了单词“BOOM !”你可能会猜到（特别是如果你玩过这个游戏的话），这就是碰撞代码。但是，必须在程序中来回跳跃，记住所有这些代码的含义，并且只能依靠可识别的 PRINT 语句来弄清楚你在看的代码，所有这些细节都使得代码很难阅读和理解。

你可以想象在另一个平行宇宙，MS-DOS 系统附带的 BASIC 示例有通俗易懂的变量名和帮助理解的注释，人们可以利用这些优点来扩展游戏。我可能会写一个《超级驴子》(SUPERDONKEY）游戏（在屏幕上同时有三条车道和两头驴），而由于 MS-DOS 系统对文件名的限制，《超级驴子》游戏的源代码会被命名为 SUPRDONK.BAS。在这个平行宇宙里，良好的代码习惯可以培养人们欣赏和编写易于理解的代码，我们（这里的我们指“受 IBM PC BASIC 启发，想在微软工作的一群人”，我是其中的一员）会继续从事自己的工作，尽管没人知道软件工程的未来将如何发展。

但是现实是，代码很难阅读，平行宇宙里的事情也都没有发生。如今，那些准备开放源代码给公众的公司可能会担心人们对他们的变量名或代码布局提出批评，但在过去，人们显然没有这种担忧。在 BASIC 示例中，代码作者做出的唯一让步是在代码头部加入三行 IBM 版权信息。

BASIC 代码的另一个来源是诸如《BASIC 计算机游戏》（BASIC Computer Games）和《更多 BASIC 计算机游戏》（More BASIC Computer Games）等的书籍，这两本书都是由早期杂志《创造性计算》（Creative Computing）的创始人和发行人大卫·艾尔（David Ahl）编写的。书中包含了各种游戏的源代码，而玩这些游戏的唯一方法是自己按照书本键入正确的代码（或许有朋友已经写好了代码，这样的话你可用软盘或磁带复制他们的代码）。这个过程实际上有助于学习 BASIC 语言，因为键入代码时你有机会思考程序是如何工作的。

每台计算机都有自己的 BASIC 版本，有一部分原因是用于处理计算机的特定功能，另一部分原因是 BASIC 语言还没有标准化。[26] 这种现象的影响是，书中的程序永远不会使用特定计算机的图形或实时交互，程序都是基于文本的，需要用户键入命令并按“回车”键进行交互，而且一次只能显示一行输出。这使得这些程序几乎适用于任何 BASIC 版本，无论是在 IBM PC 上运行的还是终端连接的。我现在意识到，我在麦吉尔大学的王安小型机上玩的《星际迷航》(Star Trek）游戏与《BASIC 计算机游戏》中的《超级星际迷航》（Super Star Trek）游戏有着密切的关系，把它移植到王安小型机上的人已经对它进行了充分的修改，使游戏中的星图在完全以ASCII图形呈现的情况下显示在屏幕中央，比模仿行终端滚动要更好。

如果你的BASIC版本与上述书上的版本不同，那么可能只需要稍加修改就可以让游戏正常运行。例如，许多BASIC版本允许一行中有多个语句，用冒号分隔，该书就是利用了冒号，但有些版本则不允许，这时候需要改写一下。或者有的版本允许一行多个语句，但用反斜线符号分隔。[27]有的版本在处理字符串方面有些不同，尤其是用于提取字符串子集的API。IBM PC BASIC与该书上的BASIC基本一致，只是对生成随机数的代码需要做一些小的调整。这也并不奇怪，因为分别于1978年和1979年出版的这两本书使用的标准是微软BASIC，它不是在IBM PC上运行的版本，而是在早期的计算机上运行的，因为当时IBM PC还没有出现。这也提醒人们，在签订将MS-DOS销售给IBM的协议并由此确保了IBM的长期成功之前，微软作为一家销售编程语言的公司已经运行了好几年。事实上，上述第一本书的参考版本是微软的MITS Altair BASIC 4.0版，它是微软销售的第一款产品的后代。[28]

游戏的质量参差不齐。由于缺乏图形支持，其交互功能也有点欠缺。下面是第一本书中关于《冰球》(Hockey）游戏的说明：[29]

```
QUESTION   RESPONSE
PASS       TYPE IN THE NUMBER OF PASSES YOU WOULD
           LIKE TO MAKE, FROM 0 TO 3.
SHOT       TYPE THE NUMBER CORRESPONDING TO THE SHOT
           YOU WANT TO MAKE.  ENTER:
           1 FOR A SLAPSHOT
           2 FOR A WRISTSHOT
           3 FOR A BACKHAND
```

```
                4 FOR A SNAP SHOT
AREA            TYPE IN THE NUMBER CORRESPONDING TO
                THE AREA YOU ARE AIMING AT.  ENTER:
                1 FOR UPPER LEFT HAND CORNER
                2 FOR UPPER RIGHT HAND CORNER
                3 FOR LOWER LEFT HAND CORNER
                4 FOR LOWER RIGHT HAND CORNER
```

游戏是这样玩的：当一个玩家拿到冰球时，游戏会提示输入若干次传球（0 到 3 之间），然后提示输入射门的类型和区域，然后随机生成一个结果（进球或未进球），然后确定哪个玩家有冰球，重复这个过程，直到你的时间用尽为止（计算机也决定了每次的游戏时间）。

不管你信不信，这些游戏在那些日子里是很有吸引力的（公平地说，其中一些游戏更适用于非交互模式），即使你可以获取源代码并指出程序中设计的计算机人工智能（简写为 AI。现在再读它的代码，直接射门（SLAPSHOT）似乎是最好的得分选择，而且与瞄准的位置没有关系）。

尽管如此，它们都是大型 BASIC 程序的例子。第一本书中的《超级星际迷航》源代码超过 400 行（用超小型字体），第二本书中的《海战》(Seabattle）源代码超过 600 行，由明尼苏达州的一名高中生编写。[30] 除了 BASIC 规定的并不友好的编码风格（用行号指向子程序和 GOTO 语句的目标）之外，人们继续使用糟糕的变量名，上述书中变量名的平均字符数非常接近于 1。

《海战》游戏的作者文森特 · 埃里克森（Vincent Erickson）说，他使用的 BASIC 版本规定变量名最多只能有两个字符，这明显妨碍了表达的清晰性。他在 1977 年写了这个游戏，后来参加了 1978

年的明尼苏达州程序设计竞赛，然后把它提交给《创造性计算》杂志，杂志将它选入了第二本书，并支付了埃里克森 50 美元的版权费。值得一提的是，这个程序确实有相当多的注释，每个注释标注一段代码，但埃里克森不记得注释是最初就有的，还是在提交出版时添加的。他在程序设计比赛中获得了第二名；从好的方面讲，他后来开始通过电子邮件与另一所高中的一名学习计算机科学的女生交流，因为当时她的老师给了她一份参赛者名单。他们后来结为夫妻，这或许是第一次由网络牵线的婚姻。[31]

虽然平淡的变量名显然不足以阻挡丘比特的箭，但它可以令人灰心。在第一本书中有一个跳棋游戏，它包含了我本来感兴趣的计算机人工智能的逻辑，但它被掩埋在一堆单字母变量中。在第二本书中还有一个迷宫生成程序，我本想破译它的程序逻辑：它如何确保迷宫只有一条路？然而，要想读懂它的代码实在是太难了。对于《冰球》这样的游戏，你可以用打印的字符串作为指导，“有人进了一个球”的逻辑显然在这行代码附近：[32]

```
970 PRINT "GOAL " A$(7):H(9)=H(9)+1:GOTO 990
```

但是对于《跳棋》或《迷宫》这样的游戏程序来说，这些指南是不存在的。不足为奇的是，注释也几乎不存在（编写《保龄球》游戏程序的人至少给代码的不同部分添加了一些有用的描述性注释，值得给予迟来的肯定）。

总之，可以准确地说，20 世纪 80 年代早期存在的最普遍的 BASIC 代码，不支持在彼此不认识的人和没有充分沟通的人之间共享。这并不是专门针对微软为 IBM PC 编写的 BASIC 语言的一个打击，事实上它的功能非常齐全，然而，这是使用行号表示子程序和 GOTO 语句目标的语言的一个根本问题。BASIC 的发明者约翰·凯梅尼（John Kemeny）和托马斯·库尔茨（Thomas Kurtz）认识到了这些问题，到了 20 世纪 70 年代末，他们提出了一个改进版的 BASIC，可以给子程序命名，可以带参数，还有一些其他改进使得 GOTO 语句的存在基本上无足轻重了。[33] 不幸的是，大多数人都是通过个人计算机附带的 BASIC 版本学习该语言，但这些版本已经各自分道扬镳了。凯梅尼和库尔茨对 IBM PC BASIC 不满意，部分原因是这个版本让他们想起了该语言的前身。他们称 IBM PC BASIC 处理数字变量的方式"丑陋"和"愚蠢"，并批评从支持图形的方面来说是"设计得非常糟糕的语言"。[34] 这就像在某匹马从马厩逃跑以后，马厩的门再也没有关上过。

故事讲到这里时，我应该提到艾兹格·戴斯特（Edsger Dijkstra）⊖。戴斯特是荷兰的一位计算机科学家（他于 2002 年去世）。他出生于 1930 年，这使他正好处于发明计算机科学中的一些基本概念和算法的年代。尽管他看起来像一位典型的计算机科学教授，但他的谈话或书信却经常被人引用。1975 年他写了一封题为"我们如何说出可能会伤害到别人的真相？"的信。他在信中说，"对那些曾经接触过 BASIC 的学生来说，几乎不可能给他们传授好的程序设计方法，因为作为潜在的程序员，他们的思维已经被扰乱，重塑的希望渺茫。"他还把 Fortran 称为"婴儿病"，并称之为"完全不适合今天的任何计算机应用：它用起来太笨拙、太冒险、太昂贵。"[35] 他对惠普计算器的话题保持沉默，不过你应该听听他对 COBOL（另一种可以追溯到 20 世纪 50 年代的编程语言）

⊖ Dijkstra 也可译为迪科斯彻，为阅读方便，本书均译为戴斯特。——编辑注的看法。总之，BASIC 缺乏成熟的设计，这使得 BASIC 解释器更简单，因此更适合早期个人计算机的小型内存。个人计算机行业没有听从戴斯特的警告，而是将 BASIC 语言定为事实上的标准语言，因此毁掉了一代程序员。顺便一提，盖茨大约比我早十年就接触到了计算机，当时他的学校得到了一个与远程计算机相连的基于打印机的类似终端（只是他的第一种程序设计语言是 BASIC 的一个版本，而不是 Fortran，所以他只需对付思维上的混乱，而不需要面对我所面临的更多麻烦）。

1984 年秋天，我作为一名 Fortran 和 BASIC 的幸存者，前往普林斯顿主修计算机科学，准备吸收迄今为止我所缺乏的所有软件工程知识。接下来发生的故事可能会让你吃惊。

## 注释

1. 这是一份加拿大目录，所以实际价格单位是加元。本书一加元按 0.8 美元换算，大致相当于 1982 年初的汇率。计算机的实际价格分别是 999 加元、1399 加元和 2899 加元，硬盘 6295 加元，带 TRSDOS 和磁盘 BASIC 的硬盘驱动器是 1199 加元。

2. Mary Shaw, "Prospects for an Engineering Discipline of Software," *IEEE Software* 7, no. 6 (November 1990): 16, 18.

3. Hewlett-Packard, *HP-41C/41CV Owner's Handbook and Programming Guide* (Corvallis, OR: Hewlett-Packard, 1982), 7. 我们没有这样的计算器，但是我在 2010 年搬入一间微软办公室时碰巧发现了一个别人遗弃的 HP-41CV，附带一本手册。

4. Intel Corporation, *Intel 80386 Programmer's Reference Manual 1986* (Santa Clara, CA: Intel, 1987), 244, 261.

5. 指令占有 2 字节，第一个字节是0 0 0 0 0 0 0 1，告诉处理器这是一个 ADD 指令，第二个字节是1 1 0 0 0 0 0 1，告诉处理器将 EAX 加到 ECX——所有的指令都是按照处理器的规则用这些比特串编码的。第二个字节的前缀1 1 指示处理器这是从寄存器到寄存器的加法，接下来的0 0 0 表示源数据保存在 EAX，0 0 1 表示计算结果保存在 ECX。

6. 可能令人混乱的是，惠普参考手册将计算器的内存称为寄存器。

7. 这里的 $299 以加元为单位。

8. WATFIV 于 20 世纪 60 年代末由滑铁卢大学开发。它是 WATFOR（Waterloo Fortran，滑铁卢 Fortran）的后续版本，取名原意是"WATFOR 后的版本"，也是"Waterloo Fortran IV"的缩写。Fortran IV 是 Fortran 的第四版。Paul Cress, Paul Dirksen, and J. Wesley Graham, FORTRAN IV with WATFOR and WATFIV (Englewood Cliffs, NJ: Prentice-Hall, 1970), v.

9. 同上，62 页。

10. "WATFIV User's Guide," accessed December 19, 2017, http://www.jaymoseley.com/hercules/downloads/pdf/WATFIV_User_Guide.pdf.

11. 可以购买仅显示文本的型号，但是我们买了更先进的型号。

12. IBM, *BASIC 1.10* (Boca Raton, FL: IBM, 1982), 4-212. L8 表示每个音符为八分之一拍，音符后的减号表示降音，音符后的 4 表示四分之一拍，P8 表示停顿八分之一拍，忽略空格。IBM, *BASIC 1.00* (Boca Raton, FL: IBM, 1981), 4-180–4-181.

13. IBM, *BASIC 1.00*, 4-71–4-72. Mx、y 表示移至坐标 x、y，R/D/L/U 表示向右 / 下 / 左 / 上画线，E 和 F 分别表示向右上和右下画对角线。

14. Matthew Reed, "Level I Basic," TRS-80.org, accessed December 19, 2017, http://www.trs-80.org/level-1-basic/.

15. Steve Teglovic Jr. and Kenneth D. Douglas, *Structured BASIC: A Modular Approach for the PDP-11 and VAX-11* (Homewood, IL: Richard D.

Irwin, 1983), 160.

16. BASIC 确实有定义“函数”的功能，函数可以带几个参数，返回一个值，但是限于一行代码，只能用于定义简单的数学函数或者串处理函数，不能用于一般的带参数子程序。例如，可以编写 `DEF FNAREA(R) = 3.14 * (R ^ 2)`（`^` 表示幂），然后可以对任意变量 `X` 调用 `FNAREA(X)`。

17. IBM PC BASIC 可以通过定义不清的应用程序编程接口 `CHAIN MERGE` 来调用另一个程序的代码，但是这种调用是有风险的。

18. IBM PC DOS BASIC 的所有源代码样本可参看 Leon Peyre 的网页，可以搜索“ DOS 1.1 Samples”。他还有《 BASIC 计算机游戏》中的游戏代码。代码显示，城市天际线游戏（ART.BAS）的核心代码有 11 行，其中三行用于播放声音。Leon Peyre, “ Back to BASICs: A Page about GWBASIC Games and Other Programs, ” accessed December 20, 2017, http://peyre.x10.mx/GWBASIC/.

19. Glenn Dardick 与作者通过 Facebook 的通信，2017 年 6 月 13 日。

20. Bill Gates, remarks at Tech Ed 2001 conference, June 19, 2001, accessed December 20, 2017, https://web.archive.org/web/20070704104845/http://www.microsoft.com/presspass/exec/billg/speeches/2001/06-19teched.aspx.

21. 技术上讲是 16 位，但是你懂我的意思。维基百科有源代码的链接以及可以在现在的计算机上运行的电子游戏。“ DONKEY.BAS,” accessed December 20, 2017, https://en.wikipedia.org/wiki/DONKEY.BAS.

22. “ donkey.bas, ” accessed December 20, 2017, https://github.com/coding-horror/donkey.bas/blob/master/donkey.bas.

23. 同上。

24. 同上。

25. 同上。

26. Bill Crider, ed., *BASIC Program Conversions* (Tucson: HPBooks,

1984).

27. IBM, *BASIC 1.00*, D-2.

28. David H. Ahl, ed., *Basic Computer Games: Microcomputer Edition* (New York:Workman Publishing, 1978), xii.

29. 同上，90 页。

30. 同上，157–163; David H. Ahl, ed., *More Basic Computer Games* (New York: Work- man Publishing, 1979), 143–149.

31. Vincent Erickson 与作者的电邮通信，2017 年 7 月 8 日。

32. Ahl, *Basic Computer Games*, 90.

33. John G. Kemeny and Thomas E. Kurtz, *Back to Basic: The History, Corruption, and Future of the Language* (Reading, MA: Addison-Wesley, 1985), 43–53.

34. 同上，14、63 页。

35. Edsger W. Dijkstra, " How Do We Tell Truths That Might Hurt? " (June 18, 1975), in *Selected Writing on Computing: A Personal Perspective* (New York: Springer Verlag, 1982), 129–131.

# 第2章

## 程序员接受的教育

根据培养医生、律师或会计师时所教授的知识，你可能会错误地设想我在普林斯顿接受的计算机科学教育是这样的：教授指导学生学习如何设计软件，撰写使用不同语言和方法的实验报告，以及在纠正难以捉摸的错误和准确定位低效部位时应用一些指导性的知识，总之，教授将他们在软件工程方面的综合智慧传授给渴求知识的学生。

在我详细解释为什么程序员教育并不是你设想的那样之前，我先介绍一些术语。编写软件程序的人被称为*程序员*。他们也被称为*开发人员*或*软件开发人员*以及*软件工程师*、*软件开发工程师*，有时也被称为*软件设计工程师*。我年轻时称自己为程序员，而在微软，我们的非正式名称是开发人员（developer，通常简称为“dev”），但我的头衔是软件开发工程师。本书提出的一个问题是，在这个领域是否应该使用*工程师*这个词。但就目前而言，可以认为以上的名称都是一个意思。

同时，在大学学习程序设计的人通常主修计算机科学

(computer science)，这是另外一个包含两个词[⊖]的短语，可能还没有第二个替代词，但他们也可能主修**软件工程**(software engineering)。有人说这两者之间有区别，因为计算机科学更注重理论，软件工程更关注理论的应用，但对于两者之间的区别是什么或是否存在区别，目前也没有一致意见，因此也可以认为两者是一样的。

总之，我在 1984 年带着在家里自学的程序设计经验去了普林斯顿大学学习计算机科学。普林斯顿的计算机科学是一个典型的高水平专业：设施良好，学生聪明，教授在其研究领域是公认的权威。但是，教授的研究领域主要与理论计算机科学有关，基本上是关于算法的研究（普林斯顿大学以比其他学校更注重算法而闻名。[1]尽管根据我后来在微软面试其他学校的毕业生时的观察，我没有注意到他们所接受的培训有任何不同）。学校里只有一门课是关于如何编写软件的：我第一年上的计算机科学入门课，在课上我们学习了一种叫作 Pascal 的语言。

比起 20 世纪 80 年代早期的 BASIC，Pascal 有了很大的进步，它支持子程序的参数传递，这种子程序被称为**过程**(procedure)。(Pascal 对子程序做了一些不必要的区分，将没有返回值的称为过程，有返回值的称为**函数**。我在这里统一称之为过程。这两个概念在逻辑上都属于更独立于语言的术语 API。）此外，过程中声明的任何变量都是**局部变量**，这意味着你不必担心它们是否与过程外声明的变量同名。这使得程序员可以调用他人编写的过程而不需要知道过程的实现细节，这是分层构建代码的基础。这在 IBM

⊖ 指两个英文词。——译者注

PC BASIC 中基本上是不可能的，因为它的基于行号的子程序没有参数，并且所有变量都是全局的。

大我一岁的姐姐也在大学上了一门 Pascal 课程。我曾经和她讨论过，像 Pascal 允许的那样定义带参数的过程是否很重要，或者有 BASIC 的那种不可命名、非参数化子程序是否就足够了。回想起来，后一种情形真是幼稚得无可救药，但尽管如此，那是我选择的一方。当时我姐姐的 Pascal 程序设计经验包括典型的短赋值语句（整数数组排序等），那是我在学习 WATFIV 时所做的练习，而我已经写过几个相当复杂的 BASIC 游戏（我当时是在如今被称为 8 位图形的界面上编写的，但实际上那时的图形界面是 4 位图形，因为 IBM PC 只支持 16 种颜色）。毫无疑问，回想起来，是我错了，而我姐姐是对的。如有足够的耐心，你可以解决没有命名子程序和局部变量的问题，但是命名的子程序和局部变量是如此方便，并且避免了许多可避免的错误，无视它们是毫无理由的。如果为自己辩解的话，可以借用戴斯特（Dijkstra）的评论，BASIC 程序员“思维已被扰乱，重塑的机会渺茫”。[2] 也许在那个时候，我的大脑已经被 BASIC 俘虏，以至于无法正常思考问题，并在辩论中输给了我姐姐。

在普林斯顿的程序设计入门课上，我们学习了 Pascal 的基础知识，编写了一些学习程序设计语言的简单程序。彼得·格罗哥诺（Peter Grogono）编写的教科书《Pascal 程序设计》（Programming in Pascal）[3] 在 Pascal 的语法方面解释得很详细，但是在如何编写程序方面讲得不多，老师好像也没有讲太多细节。正如著名的软件主题作家，在 IBM 管理团队工作 20 多年的哈

兰·米尔斯（Harlan Mills）曾经写道，

我们现在的程序设计课程就像“法语词典课程”模式。在这样的课程中，我们学习词典，学习法语单词在英语中的含义（相当于学习 PL/I 或 Fortran 语句如何处理数据）。在完成法语词典这门课程后，我们要求学生创作法语诗歌。当然，结果是有些人会写法语诗，有些人不会，但对写诗至关重要的技能却没有在法语词典的课程中学到。[4]

当时程序设计界的趋势是结构化程序设计。高德纳（Donald Knuth）是一位德高望重的计算机科学教授，以多卷作品《计算机程序设计艺术》（The Art of Computer Programming）而闻名，这是他 1962 年开始研究的软件算法的综合性总结。他写道：“在 20 世纪 70 年代，我像其他人一样被迫采用结构化程序设计的思想，因为我不能容忍自己犯了编写非结构化程序的错误。”[5] 对于当时使用的任何语言，可能都有一本书的标题是该语言的“结构化程序设计”。你可以找到《使用 PL/1 和 SP/k 的结构化程序设计》(Structured Programming Using PL/1 and SP/k)( 1975 )、《APL 的结构化程序设计》( Structured Programming in APL)( 1976 )、《 FORTRAN 程序设计：FORTRAN IV 和 FORTRAN 77 的结构化程序设计》( Programming in FORTRAN: Structured Programming with FORTRAN IV and FROTRAN 77)( 1980 )、《结构化 COBOL：一种实用的方法》( Structured COBOL: A Pragmatic Approach)( 1981 )、《 Pascal 中的问题求解和结构化程序设计》( Problem Solving and Structured Programming in Pascal)( 1981 )、《结构化 Basic 》(Structured Basic)( 1983 ) 等。

吉拉尔德·温伯格（Gerald Weinberg）是软件领域的另一位长期观察家，他曾在 IBM 参与水星计划（Project Mercury）的软件工作，该计划是美国在 20 世纪 60 年代早期将宇航员送入太空的项目。在 1976 年出版的《APL 结构化程序设计》（APL 是另一种程序设计语言，其名称与 API 无关）一书的前言中，温伯格用他惯用的华丽辞藻展示了结构化的宣言：

"结构化 APL"因其行为混乱赢得了"洁净的猪圈"或"诚实的政客"的走调名声。但我们不能把用户或不当用户的不当行为归咎于语言。在负责任且受过良好教育的程序员手中，APL 是一种非常严格的工具，而且不同于其他常用程序设计语言。

当然，问题在于"受过良好教育"这个词语。在很长的一段时间里，在太多的地方，APL 用户"在大街上"学到了这门语言，这不难从他们编写的程序看出。他们的教科书只不过是参考手册，并没有纠正口头传统的最坏影响。[6]

"在大街上"学来，教科书"只不过是参考手册"——确实如此！温伯格提出的观点与 40 多年后我在本书中提出的观点是一样的：大多数程序员在如何程序设计方面没有受过良好的教育，这表现在了他们的代码中。

当时人们并不清楚结构化程序设计是一个过程，即一种生成程序的结构化方法，还是一种结果，即一个结构化的程序，而不论生成的过程如何。从前文引用的高德纳和温伯格上面的话来看，似乎是指后者。我同意这种判断。代码是最终留下来的东西，也是决定一个新的程序员能多快地理解一个程序是如何工作的东西。尽管如此，那些围绕这个术语的文献在解释"结构化程序设计到底是什么”这个问题上却颇费周折。

《结构化 COBOL：一种实用的方法》在第 95 页才给出关于结构化程序设计的简短解释：“这是第一次提到结构化程序设计这个术语，尽管迄今为止书中给出的每个程序都是‘结构化的’。结构化程序设计是使程序逻辑清晰易于理解的方法。实现的方法是将程序逻辑限制为三种基本逻辑结构：顺序、选择和迭代。”[7] 然后，书中给出了每种基本逻辑结构的流程图。这里的顺序指“一个程序语句后接另一个程序语句”；选择指 IF 语句和根据条件所做的选择；迭代指各种形式的循环。

《结构化 BASIC》的中间部分有一章只用 6 页的篇幅介绍结构化程序设计，这一章的开篇写道：“结构化程序设计是程序开发的另一种方法，结果通常是更高效的代码、更短的开发时间、更容易理解的程序逻辑以及一个更容易调试和修改的程序。”[8] 很难反驳以上的描述，但该书作者解释的方法是给出一个混合“结构框图”，它是一个程序不同部分的可视化表示，再加上表明程序中同样三个基本概念（顺序、选择和迭代）的流程图，所以很明显作者将结构化程序设计视为“一种生成程序的结构化方法”。作者在这一章末尾简短地提到，注释可能会有所帮助，IF 语句块和 FOR 语句块的缩进则有助于提高可读性，这是唯一提到实际代码结构的地方。[9]

同时，尽管温伯格的序言鼓舞人心，但《APL 结构化程序设计》一直等到结尾，才用两页半的篇幅谈及结构化程序设计的主题（公平地说，这本书确实广泛使用了结构图），写道：“也许，在最后我们应该提及出现在标题中，但没有出现在其他地方的这个神秘术语“结构化程序设计”。我在写作本书的时候，关于结构化程序设计到底是什么仍然存在一些争议。但对于它的价值的认识却没有分歧。”[10] 书中接下来是一些肤浅定义，包括桥梁工程和软件工程之间的差异，表现在软件经常在其原始用途、结构图和顺序 – 选择 – 迭代三种结构、设计的重要性以及一个程序的合理长度上进行修改。还有一句“关于使用有意义还是无意义的名称（用于变量、标签和程序）仍存在争议。”[11]

这些内容都没有问题，但这些也是相当基本的：所有高级语言程序，不管它们自称多么结构化，都是由指令序列、IF 语句（或其等价语句）的选择和循环迭代组成的。这些都是底层用来构建软件的“砖块”。如果这是结构化程序设计，那么很难想象非结构化程序设计还有一席之地。

《使用 PL/1 和 SP/k 的结构化程序设计》或许给出了最好的总结：

某些短语在某些时候会流行，它们很时髦。“结构化程序设计”是最近流行起来的术语（这本书于 1975 年出版）。它用于描述编写程序的许多技术，以及一个更通用的方法。……结构化程序设计的首要目标是完成工作。它涉及如何完成工作以及如何正确完成工作。第二个目标是关于如何让其他人能够看到工作是如何完成的，这既有助于接受程序设计教育的人们，也有助于那些在将来不得不对程序进行修改的人们。[12]

该书作者还对 GOTO 语句（在 PL/I 中写为 GO TO）提出了外交式警告：“自从计算机科学家开始认识到程序中合理结构的重要性起，GO TO 语句的自由度就被认为与控制流中的结构概念不符。因此，我们永远不会使用它。”[13]

《结构化 COBOL》在对结构化程序设计的讨论结束时给出了

以下观点：

图 6.1（顺序、选择和迭代的流程图）中缺失的是 GO TO 语句。这并不是说结构化程序设计是“少用 GO TO”程序设计的同义词，结构化程序设计的目标也不仅仅是删除所有的“GO TO”语句。该方法旨在使程序易于理解，为此需要消除大量使用 GO TO 带来的任意翻页。……非结构化程序中通常 10% 是 GO TO 语句。[14]

讲到这里，我认为作者们宣扬得太多了：当你把结构化和非结构化程序设计的区别归结起来时，就只剩下摆脱 GOTO 了。

GOTO 差在哪里？

善辩的戴斯特于 1968 年给《ACM 通信》杂志写了一封信，题为“GOTO 语句被认为是有害的”（Go To Statement Considered Harmful）。这封信的标题听起来很像戴斯特的风格，但据他后来说，标题是由当时的杂志编辑尼古拉斯 · 沃斯（Niklaus Wirth，Pascal 的发明者）提供的。戴斯特最初的标题没有这么激进：“一个反对 GOTO 语句的案例”（A Case against the Go To Statement）。[15] 信的开头是这样的：

多年来，我已熟悉这样的一个现象：程序员的程序设计能力是他们编写的程序中 go to 语句密度的一个递减函数。最近，我发现了使用 go to 语句有如此灾难性影响的原因，我开始相信 go to 语句应该从所有“高级”程序设计语言（即除了普通的机器代码之外的所有语言）中废除。[16]

戴斯特的洞见在于，源代码是静态的。但是，当确定一个程序的功能以及判断它是否正确时，我们所关心的是执行这个程序时的计算机状态（也就是他所称的“进程”），而这种状态是动态

的。他指出，

> 我们的智力更适合掌握静态关系，而对于随时间变化的进程，我们将其可视化的能力却并不发达。因此，我们应该尽最大努力（明智的程序员能意识到自己的局限性），缩短静态程序和动态进程之间的概念差距，使程序（在文本空间展开的）和进程（在时间上展开的）之间的对应关系尽可能地简单。

换言之，在阅读代码时，代码应该尽可能方便读者在头脑中跟踪计算机在执行给定的代码行时所有变量的状态以及它们的含义。戴斯特接着解释说，使用顺序、选择和迭代时，在代码中的任何点上都相对容易求得进程的状态，但是当你允许代码通过 GO TO 任意跳转到任何其他位置时，很难知道进程经过目标位置时的状态，因为代码可以从多个不同位置到达同一个目标位置，而且你完全不知道进程在所有这些不同的点上转入目标位置之前处于什么状态。戴斯特总结道："现在的 GO TO 语句太过原始，使用它会把你的程序搞成一团糟。"[18]

米尔斯也观察到了类似的现象："在诸如 Algol 或 PL/I 这样的块结构程序设计语言中，这样的结构化程序可以不使用 GO TO，并且可以按顺序阅读，不必在脑子里跳来跳去。"（不过，他接着重复官方的故事说，"在更深层意义上，无 GO TO 的特征只是表面的。结构化程序的特点不应简单地以无 GO TO 为特征，而应以结构的存在性为特征。"）[19]

反对 GOTO 的论点得到了一篇学术论文的支持，该论文提出了 Böhm-Jacopini 定理，证明了任何程序都可以在不使用 GOTO 语句的情况下编写出来。[20] 定理的证明依赖于某种扭曲的程序设计风格，特别是最终使用了一个额外的变量来避免某些 GOTO 语句。在一个循环中，往往需要在完成所有计划的迭代之前退出循环。一个例子是在数组中查找某个值的代码，这里用 C#（英文读作“C sharp”）语言表示。第一行相当于上一章的 BASIC 示例中的循环 FOR J=1 TO 10，但在 C# 中重写为（循环范围是从 0 到 9，而不是 1 到 10）：

```
for (j = 0; j < 10; j++) {
     // 数组的第 j 个元素是我们要找的吗?
     if (this_is_the_one(j)) {
          // 如是，则退出循环
          goto endloop;
     }
}
endloop:
```

其中 GOTO 语句跳转到标签（endloop）处，避免了循环中不必要的迭代，最后 j 的值表示你需要找的数组元素是哪一个。如果没有这个 GOTO，根据 Böhm-Jacopini 定理，则需要添加一个额外的变量来“短路”不需要的数组迭代，以及另一个变量来跟踪发现它的位置：

```
foundit = false;
foundlocation = 0;
for (j = 0; j < 10; j++) {
     if (!foundit) {
          if (this_is_the_one(j)) {
               foundit = true;
               foundlocation = j;
          }
     }
}
```

与使用 GOTO 语句的第一个版本相比，这是一个低级且难以阅读的版本。事实上，许多语言（包括 C#，对于不喜欢上面代码的人来说）都有一个名为 BREAK 的语句，它执行“立即退出循环”，而不需要标签（避开 GOTO 语句），这使得代码更加清晰：

```
for (j = 0; j < 10; j++) {
    // 数组的第 j 个元素是我们要找的吗？
    if (this_is_the_one(j)) {
      // 如是，则退出循环
        break;
    }
}
```

不过，有些语言认为 BREAK 语句（以及相关的 CONTINUE 语句，它只跳过循环中当前迭代的其余部分，而不是所有未进行的迭代）是伪装的 GOTO，因此不允许使用。当时的 Pascal 是这类纯粹主义语言中的一种，它们以 Böhm-Jacopini 为后盾。在《Pascal 程序设计》（Programming in Pascal）中有一个例子：一个版本使用一个额外的变量（称为*状态变量*）跳过不必要的循环迭代，另一个版本使用 GOTO 语句。书中称使用状态变量更好：“尽管这是演示 goto 语句的效果的例子，但它并不能说明使用 goto 语句是合理的。”[21]

就我个人而言，我发现使用 BREAK（或者甚至一个跳到清晰的“循环结束”标记处的 GOTO）的代码比添加额外变量以避免使用 GOTO 的代码更容易阅读。问题不在于这些“近在咫尺”的 GOTO，而在于不加选择地使用它，使程序随意跳转到任意位置，就像你在《BASIC 计算机游戏》一书或 DONKEY.BAS 中看到的那样。（在 BASIC 里，一个意外的红利是，如果有一个子程序从如第 700 行开始，但第 690 行没有 GOTO 跳过子程序，那么 BASIC 解释器将直接进入第 700 行并开始执行子程序，不管相关变量处于什么状态。需要正式声明过程的 Pascal 和其他语言的优点之一就是它们避免了这个问题，因为过程代码不是主代码路径的一部分。）[22] 这种充满 GOTO 风格的程序设计被戏称为“意大利面代码”，因为试图跟踪代码中的路径就像试图在碗中跟随一根意大利面条：它会消失在未知的地方，然后再出现在另一个地方，你完全不清楚中间到底发生了什么，甚至不知道你是不是跟着同一条根面条。BASIC 语言的设计者凯梅尼（Kemeny）和库尔茨（Kurtz）承认，每行代码都有一个行号，从而使得每行代码都可能成为 GOTO 的潜在目标，这是他们在语言设计上犯的“一个非常严重的错误”。[23]

你可能会问，如果 GOTO 语句如此糟糕，那么为什么人们仍在 GOTO 不是必需的语言中使用它们。1978 年出版的《Fortran 语言与风格》（Fortran with Style）的作者解释道：“无条件的控制权转移（GOTO 语句的功能）自诞生以来就一直伴随着程序设计。它的历史渊源在今天的程序设计语言上留下了不可磨灭的印记。”[24] 虽然高级语言是建立在选择和迭代（IF 和循环）上的，但是汇编语言有低级的构建块，如上一章所述：在寄存器和内存之间移动数据，在寄存器上执行操作，比较寄存器，以及跳转到程序中的其他位置。这里的“跳转（jump）到程序中的其他位置”就是一个 GOTO（尽管通常在汇编语言中使用“跳转”这个术语），而且高级语言中像 IF 这样的结构在汇编语言中是用跳转来实现的。在阅读高级语言代码时，你的眼球将自动下滑过 IF 后面的测试代码块。但是在汇编语言中，必须明确地跳过它。

正如米尔斯在其1969年的文章《在PL/I中不应该使用GOTO的情况》(The case against GO TO statements in PL/I)(作者对GOTO的看法可由标题准确推断)中解释的，对于来自汇编语言的程序员来说，跳转是一件很自然的事情，没有它们就无法编写任何有用的程序。[25]可以理解，当汇编语言程序员转向高级语言时，他们不会将在选择和迭代环境中的跳转(可以说仍然是“结构化的”)与程序中的转向任意地方加以区分。米尔斯告诫他的读者：“这可能并不那么明显……在日常的PL/I程序设计中，GO TO可以被消除，使程序不会过于笨拙或冗余。但是一些经验和尝试很快揭示了这样一个事实：这是很容易做到的。事实上，最困难的事情就是首先简单地决定去行动。”[26]

他还说：“如果不使用GO TO，在Fortran和COBOL中就不可能用合理的方式进行程序设计。但是，在ALGOL或PL/I中是可能的。”[27]第1章的“将数值相加”的Fortran程序有两个GOTO语句，而这是一个非常简单的算法。在更现代的语言Pascal中，如果没有GOTO，则可以写成

```
var sum, x: integer;
begin
    sum := 0;
    repeat
        read(x);
        sum := sum + x
    until x = 0;
    writeln(sum);
end.
```

那些声称用Fortran和COBOL讲授结构化程序设计的书呢？《Fortran程序设计：Fortran IV和Fortran 77的结构化程序

设计》（Programming in FORTRAN: Structured Programming with FORTRAN IV and FORTRAN 77）描述了众所周知的三种结构，其中一些名称发生了变化："三种基本控制结构是顺序（begin-end)、选择（if-then-else）和循环（while-do）。这些结构足以描述任何算法，它们构成了被称为结构化程序设计的系统化程序设计过程的基本手段。"[28] 不过，请等一下！这些都是理论上的构造，Fortran 实际上没有 while-do 循环，因此该书解释了如何使用 GOTO 语句编写一个循环。[29] begin-end 控制结构只涉及将语句一个接一个地放入，无须赘述。对于 if-then-else 结构，更高版本的 Fortran 确实对此提供了合理的支持，使用这种结构，你可以在 if 条件判断为真时运行一段代码，在 if 条件判断为假时运行另一段代码，这种方式也被称为支持块 IF（block IF)。但是早期版本只允许在 IF 条件为真时运行一条语句，因此该语句通常是一个 GOTO（就像"将数值相加"的 Fortran 程序那样)。该书指出，"旧的 Fortran 标准不支持块 IF 结构，因此它在 Fortran IV 或 Watfor 和 Watfiv 等编译器中不可用。"[30] 是的，我必须承认，我读过的第一本程序设计书讲授的 Fortran 语言变体是如此古老，它甚至没有块 IF 语句。

与此同时，《结构化 COBOL：一种实用的方法》显得稍微容易一些。COBOL 确实有块 IF 语句和一个称为 PERFROM UNTIL 的循环结构，不过它要求将循环体放入一个单独的过程中，这使得阅读它更加困难。[31] COBOL 还存在许多其他的笨拙之处，因此我可以理解为什么米尔斯将其归到"非结构化"的类别。在 COBOL 中，不管你使用的语言是哪部分，你都无法用合理的方法编写程序。然而，作者可以不使用 GOTO 语句编写程序，除了一个特定的情况：当程序想要退出时，使用 GOTO 跳转到程序的末尾。该书在讲到一个程序清单时提到，“图 11.2 也包含了五个‘恶棍’GO TO 语句，但是它们的使用是完全可以接受的（对于我们来说是这样的，如果不是最严格的结构化程序设计倡导者，那么这样的使用都是可以接受的）。”作者进一步解释说，“作者认为结构化程序可以包括 GO TO 的有限使用，前提是它跳转到一个 EXIT 代码段”（这必定是该书副标题所指的实用主义）。[32] 我同意这个观点。如果你在通读程序，并到达将要退出的位置，就没有必要保持认知模式。我读的这本书以前属于我母亲，这是她在 1983 年上的一个程序设计课用的。在书本的边缘，在第一句引言的旁边，她写道，“听，听”，在第二句引言旁写道，“上帝会原谅你的！”高德纳赞成允许在“错误退出”情况下使用 GOTO，甚至戴斯特在他的反 GOTO 宣言中也对“退出子句”或“警报退出”做出退让，也就是说这种“跳到代码块末尾”的方法也许是可以接受的。[33]

总之，让我们假设结构化程序设计仅仅意味着“尽可能少使用 GOTO”。很明显，从我和姐姐毫无希望的争论中，甚至是这个教训（事后看来很明显），都需要反复讲给 Fortran、COBOL 或 BASIC 的常用者。我想我可以说，我确实吸取了避免 GOTO 的教训，从这个意义上讲我在普林斯顿学到了结构化程序设计。但这可能是我在那里被明确教导的少数经验之一。因为在高中时，我成功地自学了程序设计，并用它得到了一些合理的结果，所以我非常自信我学习东西的方式是正确的，尽管这种自信是基于我自己的经验，并没有真正的基础。

逻辑学家雷蒙德·斯马林（Raymond Smullyan）在他的《这本书的名字是什么？》（What Is the Name of This Book?）中指出，人们要么自负，要么自我矛盾：

人的大脑只是一个有穷机器，因此你只相信有限多个命题。设这些命题是 $p_1$，$p_2$，…，$p_n$，其中 $n$ 是你相信的命题数。所以你相信这些命题 $p_1$，$p_2$，…，$p_n$ 中的每一个。然而，除非你自以为是，否则你知道自己有时会犯错，因此你所相信的并非都是真的。因此，如果你不自负，你知道 $p_1$，$p_2$，…，$p_n$ 中至少有一个命题是错误的。但是你相信 $p_1$，$p_2$，…，$p_n$ 中的每一个命题。这是矛盾的。[34]

斯马林的观点是，一个谦虚的普通人的行为是不一致的，他也欣然承认这一点。然而，当用到程序员身上时，自负的一方通常会胜出。

当我的 Pascal 入门课程结束时，我懂得了欣赏将参数传递给已命名过程的价值，我所学的其他本科课程将处理更专业的主题：如何设计编译器、虚拟内存管理器如何工作以及如何将三维图形投射到二维显示器上——所有的内容都有趣，但这些课程都集中在解决这些问题所需的特定算法上，而且由于我在职业生涯中从未在这些领域工作过，所以这也不是我在日常工作中获得的知识。没有人教我们如何设计大型程序并在期限内让这些程序正确运行。我们的作业需要编写大程序，并且要求在给定期限内让程序完成某个任务，我们尽最大的努力完成了作业。

大二时我在一个课上第一次使用了 C 语言，这也导致我在大学和职业生涯的大部分时间都在使用 C 语言。教授解释完第一个作业的目标后，一个学生犹豫不决地举手问，我们怎么学习 C

语言呢？“没问题，”教授说，“使用这本书（它是《C程序设计语言》的原始版本，由该语言的发明者布莱恩·克尼汉（Brian Kernighan）和丹尼斯·里奇（Dennis Ritchie）撰写）。我学习C的方式仍然是阅读这本书，学习例子并尝试理解其背后的动机，最重要的是，像四年前我学习IBM PC BASIC时那样，尝试编写程序并在程序运行错误时修复它们。

正如米尔斯所说，这本书教我的是字典。而其余我学到的关于软件工程的主干知识——如何将一个大问题分解成小问题，如何将各个部分连接起来，如何找出程序不工作的原因，以及如何决定何时完成——都是通过不断试错的方法获得的，而且班上的每个人都通过自己的试错解决了这些问题。

最后，我只有在一门课上需要修改别人编写的程序，我的其他作业项目都是从零开始独自完成的。一个专业程序员大多数时间花在修改现有的代码上，但是，坐下来面对一个大型程序，弄清楚原作者到底在想什么，或者他们做得是否正确，在这方面我在学校的学习让我没有丝毫准备。

我保存了一些在普林斯顿学习时的代码（什么，你敢说你的阁楼里没有30年前的打印件？），我现在可以用职业程序员的眼光来回看这些代码。正如我所料——将我的BASIC经验投射到C上（只是没有GOTO）：不能阐明其含义的短变量名、没有解释代码或描述程序的不同部分的注释，以及本应该使用共享函数（这是C表示API的术语）代替的重复代码。我认为代码是有效的，但是现在我很难通过阅读来验证这一点。程序实现了它的目标：课程作业获得了成绩，往后再也不会有人阅读。

我在学习阶段经历的这些故事之间有什么联系？所有故事的共同点是，我是自学的。高中的时候，很明显我是自学程序设计的。但即使是在普林斯顿的那些年，我也是自学的。一个不经意的旁观者也会注意到，我上了很多计算机科学课程，我也学了很多关于如何编写软件的知识。但是，后者是前者的副产品，而不是直接结果。我所欠缺的是，有人能在我做错几次之前告诉我应该怎么做，或者有人查看我编写程序的细节，而不是只看它所取得的结果。尽管我毕业时获得了计算机科学专业的学位，但我非常缺乏后来作为程序员的职业生涯中通过经验最终获得的智慧。

不仅是我，基本上如今所有程序员都是自学的。设计互联网的人是自学的，设计 Windows 系统的人是自学的，编写在微波炉上运行的软件的人也是自学的。

对于软件工程，这意味着什么？最明显的问题是，一次又一次让每个人从头（或者可能是从第二格和第三格）开始搞清楚这些事情是极大的浪费。在软件开发中，基于实验和实验结果来决定后续步骤，并在前人已经做过的工作基础上建立一个工程过程的概念几乎是完全缺失的。我们不是站在巨人的肩膀上，他们顶多给我们提供了膝盖。在一家名为 NetObjectives 的公司（该公司为微软提供培训）任教的斯科特·贝恩（Scott Bain）曾指出，不存在一条成为软件工程师的明确定义的道路：并不是说你上大学，主修某一学科，通过一套确定的认证测试，再当一段时间学徒，最后就得到认证了。你可以完成大学的专业学习，但一旦完成学业，你就挂上一个小招牌，说自己是一个程序员，希望有一家公司能把你从这样的人海中捞出来。更糟糕的是，如果你过去几年在高中时没有在地下室里玩过骇客，那么在这条路上，在大学的第一年才起步已经太晚了。

这使得那些想雇佣程序员（在微软这样的软件商店工作，或者做企业项目顾问）的人很难弄清楚谁是合格的。但更微妙的影响是，这可以吓跑那些正考虑成为程序员的人。如果道路还没有定义好，那么你该怎么走上这条路？你是否必须在年少的时候在业余时间专心阅读程序设计手册？如果你不是高中程序设计俱乐部的成员，你会永远落后吗？

被吓跑最多、最重要的群体是女性群体。

在2002年出现了一本引人入胜的书——《打开俱乐部之门》（Unlocking the Clubhouse），作者是简·马戈利斯（Jane Margolis）和艾伦·费舍尔（Allan Fisher）。这本书研究了卡内基–梅隆大学备受尊敬的计算机科学专业中的学生，以此解释为什么女性在这个行业中的代表性不足。尽管计算机科学专业的女生表现都很出色，而且到了大学后动力和自信十足，但她们中的许多人很快就经历了相似的自卑感。以下是书中引用的一些学生的话：

然后我进入这种状态，感觉自己被本专业中的其他人（是的，大多数是男生）压倒了，我开始对编码失去兴趣，因为真的，每当我坐下来进行程序设计时，周围都会有很多人说，“天哪，这太容易了。我五个小时就做完了，你为什么要花两天的时间？”

实际上我现在有点泄气了。正如我之前所说，有那么多人比我懂得多，他们有的甚至不是学计算机科学专业的。有一次我在和一个孩子说话时，而且……哦，我的上帝！他知道的都比我多。这是多么……丢脸，你知道吗？

*我来这里做什么？有那么多人比我懂得多得多，而且这对某些人来说很容易。……就像有很多人即使没有尝试也在这方面很擅长。那么我为什么要在这里？……你知道吗，一个不知道自己在做什么的人存在的理由？*[35]

我不认为在这些话中扮演“其他人”角色的男性天生就有编写软件的能力，这只是因为他们比女性练习的时间长得多（这并不能成为他们取笑某人花更多时间完成一个程序的借口）。我和计算机科学专业的女学生讨论过这个话题，也听到了类似的评论，事实上，几乎是惊人地相似：同样令人沮丧的感觉是，那些在高中玩骇客的人知道得更多，而且对未来的成功有着更强的能力和更多的准备（作为一个主修计算机专业的前高中骇客，我在普林斯顿无意中参与创造了同样的环境）。这些相同的说法可能暗示着一线希望，至少这些女性可以彼此安慰和支持，并与排头兵展开一场坚决的战斗。但是，精神上的痛苦似乎是一场孤独的内心斗争，每个人的思想都被这些问题所困扰，让这些本来聪明、有动机、有能力的女性反复怀疑自己的能力，直到她们一个接一个地放弃战斗，转修另一门学科。

根据马戈利斯和费舍尔的说法，背后的问题开始于幼年：“在孩子很小的时候，计算就被认为是男性的领地。从幼儿到大学的每一阶段，男孩和男人都积极地宣称计算……是“男人的东西”。……这一主张在很大程度上是文化和社会将对计算机的兴趣和成功联系到男孩和男人身上的产物。他们写道，

*尽管有迅速变化的技术和大约 15 年的文献涵盖了无处不在的个人计算机时代，但社会上还是出现了一个非常一致的画面：更多*

的男孩比女孩在很早就痴迷上计算机，而对大多数女孩来说，对计算机的依恋是静默的，而且只是“许多兴趣中的一个”。……开发和探索计算机对这些男性学生来说是真正的灵显。他们很早就开始程序设计，并培养出一种熟悉感。他们钻研机器的外部和内部，并培养出对机器的掌控感。[36]

此外，“9岁和10岁的女孩都很活跃、精力充沛和信心满满，但随着青春期的来临，她们开始内敛、怀疑自己、压抑自己的声音，并怀疑自己的想法。”[37] 在上大学的前几年，这个问题会变得更加严重：“在全国的中学里，这样的模式不断重复出现：男孩在计算方面的信心、地位和专业知识进一步增强，女孩在这方面的兴趣和信心则下降。课程、电脑游戏、青少年文化、友谊模式、同伴关系和身份问题，如“我是谁？”“我擅长什么？”都使这个问题复杂化。”[38]

计算机科学并不是唯一让女性在高中时可能感受到被排斥的社会信息领域。当然还有其他一些领域，特别是体育领域，其中职业上的成功几乎总是需要在高中时甚至更早的奉献和兴趣。但是，计算机科学则给了女性连续的冲击，因为目前它可以在少年时期自学：女性恰好在这个时期失去对这个领域的兴趣，而与此同时，男性不仅在培养兴趣，而且在学习推动他们走向成功职业生涯的实际技能。这使得后来者在大学里追赶上来更加困难。

1988年我从普林斯顿大学毕业时，根据校友名录，我所在的毕业班有41位计算机科学专业的学生，其中只有5位是女性。[39]我知道其中一位女性在上大学之前没有学过程序设计，但是大多数（如果不是所有的）学生都有与我类似的经历。这是一个很小的样本，但更重要的是，这5位女生一直坚持到了最后。我不知道开始有多少女生走上计算机科学专业之路，但在经历了《打开俱乐部之门》所描述的令人沮丧的经历之后，她们改变了主意。也可能在我班上有计算机科学专业的男生或以前的本专业的男生，他们刚到学校时对程序设计还很陌生，不过我记得每一个和我讨论这个话题的男生都在高中写过程序。

我在普林斯顿的时候，有一个校园计算机网络，学校尝试将它扩展到宿舍。唯一的问题是，从管理员询问谁需要网络连接到铺设好网络电缆用了一年时间。因此，如果一年前你房间的前一位住户申请了网络连接，那么现在你就有网络连接。即使在那时，在网络上可用的功能也相当有限；没有网站（万维网和相关的协议还没有发明），所以你只能用“亚当在他父母的卧室里使用线路终端”的更新版本连接到几台大型机上，即使有些人拥有个人计算机，这些计算机也与我们可以完成作业的计算机不同。因此，出于各种原因，我所有的课程程序设计都是在一个以著名数学家约翰·冯·诺依曼（John von Neumann）命名的建筑中的计算机实验室里完成的。冯·诺依曼曾在普林斯顿大学附近的高等研究院工作过。

我们称实验室为“诺依”（Neum，只是为押韵，没别的意思，但是元音和“男孩”（boy）的元音是一样的），它位于地下一层，根据传说，它的屋顶嵌入了半英寸（约1.27厘米）厚的钢板，以防止敌人窥探里面的计算机。我会在夜间完成程序设计任务，准备一加仑（约3.8升）的瓦瓦（Wawa）冰茶和一英尺（约30厘米）

长的从霍吉港买来的培根芝士堡（该店午夜关门，所以你必须提前计划好补给）。实验室里有长桌子和计算机（实际上是视频终端），这是许多软件公司借口更好地共享信息而使用的开放式工作空间的前身，但在那个时候，这只是最简单的摆放方式。

和我的同班同学们并排坐在一起工作至少给了我们一个互相学习的机会，可能也给了班上少数几个女生互相支持的机会，但我不记得发生过这种事。我们大多在程序设计时显得冷峻、孤单、沉默（有一个同学有女朋友，当他做程序作业时，女朋友会静静地坐在旁边，这对女朋友来说一定有点无聊，对他来说也有点伤脑筋）。即使我和一位同学合作完成一个项目，我们通常也会把任务分解，然后独立工作。所以，我在普林斯顿学习获得的好处，并不是向我的同学学到东西（这在其他的课程上是很有帮助的），而是我被迫编写了很多程序，这给了我足够的机会去弄清楚如何编写程序、调试问题，并修复它们，但这些都是我独立完成的。我在计算机中心有一份兼职工作，在那里我们会被安排在各个地点回答问题，但是众所周知，在冯·诺依曼实验楼工作是一个很容易的事情，因为从来没有人咨询过任何问题。我们中的许多人在高中时自学，到了大学里继续自学。

这是不是太荒谬了？整个世界依赖于软件，但软件技能真的是一个青少年在马拉松式的程序设计中就能学到的吗？在设想医学领域的类似场景时，我想象一个中世纪医学院的学生给家里写信抱怨：“其他人都比我更擅长使用水蛭……还有这个孩子！他已经在家里用小刀做了三次截肢手术！”的确，在200年前的美国，医生通常通过跟一个有经验的医生当学徒来学习医术，但最终人们认识到了接受正规教育的必要性。[40] 现在的程序员可以自己获得这样一个知识的开端，不是无用的知识，而是即将在学校里学到的同样知识（通过独立于正式教学的过程），这个事实是对软件工程学科而不是对缺乏经验的学生的控告。

我在普林斯顿的几个同学也开始在微软工作。我曾经和其中一个同学（他在高中的业余时间也写过软件）讨论过我们其实应该跳过普林斯顿，高中毕业后直接来微软工作。我们在开玩笑，但其中大部分是真理。如果微软当时聘用我们的话，到 1988 年时我们的经验（和金钱）会比大学毕业时多得多，最重要的是，我们在 1984 年的资历并不比 1988 年差多少。这在一定程度上与那个独特的历史时期有关，因为在 1984 年，没有多少人在 IBM PC 上有多年的程序设计经验。但主要原因是，作为为开发大型商业软件所做的准备，用 BASIC 编写电子游戏几乎和上大学学习计算机科学专业一样有用。当然，到 1988 年，在微软工作四年后，我们的资历将远远超过过去四年获得计算机科学学位的资历。如今对于一个医生来说，不读医学院直接去行医是不可想象的，但是对于程序员来说，这种鸿沟是不存在的。微软有时会雇佣一个曾主修音乐的开发人员，看着他像计算机科学专业的学生一样成功，这对他们个人来说是很了不起的，但如果你仔细想想，就会觉得有点奇怪。

然而，这正是软件教育的粗略现状。2011 年，乔治－华盛顿大学教授大卫·艾伦·格里尔（David Alan Grier）在《IEEE 计算机》（IEEE Computer）杂志上写道："做软件工程师不必拥有理学学士学位。根据劳动和统计局的说法，软件工程师是一个程序设计或系统开发项目的领导者，不一定是受过培训的工程师。……只有在某些情况下，特别是最具限制性的职业，才会考虑“合格水平所需的技能、教育和培训”，而软件工程师显然没有被列入限制性职业清单。格里尔接着总结道：“那些能做这项工作的人，不管他们是如何接受培训的，通常都能找到工作。”[41] 人们可以在业余时间通过自学在大学的计算机科学教育中占上风。不幸的是，这种知识往往是在人们生活的某个阶段获得的，而在这个阶段，无论出于什么原因，女性比男性更少进入计算机领域。把地球上一半的人排除在人才渠道之外，当然会影响企业雇佣想要的所有合格人才的能力。

所有这些都指向一个问题：为什么软件行业继续以这种方式运作?

软件行业在短短几代人的时间里就得到了发展，几乎没有留给我们时间去思考这个行业是如何发展起来的。正如米尔斯在1976年再次指出的，

在过去的25年里，一个全新的数据处理行业在商业和政府中发挥着至关重要的作用。任何规模的企业或机构，无一例外，现在都以一种不可或缺的方式依赖于数据处理软件和硬件。一代人见证了硬件的多次更新换代，每一代在功能、大小和速度上都有显著的改进。但是，连接神奇的硬件与企业和政府的数据处理操作的软件的成长却存在着越来越大的困难。

如果这种硬件发展时间超过125年，而不是仅25年，就会产生不同的历史。例如，想象历经五代人的有序的工业发展历程，经过大学课程开发、教育发展、为扩展有用的方法提供反馈，以

及删减不太重要的内容等。但是，我们现在看到的是一个技术根基薄弱的重要产业。[42]

更重要的是，不管软件这道菜是如何制作的，它都是如此有用，以至于没有太多的压力来改进制作方式。在一个客户嚷着“给我更多的那种甜甜的软件！”的环境中，这个行业没有回顾历史和试图改善事物的真正动机。

从根本上讲，软件行业的人认为自学没有什么错，因为，嘿，这对他们很有效。温伯格曾经写道，

程序设计中另一个重要的个性因素是至少一点点的谦逊。如果没有谦逊，程序员就注定要面对希腊戏剧的经典模式：成功导致过度自信（傲慢），又导致盲目的自我毁灭。程序员学习一些简单的技术，就感觉自己是一个专家，然后被计算机不可抗拒的力量压垮，连索福克勒斯⊖本人都不可能构想出一个比这更好的情节（来揭示我们能力不足的问题）了。[43]

不幸的是，程序员往往不会把谦逊强加给自己。这给靠自学成长起来的程序员带来了真正的问题：这让他们变得傲慢。

为什么不傲慢呢？凭借纯粹的脑力，不必经过学徒、付学费、接受任何标准化的认证，甚至获得相关的大学学位，程序员们已经到达了这个阶段：他们可以挣到一大笔钱，供他们在业余时间从事一项不会有过度体力消耗或风险的活动。还有什么能更好地证明他们自己的伟大？

当我们深入了解一名专业程序员的工作感受时，我们要记住这一点。

⊖ Sophocles，古希腊悲剧诗人。——译者注

## 注释

1. 作者于 2017 年 2 月 7 日对 Vaughan Pratt 的采访以及 2017 年 5 月 18 日对 Donald Knuth 的采访。两次采访均提到普林斯顿的这个重点。

2. Edsger W. Dijkstra, " How Do We Tell Truths That Might Hurt? " (June 18, 1975), in *Selected Writing on Computing: A Personal Perspective* (New York: Springer Verlag, 1982), 130.

3. Peter Grogono, *Programming in Pascal*, 2nd ed. (Reading, MA: Addison-Wesley, 1984).

4. Harlan D. Mills, " Reading Code as a Managerial Activity, " in *Software Productivity* (New York: Dorset House, 1988), 181–182.

5. Donald E. Knuth, " Literate Programming," *The Computer Journal* 27, no. 2 (January 1984): 97.

6. Gerard M. Weinberg, foreword to *Structured Programming in APL*, by Dennis P.Geller and Daniel P. Freedman (Cambridge, MA: Winthrop Publishers, 1976), xi.

7. Robert T. Grauer and Marshal A. Crawford, *Structured COBOL: A Pragmatic Approach* (Englewood Cliffs, NJ: Prentice-Hall, 1981), 95.

8. Steve Teglovic Jr. and Kenneth D. Douglas, *Structured Basic: A Modular Approach for the PDP-11 and VAX-11* (Homewood, IL: Richard D. Irwin, 1983), 114.

9. 同上，119 页。

10. Dennis P. Geller and Daniel P. Freedman, *Structured Programming in APL* (Cambridge, MA: Winthrop Publishers, 1976), 282.

11. 同上，283 页。

12. J. N. P. Hume and R. C. Holt, *Structured Programming Using PL/1 and SP/k* (Reston, VA: Reston Publishing, 1975), 2–3. 这个语言通常写成 PL/I，大写 I 表示一，但该书使用数字 1 写成 PL/1。

13. 同上，76 页。

14. Grauer and Crawford, *Structured COBOL*, 97.

15. Edsger W. Dijkstra, " From 'Goto Considered Harmful' to Structured Programming," in *Software Pioneers: Contributions to Software Engineering*, ed. Manfred Broy and Ernst Denert (Berlin: Springer Verlag, 2002), 346.

16. Edsger W. Dijkstra, " Letters to the Editor: Go To Statement Considered Harmful, " *Communications of the ACM 11*, no. 3 (March 1968): 147–148.

17. 同上。

18. 同上。

19. Harlan D. Mills, " Mathematical Foundations for Structured Programming," in *Software Productivity* (New York: Dorset House, 1988), 120.

20. Corrado Böhm and Giuseppe Jacopini, " Flow Diagrams, Turing Machines, and Languages with Only Two Formation Rules, " *Communications of the ACM 9*, no. 5 (May 1966): 366–371.

21. Grogono, *Programming in Pascal*, 300–301.

22. BASIC 并不要求后续行号加 10，但是传统是这样的。这里 690 行表示 700 行的前一行。

23. John G. Kemeny and Thomas E. Kurtz, Back to Basic: *The History, Corruption, and Future of the Language* (Reading, MA: Addison-Wesley, 1985), 82.

24. Henry F. Ledgard and Louis J. Chmura, *Fortran with Style: Programming Proverbs* (Rochelle Park, NJ: Hayden, 1978), 20.

25. Harlan D. Mills, " The Case against GO TO Statements in PL/I," in *Software Productivity* (New York: Dorset House, 1988), 27.

26. 同上，28 页。

27. 同上，27 页。

28. Vladimir Zwass, *Programming in FORTRAN: Structured Programming with FORTRAN IV and FORTRAN 77* (New York: Barnes and Noble, 1981), 13–14.

29. 同上，132 ~ 137 页。

30. 同上，111 页。

31. Grauer and Crawford, *Structured COBOL*, 114.

32. 同上，201、191 页。

33. Donald E. Knuth, "Structured Programming with Go To Statements," *Computing Surveys* 6, no. 4 (December 1974): 269; Dijkstra, "Letters to the Editor: Go To Statement Considered Harmful," 147, 148.

34. Raymond M. Smullyan, *What Is the Name of This Book?: The Riddle of Dracula and Other Logical Puzzles* (New York: Simon and Schuster, 1978), 206.

35. Jane Margolis and Allan Fisher, *Unlocking the Clubhouse: Women in Computing* (Cambridge, MA: MIT Press, 2002), 79, 81, 101.

36. 同上，4、16 ~ 17 页。

37. 同上，39 页。该书作者参考了两本书：Carol Gilligan, *In a Different Voice: Psychological Theory and Women's Development* (Cambridge, MA: Harvard University Press, 1982); Lyn Mikel Brown and Carol Gilligan, *Meeting at the Crossroads: Women's Psychology and Girls' Development* (Cambridge, MA: Harvard University Press, 1992).

38. 同上，33 页。

39. 这个数字可能不准确，因为学生可能选择了兼修电子工程专业和计算机科学专业，所以很难说哪些同学主修计算机科学专业。

40. Abraham Flexner, "Medical Education in the United States and Canada: A Report to the Carnegie Foundation for the Advancement of Teaching," *Carnegie Foundation Bulletin 4* (1910): 3. Originally published by Merrymount Press, Boston, reproduced by photolithography

by W. M. Fell, 1960, accessed December 22, 2017, http://archive.carnegiefoundation.org/pdfs/elibrary/Carnegie_Flexner_Report.pdf.

41. David Alan Grier, " The Migration to the Middle, " *IEEE Computer* 44, no. 1 (January 2011): 13–14.

42. Harlan D. Mills, " Software Development, " in *Software Productivity* (New York: Dorset House, 1988), 231–232.

43. Gerald M. Weinberg, *The Psychology of Computer Programming*, silver anniversary ed. (New York: Dorset House, 1998), 150.

# 第3章

## 软件的层次

大学毕业一年后，我才成为一名程序员。

那个时候，我已经写了十年的程序，主修过计算机科学，并在一家小型软件公司工作了一年。我所不知道的是，那只是我最后一次考试前的练习。

当经理把我叫到他的办公室时，一连串决定我未来职业生涯的事情就此展开了。我的公司，树突美洲（Dendrite Americas）公司，正在编写一款软件，帮助制药公司的代表用笔记本电脑安排他们同医生的销售面谈。他们每天晚上都会拨号接入我们公司的中央计算机，上传白天收集的笔记，然后将更新内容下载到他们的医生数据库中——这在20世纪80年代末是相当先进的模式。然而，在某些情况下，一个医生的街道地址会被另一个医生的街道地址悄无声息地取代。没人知道这是什么原因造成的，我的经理要我试着找出原因。

公司有大约15名程序员，在这些程序员之中，我被选中完成这项任务，这对我来说是一种殊荣。就好像在一部老西部电影里，警长在挑选队员时说，“特克斯，你的枪法是最好的。”尽管如此，我还是感到有点头疼，这是我面对程序设计任务时从未有过的感觉。在这种情况下，最具挑战性的部分并不是修复问题，而是找到问题，我对能否找到问题感到紧张。

软件中的“bug”（程序错误）用**重现程序错误所遵循的步骤**（repro steps）描述，如“运行拼写检查，接着尝试保存文档，然后就会得到一个错误”。它们大致可以被分为两类：每次都发生的 bug，以及尽管执行了相同的重现步骤，但只在某些时候发生的 bug。每次都发生的 bug 比较容易接受，至少从一个试图解决它们的程序员的角度来看是这样的，因为如果能可靠地重现 bug，你就可以最终缩小问题的范围。而另一种就像你车里烦人的嘎嘎声，当机修工检查时声音就会消失，间歇性发生的软件 bug 会让你头脑发胀。事实上，即使是间歇性的 bug 也“每次”都会重现，只是重现这类 bug 需要一组特定的因素组合在一起，而对于当前的重现步骤，尽管它们是已知的最好的步骤描述，但它们却仍然不够详细，无法始终触发某些特定的情况。

还有另一种划分软件 bug 的方法：你自己编写的程序中的 bug，以及别人程序中的 bug。当 bug 出现在别人的程序中时，由于你对程序细节一无所知，所以你必须从头开始，或者说从第一行开始。我当时要解决的问题是最糟糕的那种：别人程序中的间歇性 bug。这对我来说是一次全新的经历。以前在高中和大学里，我很少使用别人写的代码。即使有，我使用的数据也很小，使用的程序也很简单，任何 bug 都很容易被重现。

付钱的客户等着修复问题时，他们的销售人员漫无目的地在新泽西州四处闲逛，身在这样的事发现场，压力倍增，这也正是我作为一名程序员即将赢得荣誉的机会。

如果你看过家庭装修节目，那么毫无疑问你看到过墙壁里的瓷管瓷柱布线，在节目中，承包商通知业主，“我有一个坏消息”，然后在一个商业广告之后看到一块墙皮被揭下露出可怕的瓷管瓷柱布线系统。这种古老的在房屋内布电线的方法具有潜在的火灾危险，当对房屋进行升级装修时，这种瓷管瓷柱布线被认为是不安全的（或者否则节目的情节会被认为缺乏戏剧性的紧张气氛），必须更换。

找出电线问题有点像调试，而且很明显，由于瓷管和瓷柱已经过时 75 年了，所以它属于别人工作中的一个 bug。区别在于，尽管瓷管和瓷柱隐藏在墙后，但很容易找到：可以从墙上的插头开始跟踪它。当我被要求在我们的软件中调试这个神秘的问题时，我根本不知道自己在寻找什么。是瓷柱吗？还是瓷管？如果程序是一面墙，那么我应该检查墙上的哪个部分？如果找到了正确的地方，我查看的时候问题会出现吗？

我先把结局讲出来：经过几天的挖掘，我发现了这个 bug，并且得到了一瓶香槟和同事的尊重，然后高高兴兴地回到了更平凡的工作中，直到下一次我又要在别人的程序中找古怪的 bug。不过，让我们绕开这个问题，思考一下程序员如何编写和调试软件。

我们需要举个调试的例子来讨论，所以下面给出两行 C# 程序。这段代码的目的是向用户显示存储在名为 `ErrorMessage`、类型为 `string` 的变量中的错误消息。这是某个程序中的一段，因此我们给 `ErrorMessage` 赋一个特定值（文本字符串“ This is my error message”），而不是显示某个实际的错误信息：

```
string ErrorMessage = "This is my error message";
MessageBox.Show(ErrorMessage);
```

先忽略语法和标点。你可能正确地推断此代码将使计算机在屏幕上弹出一个消息框，其中显示变量 ErrorMessage 的内容。在我的 Windows 10 系统中，虽然消息框不是最漂亮的，但是你可以看到代码和结果之间的联系如下：[1]

MessageBox.Show 是一个 API，类似于我们在 Fortran 和 Basic 中看到的，不过在 C# 中，API 也被称为*方法*（method）。你可以说，“我的代码调用了 MessageBox.Show 方法。”或者，由于程序员倾向于把他的代码视为自己的延伸，所以你可以说，“我调用了 MessageBox.Show 方法。”或者，最常见的情况是，由于无效的代码可以提供最多的会话素材，所以你可能抱怨，“我调用了 MessageBox.Show 方法，但我不明白它为什么不能正常工作。”

考虑到软件是分层构建的，这两行代码在位于 MessageBox.Show 上面的一层调用了该方法。物理世界中也有类似的概念：房屋的屋顶可以建在预制梁上，预制梁本身由木头、钢和钉子制成。家里的电器是在墙里的电力系统层之上安装的，在需要的时候依靠电力系统来提供电力。但这些层次并没有那么深，房主所能看到的唯一一层是去掉墙后的瓷柱和瓷管。用羊角锤可以快速地让所有的细节都暴露出来。MessageBox.Show 方法包含它自己的代码，后者再调用栈中十多层下的其他代码。这意味着这些瓷柱和瓷管可能埋得太深了，直到你的软件“失火”前，你永远不会发现它们。

在上面的代码段中，ErrorMessage 是传递给 MessageBox.Show 的参数。C# 语言与许多现代程序设计语言一样，参数在以逗号分隔、用括号括起来的列表中指定，因此我们将遵循惯例，C# 方法名后面跟左括号和右括号，以便将它们与其他程序设计构件区分开来。因此，方法 MessageBox.Show 将被写成 MessageBox.Show()。

程序中的代码通常包括确定方法所需的参数、调用该方法，并使用该方法返回的信息来决定下一步要做什么。随着代码变得越来越复杂，层的数量不断增加，方法调用则是将这些层连接在一起的黏合剂。许多代码示例只显示一层，但这在实际程序中是不常见的，很少有超过 5 行的代码不调用任何方法。

我们现在更改代码，使其以大写形式显示错误消息，以便加深印象。使用方法 ToUpper() 可以将字符串转化为大写。在 C# 中，对变量调用方法使用**点记号**（**dot notation**），在本例中，我们在变量 ErrorMessage 上调用该方法，如下所示。我们还将添加另一个名为 EM_Upper 的字符串变量来保存大写字符串。

```
string ErrorMessage = "This is my error message";
string EM_Upper = ErrorMessage.ToUpper();
MessageBox.Show(EM_Upper);
```

其中第二行代码令 EM_Upper 保存调用 ErrorMessage.ToUpper() 方法的结果，然后将其作为参数传递给 MessageBox.Show()，而不是原始的 ErrorMessage。现在错误信息以大写显示：

现在，我们再对这段代码做一点修改：除了在消息框中显示错误消息之外，还要在消息框顶部显示一个标题。我们将使用标题“ERROR！”作为第二个参数传递给 MessageBox.Show()：

```
string ErrorMessage = "This is my error message";
string EM_Upper = ErrorMessage.ToUpper();
MessageBox.Show(EM_Upper, "ERROR!");
```

区别在于代码的第三行。MessageBox.Show() 现在有两个参数，用逗号分隔。现在字符串“ERROR！”显示为消息框的标题，以前则没有标题。如下所示：

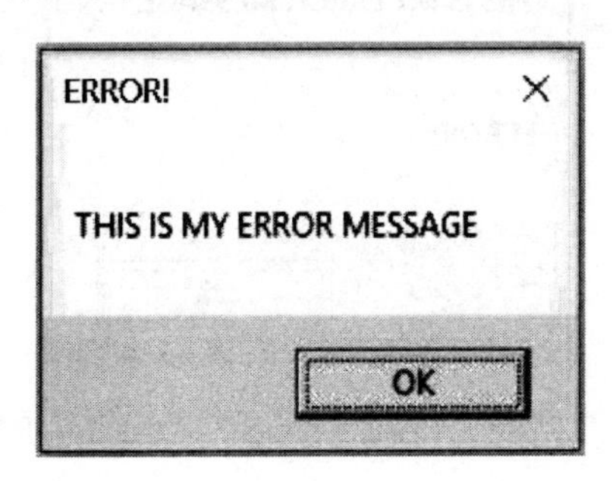

MessageBox.Show() 的两个参数都是 string 类型（第二个参数不是变量名，而是用双引号括起来的实际字符串文本）。可以用多种方法使用不同的参数集调用 MessageBox.Show()，因为编写 MessageBox.Show() 的人（微软发明了 C# 并编写了这些方法，使 C# 程序可以执行显示消息框等操作）认为提供这样的选择是有用的。C# 编译器知道参数的类型及其顺序，这些参数构成了一种所谓的签名，对 MessageBox.Show() 的这个调用具有签名“第一个参数是字符串，第二个参数是字符串”。

如果你不小心把它们倒过来，指定第一个参数作为消息框的标题，第二个参数作为文本，结果会怎么样？下面是一个例子：

```
string ErrorMessage = "This is my error message";
string EM_Upper = ErrorMessage.ToUpper();
MessageBox.Show("ERROR!", EM_Upper);
```

对我们来说，意图是很明显的，因为我们一直在考虑代码，知道“ERROR!”是标题，消息是 EM_Upper。但是编译器不知道这些，因为调用仍然与方法签名匹配。所有字符串被同样对待，并且编译器允许不正确的代码毫无问题地通过：

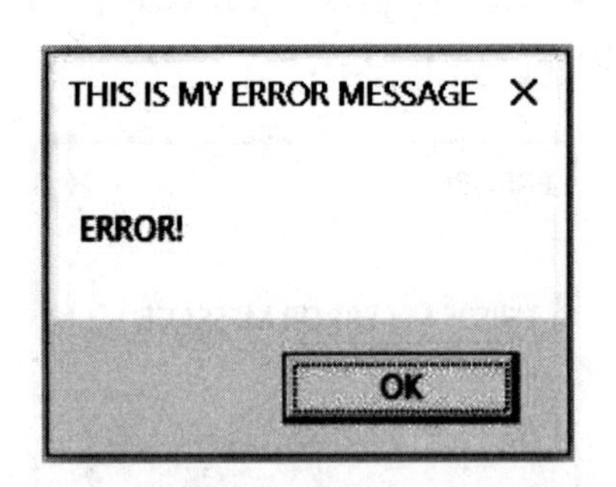


弗雷德·布鲁克斯（Fred Brooks）曾经在 IBM 同时管理硬件

和软件团队，后来在北卡罗来纳大学组建了计算机科学系，他曾经将程序设计的创造力与诗歌创作进行比较，他指出，“程序构造与诗人语言的不同在于，前者在可移动和可工作的意义上是真实的，并产生了与构造本身分离的可见输出。……神话和传说的魔力在我们这个时代已经成真。一个人在键盘上输入正确的咒语，一个显示屏就会出现，显示出从未有过也不可能有过的东西。”但他警告说，“一个人必须完美地完成它（才能使它起作用）。计算机在这方面也与传说中的魔法相似。如果咒语的一个字符、一个停顿不符合严格正确的形式，魔法就不起作用。人类不是习惯于完美的动物，人类活动中很少有领域需要完美。”[2]

我们有时会诅咒计算机，而我们的诅咒往往是关于它们完美地执行一组指令，但这些指令并没有让计算机完成我们期望的操作。西雅图观察家弗雷德·穆迪（Fred Moody）在《微软面面观》(I Sing the Body Electronic）一书中讲述了20世纪90年代他在微软开发团队的一年经历，书中叙述了一次他与程序员的讨论：

> 开发者喜欢引用洗发露瓶上常见的使用说明强调计算世界与计算之外的世界的差别：“打泡，冲洗，重复”……在日常生活中，常识不会让我们把打泡冲洗永远重复下去。在计算世界里不存在常识，一切事情必须严格定义，类似这样的指示是粗心而且危险的。

可笑的是使用说明没有告诉你什么时候停止重复，因此计算机将会重复这些动作直至用完洗发露（或者重复更久，甚至洗发露瓶子用空时也不会停止）。

一个方法中的两个参数被颠倒是程序员难以察觉的一种错误，因为在阅读代码时我们人类的常识过滤器便开始工作，就像我们阅读洗发露使用方法时会按照常识理解其预期使用方式一样。正确的代码与不正确的版本看起来非常相似，你看到标题和消息均被传递给 MessageBox.Show()，这怎么会错呢？

幸运的是，有一个文档用于解释 MessageBox.Show() 的各个参数的位置，即使你没有阅读文档并将参数颠倒，如果运行该程序，也能轻松地发现错误。在这种情况下，你可以快速解决这个问题：你知道对 MessageBox.Show() 的调用在代码中的位置，很明显你颠倒了这两个参数的位置，互换一下参数位置即可快速修复代码。现在假设你所调用的方法是由公司的另一个程序员编写的，并且没有清晰的文档——这是调试代码时更典型的情况。或者设想另一种情况：这个（参数位置颠倒的）错误并没有导致两个字符串在可视化界面上有明显的差别，而且没有妨碍程序的正常运行。

虽然可以通过修改代码来解决这个问题，但是你不能直接将责任归咎于你的代码或 MessageBox.Show() 中的代码，只是你对参数的工作方式有不同的理解。实际的问题涉及你的代码与 MessageBox.Show() 对参数设置细节之间的交互，bug 处于这两者之间的鸿沟中。

我想强调这一点：方法调用将软件的所有层联系在一起，并且跨层的错误通信是导致意外发生的主要原因。处于某一层边界上的方法集合构成一个 API。我将使用这个术语抽象地指代单个方法以及方法集合。

因此，重申一下：API 将软件的所有层结合在一起，这些层之间的错误通信是导致意外问题的主要原因。这种错误通信的形式多种多样，从没有给出 API 参数期望的正确值，到没有认识到 API 的内部逻辑如何解释其参数，再到误解 API 何时以何种形式返回值。许多调试会话都有这样的相同过程：一个程序员检查了自己的代码，没有发现任何问题，最后打开文档，才拍打自己的额头大喊："哦，我没有意识到我调用的 API 是这样工作的。"

这里的决定权掌握在编写 API 内部代码的程序员手中，API 的调用者被他人做出的决定所困扰。通常你看不到正在调用的 API 中的代码，它只作为编译代码提供给调用者，没有可用的源代码。不幸的是，编写供他人使用的 API 代码的人通常不会花很多时间考虑 API 的外部清晰度，而是专注于 API 的内部实现。这是因为对于你想要编写的任何给定代码，可能有多种方法来实现，但是并没有太多的智慧帮你做出选择。

心理学家巴里·施瓦茨（Barry Schwartz）的《选择的悖论》（The Paradox of Choice）一书（在题为"我们为什么受苦"一节中）认为，有更多的选择并不能使人更快乐：

> 自由和自治对我们的福祉至关重要，而选择对自由和自治至关重要。尽管现代美国人比以往任何群体都有更多的选择，由此可以推测他们有更多的自由和自治，但是我们似乎并没有在心理上从中受益。

他接着解释说，过多的选择有时会给我们带来负担。程序员经常是这种情况的受害者。像上面提到的那样简单的代码就有很多种方法可以实现，但很难知道"正确"的方法是什么。

回到之前的代码，下面是我们上次看到的代码的正确版本（没有颠倒 `MessageBox.Show()` 的参数）。

```
string ErrorMessage = "This is my error message";
string EM_Upper = ErrorMessage.ToUpper();
MessageBox.Show(EM_Upper, "ERROR!");
```

注意，在第二行中，我们声明了一个新的变量 EM_Upper 来保存字符串的大写版本。这似乎是合理的。虽然我们不需要原来大小写混合的错误消息，但将来可能需要它，因此分配了第二个变量来保存大写版本，并将原始版本保存在 ErrorMessage 中。

等一下。需要保留 ErrorMessage 的原始值吗？当然，可能在代码的未来版本中需要它，但现在不需要。如果现在不需要，则完全可以避免使用 EM_Upper，而是用大写版本替换 ErrorMessage，并将其传递给 MessageBox.Show()：

```
string ErrorMessage = "This is my error message";
ErrorMessage = ErrorMessage.ToUpper();
MessageBox.Show(ErrorMessage, "ERROR!");
```

想想看，因为对大写版本错误消息所做的一切只是为了将其传递给 MessageBox.Show()，而在以后的代码中不使用原始或大写版本，所以可以将最后两行代码合并为一行：

```
string ErrorMessage = "This is my error message";
MessageBox.Show(ErrorMessage.ToUpper(), "ERROR!");
```

不过，我们没有在任何地方保存大写版本，我只是指出这一点，你懂的。现在我们把大写版本传递给 MessageBox.Show()，然后它就消失得无影无踪了。这有什么关系吗？如果以后的代码再次需要大写的值，我们将需要再次调用 ToUpper()，这看起来有些浪费，那么是否应该将 ToUpper() 的输出保存在某个地方，以防后面再次用到？如果真的决定保存它，那么应该把它存回 ErrorMessage 还是创建一个单独的变量 EM_Upper？后者既保留了原始版本，但同时也使用了更多的计算机内存。

以上几段都是理论上的讨论。既然代码现在可以正常工作，那么为什么要把问题复杂化呢？当代码既不需要保存两个版本，也不需要两次调用 ToUpper() 时，为什么还要担心这两种选择呢？

你脑中的一个声音会回答：当然！但是，如果你在熟悉代码的时候就开始为将来做准备，那么在后续修改代码时犯错误的概率就会减小，从而节省总的工作时间。如果这个声音来自一个准备充分的头脑，那么它会告诉你：一项关于软件维护的研究指出，"软件维护有一个独特的领域叫作'知识恢复'或'程序理解'。随着软件的老化，软件维护将成为软件成本的主要组成部分（假设软件改进和缺陷修复各占 50%）。"[5] 未来一半的维护成本将花在理解你已经忘记的自己程序的细节上！当然，最好的选择是，当代码的细节仍然在你的头脑中记忆清晰的时候就立即修改代码。

记住，我们这里讨论的只是三行代码。

这个问题不是软件独有的，许多任务都有多种完成方式。不同的是，对于软件来说，改变主意和改变代码都是很容易的事，并且，对于确定何种方法在长期看来是最有用的问题，我们缺少一个通用的标准。如果你正在建造一座桥梁，那么你应该知道它的跨距和承受的重量，并且清楚当前的设计是基于这些因素的。没有人会认为，同样的桥梁设计，只要稍加修改，其跨距或者承重就能增加两倍，也没有人会认为，当桥梁建造到一半时，工程很容易适应新的修改。然而，改变软件是如此简单——只需轻击几下键盘，再编译一次，就完成了。这样的诱惑始终存在，而且出于同样的原因，提前想好未来所有可能发生的事情的动机便变得很小。最终的结果是，几乎所有编写好的软件最终都会被修改，以解决一个不同于当初设计目标的问题。

“计算机的灵活性是独一无二的，”研究员约翰·肖（John Shore）在他的论文《正确性的神话》(Myths of Correctness）中指出：

没有任何一种类型的机器，在不做物理修改的前提下，就能改变如此之多。而且，不幸的是，更容易引起问题的大幅修改与微小修改一样容易。对于其他类型的机器，大幅修改相对微小修改而言难度更大。这一事实是对修改行为的客观约束，然而这一约束在计算机软件的修改问题上却失效了。[6]

《软件设计师实战》（Software Designers in Action）一书的编辑安德烈·范德胡克（André van der Hoek）和玛丽安·彼得（Marian Petre）观察到，“几乎任何产品都可以在交付后以某种方式进行更改。软件的与众不同之处在于，对于客户、用户和其他利益相关者来说，软件将会发生改变均不出他们所料。”[7] 由于软件几乎总是有一个潜在的替代未来，因此不存在对改进建议的限制。而且，除非你能预见未来，否则你永远不会知道哪一处修改会真正节约人力，哪一处修改会带来不必要的复杂性。

虽然我们在这里讨论的选择是调用什么 API，或者是否使用一个变量，这些选择看似无关紧要，但如果做出了不正确的选择，则有可能导致软件出现真正的问题，包括崩溃、挂起或你的文件被窃取。早在 20 世纪 30 年代，电工遵循当时最先进的布线方法安装了瓷管瓷柱布线系统。只是事后看起来，这种系统在几十年后成了一个巨大的、昂贵的、危及生命的安全隐患，需要后人处理。你在API选择方面的决定是明智的吗？将来的程序员是否会指责你在这个决定上的错误呢？

但是，你不能一直犹豫下去，最终你会在现在与未来的连续统上选择一个位置，然后编写你的代码。现在你的任务完成了吗？

不，除非你是独自编程。这种情况通常只有在阳光明媚的大学校园（或高中）发生。你现在是一个专业程序员，与其他程序员一起工作，所以接下来你的所有同事都有机会通过一个看似有利的所谓**代码评审**（code review）活动给出他们的意见。

代码评审是指其他人对你的代码提出建设性的批评。这听起来是个好主意，就像找第二个电工来对你的工作快速检查一次。这就是你期望那些即将毕业成为专业电工的人们所要做的：在家里自己动手做了一个布线项目，在可能引起火灾之前，找人来指出你的瓷管瓷柱问题！这里使用的语言让这个类比有些误导，因为电工有电工规范（还是这个词[⊖]）。电工规范是用文字写下来的，"不可以在新家里使用瓷管瓷柱布线"，更重要的是，"在检查现有瓷管瓷柱布线时，这些是你确定它是否安全所必须检查的东西。"短语"代码评审"意味着你的程序员同事将你的代码与"专业程序员的（另一种）代码"进行比较，检查你的代码是否偏离大家一致认可的实践和标准。

不幸的是，对于软件来说，不存在与电工规范等价的东西，尽管对于程序员来说，有些书籍在某些领域提出了一些建议，但

⊖ 规范和代码的英文均为code。——译者注

这些建议没有任何实证研究的支持，它们往往会为争论的双方火上浇油。代码评审的过程实际上是其他程序员提出关于如何编写代码的个人意见，而这些意见只是他们自己的经验。既然你的同事都知道代码有多灵活，那么他们很可能会认为他们的建议应该被采纳，不管游戏进行到了什么时候，因为游戏永远不会结束。如果你不同意的话，他们就越有可能建议修改，越有可能对你的代码表示不屑。

在将代码提交给评审之前，你可能反复思考某些问题，而代码评审的最可能的反馈便是其他程序员对于这些问题的意见：你是否应该现在修改代码，以符合你目前并不清楚的未来需求？

考虑变量名——一个大家都喜欢的话题。上面的代码有两个变量，ErrorMessage 和 EM_Upper，这些变量名并不一致。第二个变量名包含了变量的含义解释（用大写），第一个变量名则没有，但第一个变量名解释了变量的用途（这是一条错误消息），但第二个变量名使用了“错误信息”的首字母简写。作为代码的作者，我们知道它是如何发展到这一步的：我们从只有一个变量（ErrorMessage）开始，后来添加了第二个变量。在添加第二个变量名前，我们不知道第一个变量需要跟什么区分开来，所以简单的 ErrorMessage 似乎是合理的。同时，在发明 EM_Upper 时，我们决定节省一些键入操作并缩写第一部分。

现在，一旦我们添加了第二个变量，并且大小写（混合与大写）成了区分因素，我们可以将原始的 ErrorMessage 重命名为 ErrorMessageMixed，但我们真正应该做的是将 EM_Upper 更改为 ErrorMessageUpper，或者反过来，将 ErrorMessageMixed

更改为EM_Mixed。想想看，最初的错误消息可能已经是大写的；我们不能假定它是大小写混合的，所以也许ErrorMessageOriginalCase是一个更好的名称。这意味着ErrorMessageUpper应该写成ErrorMessageUpperCase。同时，我们仍然不能百分之百地确定两个变量就够了，所以我们愿意承担所有的这些键入操作吗？在这一点上，犯错误的可能性是存在的（特别是，不小心用ErrorMessageUpper替换了一个ErrorMessage，而不是用ErrorMessageMixed替换，这会编译通过，但运行时会崩溃）。

第二个来代码评审的程序员不知道这些历史，也不欣赏你内心的挣扎。他们只看到ErrorMessage和EM_Upper之间的不协调，他们很可能会指出这一点。顺便说一下，在编译程序时变量名会消失，因此更改变量名不会影响程序的运行方式或用户运行程序的体验。程序员争论的代码可读性只是为了帮助将来阅读代码的程序员更好地理解代码。

信不信由你，大家最爱争论的问题之一是（你在阅读书中代码时根本看不出来）：缩进代码时（这是经常出现的操作），你会键入一系列空格还是一个单制表符？有些人喜欢看到代码每次缩进四个空格，有些人喜欢看到每次缩进八个空格。使用制表符意味着每个人都可以在自己的计算机上调整制表符设置来看到他们喜欢的缩进量，但有些人认为这是异端，他们认为原始程序员应该能够准确地控制可以看到的缩进。更糟糕的是，一个同时使用制表符和空格的文件可能会演变成视觉折磨。早在20世纪90年代初，当我开发Windows NT（当今Windows的前身）的第一个版本时，就有一个严格的规定，即源代码中不应有制表符，否则你会感受到同事的恶意凝视（一旦他们从代码中删除了制表符）。直到今天，如果你想看到一个程序员翻白眼，请说“制表符对空格”[8]这个神奇咒语。

因此，你已经看到了变量名和缩进的争论，进一步的讨论主题包括：在给变量赋值的等号之前、在方法调用的左括号之前、在分隔方法参数的逗号之后和在行尾的分号之前，是否都应该再留一个空格，或者所有地方都留一个空格，或者所有地方都不留空格（几乎是所有地方，因为大多数程序设计语言忽略了代码中的额外空格），又或者代码中的空行是罪恶的浪费还是光荣的奢侈。

哈兰·米尔斯（Harlan Mills）曾经写过类似的情况，他坚持道，“由于没有严格的数学方法来约束这些讨论，所以有些讨论变得相当激烈。”[9]“激烈”是一种保守的说法。这些论点通常被称为“宗派的”，因为它们完全依赖于信仰，而不是证据。

尽管花费了大量精力，但是代码评审很少发现真正的用户可见的错误。代码评审更多是关于本规范的强制执行，例如“我们是这样命名变量的”。真正糟糕的 bug、安全问题或潜在的崩溃通常涉及一系列错误，每个错误都小到难以单独引起注意，但与错误的数据集合在一起时，可能造成非常严重的错误。错误通常来自负责 API 边界相邻两层代码的程序员之间的误解。布鲁克斯在四十多年前就认识到了这个问题：“最有害和最复杂的 bug 是由不同组件的作者所做的不匹配的假设所引起的系统 bug”（定义不严谨的术语**组件**（component）和**模块**（module）经常被用于表示“提供一些相关 API 的一组代码”）。[10]代码评审员确实试图预测将来对代码的修改，但是在检查 API 的代码时，他们很少试图预测未来 API 调用方的误解，特别是因为该代码尚未编写。当你从 API 内部向上层看时，这一切似乎都是完全合乎逻辑的。

因此，代码评审几乎从未考虑将 API 输出到上一层时的可用性和清晰度问题。API 名称和参数列表是装有被评审代码的盒子，当你的视线滑过它们直达内部丰富的算法部分时，API 名和参数表都已经被视为默认事实了。从某种意义上讲这是有道理的，因为内部是“隐藏的”部分，可能再也不会被人看到，而 API 的外部接口将被调用它的所有程序员看到，但外部接口将对两个不同程序员的代码是否按计划协同工作有着不相称的影响。一旦提供 API 的代码被判断为完整的，程序员就不愿更改 API 名称和参数，而宁可重命名一个不清晰的变量，因为更改 API 名称和参数还需要更改现在调用了该 API 的所有代码。

尽管如此，我还是为代码评审员关注代码的可读性和可维护性而喝彩，因为，尽管它可能对 API 调用的清晰性没有太大影响，但它与另一个重要的错误源有直接关系，即代码随时间的迁移：其他程序员需要修改代码以备将来使用（或者如前所述，稍后你回头看自己的代码，即使经过极短的时间，你也可能对你自己的代码感到陌生了）。代码评审员是模拟那个未来阅读代码的程序员的很好人选，因为他们自己也不了解代码。问题是，虽然代码评审是善意的，但其中指出的问题对未来可维护性的影响却完全无法预期。这种意见通常是“他说的，她说的”一类的论点（不幸的是，经常是“他说的，他说的”）。

在微软的历史上，曾经有过一段时间强制使用*匈牙利命名法*

编写代码，即在变量名前面加一个说明其类型的小文档符号，如数字、字符串等（之所以有“等”，是因为程序员可以用字符串和数字的集合创建自己的类型）。例如，所有字符串变量都以 sz 开头，所以匈牙利风格的代码中充满了如 szUsername 和 szAddress 这样的变量名。从理论上讲，在不知道代码是如何工作的情况下，如果一眼能看出一个特定变量是字符串类型还是数字类型，则可以防止不小心错用了一个变量。这导致了类似 szA 这样的极端不实用的例子，sz 告诉大家这是一个字符串，但是 A 这样的变量名是 BASIC 时期的重现，它没有说明这个字符串是用来干什么的。

匈牙利命名法在微软内部引起了争论。办公软件 Office 团队采用了匈牙利命名法，但 Windows NT 团队认为这很愚蠢，所以我也被潜移默化地影响，认为这是很愚蠢的（上面讨论的变量 EM_Upper 与 ErrorMessageUpperCase 换成 szEM_Upper 与 szErrorMessageUpperCase 会更有意义吗？）。Windows NT 的命名风格倾向于内部插入大写字母的长名称，例如 Maximum-BufferLength，被称为“驼峰式”或者驼式，因为大写字母看起来像一个多峰的骆驼。这个名称包含很多关于变量用途的信息，但对其类型保持了沉默。

（对于某些读者来说，我需要澄清，驼峰式命名的首字母实际上是小写的，比如 exampleVariableName，我们在 Windows NT 中使用的首字母大写的方式被称为“ Pascal 式”，但驼峰式是一个更直观的短语。[11] 总之，再回到我们的故事。）

匈牙利命名法的支持者们反过来嘲笑这些又长又不太像驼峰

式的名字，认为它们容易出错，而且浪费键入操作和磁盘存储（键入需要时间，磁盘存储需要空间，在历史上这二者一直是程序员所缺少的资源，不过目前这种情况已经不复存在了）。反驳的一方称，变量 `CurrentlyLoggedInUser` 已经很明显是一个字符串，不需要在前面再使用额外的字符来说明。此外，到了 20 世纪 90 年代初，编译器更擅长识别代码中传递了错误类型的变量（强制你的方法调用与方法签名匹配，例如在需要数字的地方不使用字符串，这是编译器技术的一项创新，过去这种技术的缺失导致了各种各样有趣的 bug）。这使得匈牙利命名法比起 1986 年显得更不必要了：如果编译器能捕捉到类型不匹配的问题，那么就不需要匈牙利命名法。更有趣的错误不是将字符串和数字混用，而是在需要一个更复杂的类型的地方使用了另一个不同的更复杂类型，并且这些复杂类型并不容易在匈牙利命名法的指导下被识别。

由于 Office 团队和 Windows NT 团队有各自独立的源码文件，所以支持匈牙利命名法和反对匈牙利命名法的双方在没有任何依据的情况下争来争去。双方都把对方最糟糕的情况摆出来，驼式支持者暗暗嘲笑 `pwszA`，匈牙利式支持者对 `SomeReallyLongVariableName` 嗤之以鼻。我从没听说过曾经有过折中的想法（长驼名加匈牙利式前缀的名字如何？）。这是一件严肃的事情，没有时间去考虑这种愚蠢的想法！此外，向对方完全妥协就意味着在你自己的代码中修复许多变量名——这是一个没有人愿意面对的令人生畏的工作。少数勇敢地更换团队的程序员很快就融入了他们的新文化，但这两个对头从未相遇。

给这场比烂主义（whataboutism）的争论火上浇油的是，双方争论的不是同一件事。最初的匈牙利系统被称为应用式匈牙利命名法，因为它在编写应用程序（如 Office）的部门中使用，其中规定了前缀包含的信息不仅仅只有变量类型，你可以使用前缀 `row` 或 `col` 来区分表示行号的变量和表示列号的变量。[12] 不知什么原因（通常归咎于编写 Windows API 文档的团队，他们显然是出于错误的冲动简化了这种记法），这种记法以系统匈牙利命名法的形式首次公开亮相，在这种形式中，变量名前缀只标识出类型，如数字或字符串，因此不怎么有用（以匈牙利命名法命名的变量名前缀越像实际单词，匈牙利命名法和 Windows NT 风格之间的差异就越归结为第一个字母的大小写之分，当然，这仍然是宗派争论的沃土）。[13] 因此，Office 团队推崇的应用式匈牙利命名法不同于被 Windows 团队视为出气包的系统式匈牙利命名法。

幸运的是，一位名叫帕斯卡·圣扎迦利（G.Pascal Zachary）的作者写了一本关于 Windows NT 项目的书，记录了他对当时在华盛顿雷德蒙爆发的匈牙利命名法论战的印象：

然而，一些争议涉及程序员所谓的“宗派差异”。关键点似乎只对狂热追随者来说是重要的，中立者可能会说双方都是对的。但是狂热追随者不能用合乎逻辑的论据来战胜他们的对手，于是便对他们进行侮辱。

在狂热追随者中爆发的其中一个最奇怪的争议涉及用最流行的计算机语言之一 C 语言编写指令的命名系统。多年来，微软采用了自己的惯例，即匈牙利命名法，其创造者是布达佩斯出生的查尔斯·西蒙尼（Charles Simonyi）。……它不同于大家熟悉的传统记法，主要依赖于英语单词，而不是不透明的缩写词。这两种风格之间的差异引发了许多争论，而两种风格的优点却被忽略了。[14]

团队中的一位程序员（不是我）将匈牙利命名法描述为“我见过的最愚蠢的事情”，尽管还不清楚他是指应用匈牙利命名法还是指系统匈牙利命名法。他半似总结地补充道，“编码风格的论战浪费了宝贵的资源，但是匈牙利命名法造成的混乱可能会浪费更多的时间。”[15] 如果他的论点听起来合理，那么也请记住，他是那些经常被源代码的缩进用制表符还是空格所困扰的团队成员之一。同一个程序员可以对方法的参数之间的空格有一种完全合理的“共存”态度，但是当看到源代码中存在不必要的空行时，他就会歇斯底里。就这点而言，我不会将 Windows NT 中使用的变量名描述为“常规符号”；当我第一次加入团队时，这些无匈牙利前缀、长长的“不透明的缩写”符号对我来说似乎很奇怪。

幸运的是，代码评审者最终将停止评论，否则你会听得厌烦，然后你可以更新部分代码以反映你选择关注的反馈。当然，对代码的任何更改都有犯新错误的风险，而这些错误反过来又需要程序员自己调试。一种特别令人麻木的经历是，今天你决定履行你的义务，重命名这个模糊的变量，结果发现你在进行更改时意外地造成了破坏，编译器现在报错：“一个表达式树 Lambda 不能包含左侧为空文本的合并运算符”，这是一个真实的 C# 编译器错误，尽管这不太可能是由变量名中的拼写错误引起的。[16]

让我们对代码再做一次更改：只有当错误消息中包含“JavaScript”一词时，才会让它显示错误消息（JavaScript 是另一种程序设计语言）。因为已经将消息转换为大写，所以我们可以使用 `Contains()` 方法检查它是否包含大写单词“JAVASCRIPT”

（我删除了第一行代码，它将ErrorMessage显式地设置为“This is my error message”，否则代码看起来有点荒谬，因为很明显，字符串不包含“JAVASCRIPT”，所以没有理由检查）：

```
string EM_Upper = ErrorMessage.ToUpper();
if (EM_Upper.Contains("JAVASCRIPT")) {
     MessageBox.Show(EM_Upper, "ERROR!");
}
```

其中，下面这一行代码

```
if (EM_Upper.Contains("JAVASCRIPT")) {
```

执行了一个测试：如果EM_Upper包含字符串“JAVASCRIPT”，则运行花括号之间的代码，否则跳过。单词if是C#语言中的关键字，为方便起见，我将用大写字母来书写这样的关键字（尽管传统上用小写字母书写），所以它将被称为IF语句。

作为有责任心的程序员，我们知道自己的代码可能在多个国家运行，在这些国家错误消息可能被翻译成不同的语言，但是我们确信，程序设计语言名称JavaScript不会被翻译。

这段代码是正确的吗？好吧，基本的思路是正确的，但是它确实有一个错误，你可能暂时没有意识到这一点，因为它依赖于一个方法的实现细节，而这些细节可能是你和许多有经验的程序员完全不清楚的。

作为以非明显的方法实现细节的一个例子，考虑MessageBox.Show()的内部，即显示消息框的实际代码。编写代码时的一件重要事情是决定什么行为对方法的调用方有意义，以及如何通过参数使用该行为。

你可能已经注意到，在本章前面的屏幕截图中，除了显示消息和标题之外，消息框还将显示一个标记为“OK”的按钮以供用户单击：

这是完全合理的，在文档中有说明，并且在运行程序时很明显，但是从方法名和参数列表却看不出来。

这种情况似乎是良性的：`MessageBox.Show()` 将显示一个调用方没有明确请求的按钮，但这是否有害？在这种情况下，答案是“否”。事实上，通过传递额外的参数，你可以控制显示哪些按钮，前提是你知道该方法支持这一点。然而，方法具有未知的副作用是许多错误的原因。

这正是我大学毕业后第一份工作中遇到的问题，当时某些医生的住址被错误替换。我被征召解决问题时，很快就发现问题出在从计算机的数据库中检索医生信息的 API 中（比如，应该检索正确的地址，而不是把代码弄乱以显示它）。我记不起该 API 的确切名称，但这并不重要，姑且称它为 `GetDatabaseRecord()`。这个 API 大概采用了指定要检索哪个医生的参数，不过这些参数也不重要。当然，`GetDatabaseRecord()` 本身是基于其他 API 调用构建的，这些调用又是基于其他 API 调用构建的，等等。我的任务是查看这些底层代码，找出它们偶尔出错的原因。

我经过研究发现，另一个程序员修改了程序的一部分，以计算和显示数据库中医生的额外数据。在某些情况下，代码需要从数据库中加载其他医生的记录（我不记得详细情况，但假设在这种情况下两个医生一起就读过某医学院，数据库中的某个地方记录了这种信息，也就是说只有在某些情况下才会发生的事情，并且在显示错误地址的医生和其他人之间没有明显的区别，所以在重现步骤中没有注明）。由于医生的街道地址在数据库的所有数据字段中的独特性，它是一个长度可能变化很大的字符串，因此我们将“上次从数据库加载的医生的街道地址”存储在内存中的一个特定变量中，该变量有足够的空间容纳任何合理大小的地址。这是你为当时动力不足的计算机节省内存而进行的优化。

在那个程序员添加的特性中，街道地址是不需要的，所以这个更改并不重要，但这意味着有时这个特殊的“从数据库加载的最后一个医生的街道地址”变量中的地址并不是我们想象的那样，因为当加载一个医生的信息时，我们继续加载他的医学院同学信息，由此更新了“从数据库加载的最后一个医生的街道地址”变量。这些都发生在调用 `GetDatabaseRecord()` 的代码下面的几层。而该代码没有改变，但是 `GetDatabaseRecord()` 的内部行为——或者更准确、更令人烦恼的是，在 `GetDatabaseRecord()` 下面几层被调用的 API 的内部行为已经改变了。那个程序员并不是恶意的，但当她自己第一次发现“地址错误”的问题时，她自己也没有意识到她之前的改变导致了这个问题。

再一次，不管是谁编写了你所调用的 API，你都将任由其摆布：它们不仅要按照逻辑顺序定义参数，还要说明所有预期的副作用，即使这些副作用的影响并不明显。当调用一个 API 时，对于它的实现细节以及它的可靠性，你仅有的一点宝贵信息是一个名称和一个参数列表，它们就像一层细薄的胶水一样把你的软件粘在一起。

我不记得我是如何解决这个问题的，但一旦找到它解决问题就很容易了。这个解决方案可以留给读者作为练习。我可能给 `GetDatabaseRecord()` 添加了一个额外的参数，告诉它“不要加载额外的医生信息”，并在这个特定的情况下使该参数为“真”。如果我觉得有动力，我可以重写使用单个“从数据库加载的最后一个医生的街道地址”变量的代码，可以根据需要使用多个变量。第二种方法可能更“正确”，但也可能改动更大而延迟我的香槟奖励，并且在修复过程中更可能破坏其他部分。另一方面，这意味着未来 `GetDatabaseRecord()` API 的调用者不需要对其实现了解多少，因此减少出错的可能性。正如人们在代码评审中争论编写代码的正确方式一样，他们也争论在发现 bug 的原因之后如何正确地修复 bug，这通常涉及“风险较小但有点难看”和“更复杂但长期而言更优雅”之间的权衡。

最后，让我们回到检查错误消息是否包含“JAVASCRIPT”的代码，几页前我曾声明这段代码中有一个真正的错误：只说英语的人可能不知道大写的概念是有区域性区别的。英语的小写字母 *i* 上面有一个点，大写字母 I 上面没有点。为了供你参考，我的这句话中包括了这两个字母的几个例子[⊖]。大多数用同一个字母表书写的语言都有相同的小写字母 i 和大写字母 I。但是在土耳其语

⊖　本句原英文包含了多个 I 和 i。——译者注

中，有一个小写的带点 i 和大写的带点 İ，以及一个小写的无点 ı 和大写的无点 I。在大写时，字母在有没有点的方面不会变，所以 i 的大写字母是 İ，而不是英语中的 I。当你把包含 i 的词转换成大写时，比如字符串“JavaScript”，英文的大写是“JAVASCRIPT”，而土耳其语的大写是“JAVASCRİPT”（注意大写字母 I 上面有一个点）。尽管一个有常识的普通人可能会正确判断，但对于一台计算机来说，它们绝对不是同一个东西。

如果你调用 `ToUpper()` 时没有带参数，就像我们所做的那样，那么它会基于计算机上配置的语言（用户可以选择）进行大写转换。如果你的用户的计算机配置了土耳其语，则“JavaScript”的大写转换结果将不同于计算机配置为英语的大写转换结果，并且 `Contains()` 方法将无法按预期匹配。你可能认为，让你的代码对错误消息的大写版本进行比较是明智的，但这可能会导致难以诊断的问题，特别是如果你尝试在配置为英语的机器上重现错误。

一旦你明白了这个问题，对土耳其大写问题的修复就很简单：将你的调用 `ToUpper()` 由[17]

```
EM_Upper = ErrorMessage.ToUpper();
```

改为

```
EM_Upper = ErrorMessage.ToUpper(InvariantCulture);
```

至于 `MessageBox.Show()` 方法，`ToUpper()` 有使用不同参数的多个版本。最简单的版本假定它应该使用计算机配置的**文化**（**culture**，这是首选术语，因为它不仅包含语言，还扩展到货币符号等区域性文化）。这通常是正确的，但不适用于比较大写字符串。将参数 InvariantCulture 传递给 ToUpper() 会以一种保证在所有计算机上结果相同的方式将其转换为大写（内部提示：秘密是“总是用英语的那种方式转换”。它不必是完全正确的，只是为了保持一致）。

这样程序便能正常工作了，但就像希望 MessageBox.Show() 显示除“OK”按钮之外的其他内容一样，你必须知道可以这样做。“使用当前文化”的无参数 ToUpper() 版本更易于调用（程序员定义的易用性指输入较少），也更容易发现，但它的存在使得调用代码不清楚大写的文化差异，从这一点来看这个设计做得并不好。问题不在于 ToUpper() 的默认局部文化和不变文化选择是某个人所做的隐藏选择，而在于调用方可能不知道这种选择的存在，这可能是因为程序员根本不了解文化的区别，或者他们没有意识到“告诉我要使用哪种文化”的存在。

方法设计过程中有许多棘手的事情，比如：决定哪些参数是必需参数（每次调用必须传入的参数，例如消息框的标题，或转换为大写的字符串）、哪些是可选参数（消息框中的按钮或大写转换时使用的文化）。还有一些相关的问题：不提供可选参数时方法的默认行为是什么，哪些行为不是通过参数（例如消息框中使用的字体）指定的（调用者对这类行为没有选择权利），等等。

这些问题同样没有正确答案，尽管在这些问题的代码评审过程中人们也费了不少脑筋。无论最后的决定是什么，忽视方法的默认行为都是一个常见的问题。从这个角度来看，ToUpper() 的默认文化版本的存在并没有提供便利，相反，这是一个悲剧性的错误，是不必要的错误的来源，并且使程序员错失了学习有关文化差异的机会，而这些都只是为了节省一点键入时间！默认参数，虽然通常被认为是一种有用的便利，但有时可能弊大于利。它本质上就像是让一个桥梁建造者说，“给我一些建桥的钢材”，而不是要求他们总是详细说明他们所需要的钢材的确切性能规格。程序员下意识地认为最简单的调用是正确的，直到他们接到来自安卡拉的一通愤怒的电话。

布鲁克斯解释了一个“本身是完整的，可以在作者开发的系统上运行”的程序和一个“大多数系统程序设计工作的预期产品”的程序设计系统产品之间的区别。[18] 要从前者转变成后者，需要引入两个维度的复杂性。第一个复杂性是从单一的作者到一个任何人都可以“运行、测试、修复和扩展”的程序。第二个复杂性是从单一的程序到“一组相互作用的程序，功能协调、格式规范，它们的组合能构成完成大型任务的完整设施。”[19]

在高中和大学，我曾编写一些简单的老程序，但在工业界，我在编写程序设计系统产品。正如布鲁克斯所指出的，这两个复杂性的转变反映的是程序员之间跨时间的交流和跨 API 边界的组件之间的通信。[20] 这两个领域正是我在自学过程中严重缺乏的。

布鲁克斯补充道：“这就是程序设计，它既是付出了许多努力的泥潭，又是一个充满欢乐和悲伤的创造性活动。”[21] 难道程序员没有学习如何正确地处理这些问题吗？他们最终可能会。但是考虑到他们始于自学，他们更倾向于关注软件的另一个方面，这将是我在下一章讨论的内容。

## 注释

1. 如果你想在家里尝试运行代码，微软提供了免费的工具。首先，搜索和下载 Visual Studio 社区版，然后运行它（需要几分钟）。然后，在我 2018 年年初使用的版本中，你必须在安装窗口选择“.NET 桌面开发”（.NET Desktop Development）。安装完成后，启动 Visual Studio（提示时无须登录，并保留默认设置）。从“文件”（File）菜单选择“新建…”（New...）→“项目”（Project）。使用 .NET 框架创建 Visual C# 控制台应用程序（你可以使用默认名称，在我的版本中是 ConsoleApp1）。接下来，在右侧的“解决方案浏览器”（Solution Explorer）窗口中，右击“引用”（Reference），选择“添加引用…”（Add Reference...），然后选择“Systems.Windows.Forms”（你必须在左边的框中单击以选择它），然后单击“确定”（OK）。在主程序 `Program.cs` 窗口的代码顶部附近，在以“using”开头的其他行之后添加一行 `using System.Windows.Forms`，然后从本书中复制代码示例，将其粘贴到缩进量最大的 { 和 } 行之间（`static void Main(string[] args)` 后面）。按 <F5> 键编译并运行程序（或选择“调试”（Debug）→“开始调试”（Start Debugging））。如果出现错误，请确保键入的一切都正确，包括所有标点符号以及保留大写和小写，现在你正体验调试的刺激！别忘了单击消息框中的“OK”将其关闭，使程序完成运行，否则你将无法对代码做进一步更改。

2. Frederick P. Brooks Jr., “The Tar Pit,” in *The Mythical Man-Month: Essays on Software Engineering*, anniversary ed. (Boston: Addison-Wesley, 1995), 7–8.

3. Fred Moody, *I Sing the Body Electronic: A Year with Microsoft on the Multimedia Frontier* (New York: Viking, 1995), 125–126.

4. Barry Schwartz, *The Paradox of Choice: Why More Is Less*, rev. ed. (New York: HarperCollins, 2016), 103.

5. Robert L. Grady, *Successful Software Process Improvement* (Upper

Saddle River, NJ: Prentice-Hall, 1997), 8.

6. John Shore, " Myths of Correctness, " *in The Sachertorte Algorithm and Other Antidotes to Computer Anxiety* (New York: Viking, 1985), 175.

7. André van der Hoek and Marian Petre, " Postscript, " in *Software Designers in Action: A Human-Centric Look at Design Work* (Boca Raton, FL: CRC Press, 2014), 403.

8. 这是电视节目《硅谷》(Silicon Vally）一集中的一个小情节：一个程序员决定不和使用空格的人约会，而和使用制表符的人约会。

9. Harlan D. Mills, " In Retrospect, " in *Software Productivity* (New York: Dorset House, 1988), 3.

10. Frederick P. Brooks Jr., " The Whole and the Parts, " in *The Mythical Man-Month: Essays on Software Engineering*, anniversary ed. (Boston: Addison-Wesley, 1995), 142.

11. 不清楚为什么这种风格与语言 Pascal 有关，可能 Pascal 是第一种激发程序员使用混合大小写方式命名的程序设计语言。显然，语言发明者尼古拉斯・沃斯（Niklaus Wirth）在关于该语言的原始论文中没有使用这种风格。他演示了一个名为 Bisect 的过程，还有一个过程名为 readinteger。*Niklaus Wirth, "The Programming Language Pascal," Acta Informatica 1, no. 1 (1971): 35–63.*

12. Joel Spolsky, " Making Wrong Code Look Wrong, " *Joel on Software* (blog), May 11, 2005, accessed December 29, 2017, https://www.joelonsoftware.com/2005/05/11/making-wrong-code-look-wrong/.

13. Larry Osterman, " Hugarian Notation—It's My Turn Now :), " *Larry Osterman's WebLog* (blog), June 22, 2004, accessed December 27, 2017, https://blogs.msdn .microsoft.com/larryosterman/2004/06/22/hugarian-notation-its-my-turn-now/; Scott Ludwig, comment on Osterman, " Hugarian Notation, " accessed December 27, 2017, https://blogs.msdn.microsoft.com/larryosterman/2004/06/22/hugarian-notation-its-my-turn-

now/#comment-7981.

14. G. Pascal Zachary, *Showstopper: The Breakneck Race to Create Windows NT and the Next Generation at Microsoft* (New York: Free Press, 1994), 56.

15. 同上。

16. Microsoft, "Compiler Error CS0845," July 20, 2015, accessed December 27, 2017, https://docs.microsoft.com/en-us/dotnet/csharp/language-reference/compiler-messages/cs0845.

17. 请注意几点。首先，如果在家里键入这段代码并编译，需要在源代码顶部加上一行

```
using System.Globalization;
```

同时必须使用 `CultureInfo.InvariantCulture`，不能使用 `InvariantCulture`（或者可以调用 API `ToUpperInvariant()`，它具有相同的功能）。其次，在进行这种比较时，最好避免自己完成大写转换函数，不要先调用 `ToUpper()` 再调用 `Contains()`，而是应该在 `ErrorMessage` 上直接调用 API：

```
if (ErrorMessage.IndexOf("javascript",
    StringComparison.InvariantCultureIgnoreCase) != -1)
```

调用 `IndexOf()` 而不是 `Contains()` 的原因是 `Contains()` 没有设置 `InvariantCultureIgnoreCase` 的重载形式。为什么不存在重载？我不清楚。你又一次处于 API 设计者的支配之下。

18. Brooks, "Tar Pit," 4, 6.

19. 同上，5 ~ 6 页。

20. Carl Landwehr, Jochen Ludewig, Robert Meersman, David Parnas, Peretz Shoval, Yair Wand, David Weiss, and Elaine Weyuker, "Systems Software Engineering Programmes: A Capability Approach," *Journal of Systems and Software* 125 (2017): 354–364. 这篇文章将布鲁克斯的解释与当前软件工程教育的差距联系起来。

21. Brooks, "Tar Pit," 9.

# 第4章

## 夜晚的小偷

我们那个时代的程序员最担心的是什么呢？他们的程序运行效率如何。为了感受当时的情景，我们回看1986年出版的《编程珠玑》(Programming Pearls）一书。该书收集了乔恩·本特利（Jon Bentley）为美国计算机学会（ACM）期刊《ACM通讯》撰写的一些专栏文章。本特利是前卡内基－梅隆大学计算机科学教授，曾在贝尔实验室工作。

本特利使用运行在小型计算机上的UNIX系统，这些小型计算机不像个人计算机那样资源受限。[1]尽管如此，在他选择的文章中，他评论说，性能——确保程序尽可能快地运行，尽可能少地占用内存——是贯穿所有文章的主题。[2]事实上，他特别担心读者可能会忽略性能的重要性。本特利在题为“压缩空间”（Squeezing Space）的一章中写道：“如果你和我认识的一些人一样，那么在看到标题时首先想到的是‘太过时了！’在过去计算还比较落后的时期，程序员被小机器（有限的资源）所束缚，但那些日子早已过去。新的理念是“这里一兆字节，那里一兆字节，很快你就在谈论真正的内存了。”[3]

本特利来自 UNIX 环境，他担心小型计算机计算能力的提高，加上对内存限制的相对缺乏，将会导致新一代程序员对性能问题视而不见。他的担心是没有必要的。越来越多的程序员在个人计算机上工作，他传递的信息在这些程序员当中有一大批听众。自 1982 年仅有 64 千字节内存的 IBM PC 问世以来，PC 的存储容量一直在增长，但即使是 1984 年秋季发布的更先进的 IBM PC AT，其总内存也被限制在 16 兆字节，所以“这里一兆或那里一兆字节”确实很重要。

本特利是一位性能大师。他 1982 年的著作《编写高效程序》（Writing Efficient Programs）关注的主题便是性能。不过，他并不盲目追求改进性能。他警告说，只有在需要的时候才应该小心地应用性能改进技术，“我们将要研究的规则可以通过更改程序来提高效率，但这种更改通常会降低程序的清晰度、模块性和健壮性。当这种程序设计方式在整个大型系统中被不加选择地应用时（通常如此），它通常会提高一点效率，但会导致后期软件充满 bug，无法维护。”[4]

在个人计算机掀起的时代潮流中，这种对性能的极致追求常常迷失了方向。尽管《编写高效程序》中有 Pascal 语言编写的例子，而且《编程珠玑》使用了多种语言，但大多数语言，甚至那些允许合理“结构化”程序的语言，Pascal、PL/I、ALGOL 和 Fortran 的新版本，都被我在大二时第一次接触的另一门新语言淘汰了。这门新语言是一种特别注重性能的语言，即 C 语言。

C 语言是 20 世纪 70 年代初在贝尔实验室发明的，本特利就是在这里工作的。贝尔实验室是贝尔电话公司的研究部门，当时贝尔电话公司垄断了长途电话业务，它需要复杂的软件来处理电话的路由。为了支撑这种软件，公司最初用汇编语言编写了操作系统 UNIX。当时几乎每个操作系统都是这样编写的，因为人们认为更高级的语言生成的代码太慢、太大，无法在操作系统的内部运行。然而，在移植 UNIX 到新计算机上运行的时候，人们决定用高级语言重写它。因为没有合适的程序设计语言，人们便发明了 C 语言，C 语言由此诞生了。[5]

对于像我这样曾经在 IBM PC 上与内存限制作斗争的人来说，很难描述 C 语言是多么“合适的”。在 Pascal 中，代码块用关键字 `BEGIN` 和 `END` 来描述；在 C 语言中，代码块用 `{` 和 `}` 来描述。如果一个程序设计语言结构可以被描述为流线型的，那么这个语言必定是 C 语言。这个特点只是小事一件，它对编译器生成的代码没有任何影响，但它使 C 语言看起来圆润且具有现代感，而 Pascal 则给人花呢夹克和肘部补丁的感觉。

C 语言的设计者竭尽全力确保该语言不会给性能带来任何障碍。其结果是这样一种语言，它负责将变量名映射到内存位置、使用循环和 `IF` 语句而不需要显式 `GOTO`，并将参数传递给函数而不妨碍任何其他操作。C 语言被描述为给汇编语言做了一层薄薄的包装。[6]这可能既是一种恭维，也是一种嘲讽，但它完全适合软件从大型机上运行过渡到 PC 上运行的需要。一旦该软件的复杂性远远超过了 DONKEY.BAS 示例，这种过渡就会变得困难起来。

正如本特利所说，不分青红皂白地提高性能可能会导致问题，但是 C 语言的设计迫使你这样做，因为这就是 C 语言的工作方式。

C 语言以性能为中心的特性中，其中有一个特性是最糟糕的，对这个特性的理解需要一些背景知识。

C 语言接近处理器的一个重要方面是它处理不同*比特数*的方式。在机器 / 汇编语言的底层，你可以控制存储数字的字节数。可控制的最小单位是 1 字节，即 8bit[7]，1bit 是一个 0 或 1 的二进制数（如果你还记得新数学课中的关于基数的知识，那么你就会知道“二进制”和“基数 2”是一回事）。最小 8 位二进制数是

```
00000000
```

它表示 0。最大 8 位二进制数是

```
11111111
```

它表示 255。因此，8 位数可以存储 0 到 255 之间的值。你还可以告诉处理器（通过编码任何单个机器语言指令），它应该将最高位视为*符号位*，表示正或负，在这种情况下，你可以存储 –128 到 127 之间的值，而不是 0 到 255 之间的值。[8] 当 8 位数被解释为 0 到 255 时，它们被称为*无符号*的，当它们被解释为 –128 到 127 时，它们被称为*有符号*的。

使用 2 字节的存储器可以表示 16 位二进制数字，范围从 0 到 65 535（或 –32 768 到 32 767 的有符号数）；32 位二进制数可以表示到 0 到 4 294 967 295（或 –2 147 483 648 到 2 147 483 647）；64 位可以表示 0 到超过 $1.8 \times 10^{19}$，这是一个相当大的数字（或 $-9 \times 10^{9}$ 到 $9 \times 10^{9}$ 的有符号数，这也是一个很大的数字）。[9] 当人们谈论 32 位或 64 位处理器时，他们指的是处理器单个机器语言指令能够处理的最大数字，它对应于每个寄存器的大小。一台 32 位计算机有 32 位寄存器，并可以对两个 32 位数字进行加、减等

运算（我对某些概念进行了一点简化，但在这里问题不大）。[10]

处理器还可以一次处理更少的位，因此，举个例子，你可以告诉 32 位处理器（仍然是通过编码机器语言指令的详细信息）只加上、减去或移入 / 移出内存中的 8 位数。如果你知道某个数字永远不会超过 255，那么你可以用 8 位存储，并在 8 位上对其进行操作，这将在内存和速度上有些许节省。

C 语言之前的高级语言只有“整数”这一种类型，整数的容量通常与处理器的位数相对应，因此一个程序能够处理的最大的数字取决于承载它运行的计算机硬件。[11] 此外，为了简单起见，这些语言只支持有符号数，因为在当时编写的程序中，用户更多希望存储一个小的负数而不是一个大的正数。最初的 IBM PC 是一台 16 位计算机，所以 BASIC 中的 `INT`（整数）类型是 16 位有符号数，因此支持 –32 768 到 32 767 之间的值。如果有两个整型变量 `A` 和 `B`，它们都等于 25 000，执行下面的 BASIC 命令

```
10 D = A + B
```

那么 BASIC 会意识到 `D` 的值 50 000 太大，不适合用 16 位有符号整数表示，它将抛出“溢出”错误并终止。[12] 这并不是理想的情况，但比起默默地忽略溢出，并在 `D` 中存储一个错误值（错误原因的解释比较复杂，但在概念上涉及溢出数字“舍入”，因此结果是 –15 536），然后就像什么都没有发生一样继续运行，抛出错误并终止还是更好一点。

相反，在 C 语言中，所有这些细节都直接向程序员公开。当你声明一个整型变量时，你需要声明它是一个 8 位、16 位还是 32 位数（后来扩展到支持 64 位数）。[13] 此外，为了容纳两倍多的正整

数，如果你知道一个变量永远不会是负数，你就可以显式声明变量是有符号的还是无符号的，编译器将跟踪并编码相应的机器语言指令。

此外，在对数字执行数学运算时，C 语言不检查是否溢出。要检查下列命令

```
D = A + B
```

是否溢出，编译器必须生成代码（编译器自动生成计算表达式的机器语言代码）以完成下列操作：

1. 计算 A + B
2. 检查最后一个操作是否溢出（处理器必须对此做记录）
3. 如果确实溢出，则打印错误并终止
4. 如果没有溢出，则将结果存储在 D 中

因为性能是 C 语言关注的重点，所以它跳过了第 2 步和第 3 步。这两步都只需很小的操作，但如果每次数学运算都加上这两步，那么累积起来的效果则会影响效率。C 语言会忽略潜在的溢出，并将结果存储在 D 中，不会询问任何问题。在大多数情况下，这样做没有问题。如果一个电子游戏将一个外星人的屏幕坐标存储在一个 16 位整数中，而你的屏幕是 1000 像素宽的，当外星人在屏幕上移动时，你不必担心溢出。[14] 另一方面，数字溢出可能会导致严重的错误：20 世纪 80 年代，Therac-25 放射治疗仪的软件每当一个 8 位的计数器变量恰好在错误的时间溢出到 0 时就会出现 bug，结果过量辐射导致三人死亡；1996 年，阿里安 5 号（Ariane 5）火箭的程序在试图将一个 64 位的值复制到一个 16 位的变量时出现溢出错误，结果导致火箭自毁。[15]

C语言对数组进行了类似的优化。数组是一种程序设计构件，几乎存在于所有程序设计语言中。数组允许你声明一个能保存多个值的变量。例如，在Pascal中，可以通过以下方式声明单个整数：

```
var a: integer;
```

声明一个数组的方式如下：

```
var a: array[0..4] of integer;
```

然后你可以访问数组的5个元素，分别是a[0]、a[1]、a[2]、a[3]和a[4]，每个元素都可以保存一个整数值。重要的是，数组的**索引**（index），即方括号中的部分（也被称为下标）可以是变量而不是常量，因此可以编写如下循环：

```
for i:= 0 to 4 do
begin
    writeln(a[i]);
end
```

其功能是打印出a的不同元素（writeln()是Pascal打印一个值的API，而且如前面提到的，BEGIN和END表示代码块的开始和结束）。如果试图访问索引为5或更大值的数组a的元素，则程序将抛出错误并终止。

如果数组索引是变量，则意味着编译器在编译程序时无法确定数组访问是否合法，因为编译器不知道在执行该行程序时变量的值是什么。当程序实际运行时，编译器必须添加代码来执行此检查，称为**运行时**（runtime）检查。Pascal编译器将生成完成以下操作的代码：

1. 找出a在内存中的地址

2. 如果 i 作为 a 的下标太大（或者太小，即负数），则打印一个错误信息，并终止程序

3. 检索 a 的第 i 个元素

第 2 步意味着编译器已经存储了 a 的有效索引范围，它占用了一点内存，但这并不是什么大问题。问题是在每次进行数组访问时它将运行这段检查代码，如果你在想，“这听起来像是另一个小的运行时检查，但累积起来可以对程序的性能有着重要的影响，而 C 语言的设计者正努力避免这种影响的自动发生”，那么你想对了。

C 语言采用了另一种方法，即最小化运行时开销。可以像其他语言一样声明数组（语法稍有不同）：

```
int a[5];
```

但是 C 语言不对数组访问进行运行时边界检查，因此它完全省去了“如果 a 的下标 i 太大……”这一步。当 i 等于 100 时，如果使用表达式 a[i]，C 语言编译器将生成代码来计算 a 中的这个元素在计算机内存中的位置（第一个元素后的第 100 个位置，第一个元素的索引为 0），并检索该值。非常关键的是，如果 a 实际上有较少的元素，那么生成的代码将返回该内存位置上的任何值，即使该位置已超出为数组 a 保留的区域，并且可能属于另一个变量，或者位于当前未使用且其中包含随机值的内存区域中，或者在被访问时导致程序崩溃。

此外，C 将数组的概念与**指针**的概念等同起来。指针是一个包含另一个变量的地址的变量，它对于在内存中构建某些数据结构来说很有用，Pascal 也有指针。根据原版的 C 语言手册，“指针与 GOTO 语句被归为同一类，它们为创建不可能理解的程序提供了一

种奇妙的方式。”把某个东西等同于 GOTO 并不是一种恭维，但正如书中所说，“当它们被不小心使用时，这当然是真的，而且很容易创建指向某个不合适的地方的指针。然而，依据规则，指针也可以用来获得清晰性和简单性。”[16]

C 语言设计者的洞见是指针和数组实际上是一样的：指针指向内存中的一个位置，数组也指向内存中的一个位置，即第一个元素的地址。丹尼斯·里奇（Dennis Ritchie）称这是 C 语言所基于的语言（被称为 BCPL）和 C 语言之间的“进化链中的关键飞跃”。[17] 这样做的一个优点是指针可以比常规数组查找得更快。回想一下访问数组 a[i] 所做的步骤分解：

1. 找出 a 在内存中的位置

2. 如果 i 作为 a 的下标太大（或者太小，即负数），则打印一个错误信息，并终止程序

3. 检索 a 的第 i 个元素

除了 C 语言完全免除步骤 2 之外，步骤 3 还涉及计算 i 与 a 的单个元素大小的乘积。相反，使用指针，可以用每个数组元素的大小与指针相加在数组上迭代，而不必每次重复计算乘法，而加法比乘法更快。[18]

此外，数组被声明为固定的大小（C 语言仍然支持这个特性），而指针是变量，可以让它指向任何地方。在 C 语言中，指针特别有用的地方是让它指向分配系统内存的 API 返回的位置。由于指针和数组可以互换使用，所以你可以等到运行时再决定需要多大的数组，动态地分配大小，并将分配结果赋给指针，然后像数组一样继续使用指针。这样做的好处是可以声明一个适当大的数组，

不浪费内存，而且仍然能够使用可读性更好的数组语法。

你也可以继续使用指针。我在普林斯顿大学时有几位来自贝尔实验室的客座教授，他们偶尔会向我们展示从 UNIX/C 世界收集来的工作技巧。我还记得有一天，贝尔实验室的一位名叫亨利 · 贝尔德（Henry Baird）的客座教授演示了如何将循环从数组访问改为指针算法，这使得代码更难理解，但速度更快而且超级酷。我对指针的态度可以概括为这样的对话：

聪明的程序员：我有关于指针的一个好消息和一个坏消息。

亚当：好消息是什么？

聪明的程序员：它让你的代码更快。

亚当：明白了！更快很酷。

聪明的程序员：它也让你的代码更难阅读。

亚当：我明白了。

聪明的程序员：更快但更难阅读。这就是关于指针的故事。

亚当：坏消息是不是忘记说了？

C 语言的最后一个技巧是基于“三个思想”给出处理字符串的一种巧妙方法，这三个思想是显式地声明不同大小的整数、避免数组查找的开销，以及使用数组 / 指针的等价性动态分配数组。

回想一下，字符串是一个文本序列，例如“ hello ”。在机器 / 汇编语言中，计算机处理的是数字，而不是字符串。要存储字符串，首先需要商定一个方法，将字符串编码为一系列数字。最常见的编码系统被称为 ASCII（美国信息交换标准代码），最简单的版本使用 7 位来表示各种字符，可打印字符的编码是从 32（代表空格）到 126（代表波浪线，~）。这些数字足够容纳所有的大写字母（从 A 的编码 65 到 Z 的编码 90），小写字母（从 a 的编码 97 到 z 的编码 122），以及所有其他常见的标点符号。数字 0 到 9（实际打印的字符“0”“1”“2”等）是从 48 到 57 进行编码的。

所以我的名字“Adam”被编码成四个数字：

```
65
100
97
109
```

然后，只要知道这是一个 ASCII 编码，那么无论是哪个软件在处理它们，都会将其解释为 A、d、a 和 m。

这一切都没有问题，但是字符串的问题在于它们不像数字那样有界。一个数字被定义为一个特定的位数，并且总是使用同样大的存储空间，但是一个字符串的每个 ASCII 字符都需要一个字节的存储空间。虽然你可以轻易地忽略有符号 16 位整数溢出 32 767 的可能性，但对于字符串，你需要一个存储所有这些字节的空间。在树突代码中使用一个共享的“从数据库加载的最后一个医生的街道地址”字符串的决定，其根本原因是对处理多个字符串（每个字符串都可能很长）的担心和懒惰，它导致了我在上一章中讨论的那个神秘错误。

为了处理这个问题，IBM PC 版 BASIC 等语言会跟踪所有字符串的长度，并在字符串长度改变时自动分配内存（从当前未被使用的内存，即堆），然后根据需要将字符串复制到更大的空间，所有这些操作对程序员来说都是隐藏的。这也没有问题，只是将字符串复制到新位置需要花费一点时间。糟糕的是，堆分配可能会失败，特别是在内存有限的计算机上。你编写的代码可能让字符串增加了一个字符，在代码运行时系统发现它超出了堆内存容量。由于系统无法完成你请求的操作，并且代码中的后续语句可能依赖于该字符串的有效性，因此程序别无选择，只能完全停止（在使用 IBM PC 版 BASIC 时，系统会出现“字符串空间不足”错误）。[19] 此外，IBM PC 版 BASIC 允许的最长字符串包含 255 个字符，相当于“好吧，它可能不会溢出”的态度，类似于使用 16 位来存储一个数字，这通常没有问题，但不能保证总是有足够的空间。[20]

其他语言要求程序员在声明字符串时指定最大字符数，WATFIV 和 Pascal 就是这样工作的。这意味着你必须猜测字符串可能的最大长度。如果猜测的值太高，则会浪费大量内存；如果猜测的值太低，而字符串实际上太长，则编译器生成的代码会检测到这一点，然后无论如何都会终止你的程序。

C 语言的设计者想出了一个解决方案，巧妙地解决了所有这些问题。一个字符串被定义为一个 8 位（一个字节）数的数组，数组的每个元素都包含一个编码字符（通常为 ASCII）。这里的 8 位数被称为 char 类型。在 C 语言中对数组执行任何操作时，通常都需要用一个单独的变量存储数组的长度，因为 C 语言内部不跟踪数组的长度。这导致了许多带有如下签名的 C 函数：

```
myfunc(int a[], int n)
```

其中 a 是一个数组（每个元素都是 int 类型），n 是数组的长度。这使 myfunc() 知道数组包含多少元素，这样它就可以避免数组下标越界。在 C# 这样的语言中，包含内部跟踪数组长度的机制，并在需要时提供一个 API 来取得该值，因此不需要第二个参数。

但是，由于字符串的使用非常频繁，所以在C语言中约定通过单个变量传递字符串，就像数字一样。单个变量是指向第一个元素的指针。那么字符串的长度呢？C语言约定字符串的结尾用值为0（实际值0，而不是字符“0”的编码48）的数组元素表示。任何需要知道字符串长度的代码都会扫描整个数组，直到找到值为0的字符（C语言提供了一个名为`strlen()`的API，它为你计算字符串的长度)。顺便说一句，匈牙利变量名前缀`sz`就是从这里来的，它代表“字符串，以零结尾”(string, zero-terminated)。

因此，在C语言中，字符串“Adam”被存储在一个由5个字符值（8位数字）组成的数组中，该数组占5个字节，也被称为包含以下5个值的5字节缓冲区。

```
65
100
97
109
0
```

这种方法允许动态分配任意长度的字符串，与其他类型的数组相同，但可以使用单个变量引用整个字符串，不需要额外的长度值。此外，这意味着C语言不同于其他语言，这些语言将字符串视为特殊的类型并需要特定的API来执行诸如“从这个较长的字符串中提取这个子字符串”之类的操作。在C语言中，你可以像访问数组中单个元素一样访问字符串中的单个字符。这也意味着对于字符串的索引，就像所有数组索引一样，C语言不检查索引是否有效。尽管有辅助API来简化这一过程，但是程序员必须编写自己的代码，以确保分配的用来保存字符串的内存缓冲区足够大，足以容纳该字符串和最终的 0 值。最重要的是，字符串“Adam”的长度（由 `strlen()` 返回）是 4 个字符，因为其中包含 4 个字符。但如果你想复制它，则需要的存储量是 5 个字节，包括额外的 0 值。用 C 语言编写字符串操作代码的程序员必须时刻注意这一点。

例如，3 个字母的字符串“lap”占用 4 个字节的内存（l、a、p 和 0），3 个字母的字符串“dog”也占用 4 个字节的内存（d、o、g 和 0），但字符串“lapdog”占用 7 个字节的内存，正如你注意到的，既不是 3+3 也不是 4+4，这使得程序员在大量字符串长度计算中必须做加减 1 运算，这也导致各种各样的“差一个”数学错误，它们源于没有正确计算 0 的额外字节。如果刚刚超过缓冲区结尾的字节没有被任何其他变量使用，那么其结果可能是无害的，但它也可能引起很大的问题，特别是你可能会将最终的 0 值写入另一个变量的内存中，该内存已超过缓冲区结尾，然后该变量以其他值替换了 0，结果突然间你的字符串就被看作在继续，直至在内存中偶然遇到另一个 0。[21]

字符串操作所做的权衡完美地表现了 C 的核心：它消除了任何不必要的性能开销，同时也消除了自动保护。你已经完全控制了字符串缓冲区分配，分配的内存不会超出你的需要，并且没有任何运行时检查以减慢索引速度。它确实使代码更难阅读，你将花很多时间来研读字符串长度计算和字符串内存分配代码，以确保它们是正确的，这种计算通常是在头脑中使用短字符串的例子进行（“让我们看看，如果这个字符串是 3 字节长，那么这个数应该是 4，这里分配这么多的内存……”）。但是如果你做的一切都正确，你就得到了你所需要的功能以及想要的性能。

在我上大学的时候，性能绝对是我关注的焦点，而不是清晰性或可维护性。当我在普林斯顿大学读大四时，计算机科学系举办了一次编码竞赛，要求是编写一个程序以解决一个特定的问题，唯一的标准（除了程序可工作外）是它的运行速度。[22] 竞赛冠军在工程评议会上获了奖，同时还有几位土木和航天工程师因为某些项目也一起获得了奖，相信这些项目的评估标准并不是单纯的速度。

但对我来说，这一切似乎完全正常，甚至令人鼓舞。性能当然是重点。除了性能还会是什么呢？C 为消除性能障碍所做的一切，就像一天结束时脱下夹脚的皮鞋一样令人愉快。我欣然编写了计算字符串长度和检查数组边界的代码，从来没有想到其他方法会更好。Pascal 程序员愿意牺牲性能来换取不必处理这些复杂问题的便利，这个事实被视为对他们的语言、他们自己或两者的控告。

在普林斯顿磨练了我的指针操作技能之后，我毕业了，并且开始在树突公司写 C 语言代码。尽管这是万维网（网站和浏览器）发明之前的事，但这时互联网已经存在了，或者说，至少因特网的原型版本已经存在了，而且它已经将许多机器连接在一起。其中许多机器运行的是 UNIX，正如前面提到的，它是用 C 语言编写的，而且不仅是操作系统的核心，还有许多运行在它上面的程序也是用 C 语言编写的。

1988 年 11 月，在我开始工作的几个月后，C 语言关注性能的不利面引发了一个恶作剧。康奈尔大学计算机科学研究生罗伯特·莫里斯（Robert Morris）秘密发布了一个程序，这个程序后来被称为“莫里斯蠕虫”。从麻省理工学院的一台计算机开始，这个程序将自己复制到它能访问的任何其他计算机上，然后从这些计算机复制到它们连接的任何其他计算机上，这种复制以相当快的速度进行。[23]

虽然莫里斯蠕虫没有做任何恶意的事情，例如删除文件，但它会一次又一次地将自己复制回同一台计算机上，而且在一台计算机上多次运行一个程序的开销会降低该计算机的性能。UNIX 系统旨在支持多人同时远程登录（这就是它们被称为“主机”的原因），这是我们大学期间在冯·诺依曼大楼用功时所用到的环境，我们所有人都使用终端连接到同一台 UNIX 机器，而被感染机器上的用户会注意到机器的反应变得越来越慢，直到机器无法使用。[24] 莫里斯本来打算让它传播得慢一点，从而在很长的时间内不被发现，但他在计算程序的传播速度时犯了错误——这是他的代码中的一个 bug。

经过几天紧张的取证工作，这个蠕虫病毒最终被控制了，25 岁的莫里斯被判三年缓刑，后来他成为麻省理工学院的教授，并当选 ACM 院士。但是仔细研究一下蠕虫病毒的自我传播方式是很有意义的，因为它是在设计 C 时，特别是字符串处理时所做选择的直接结果。

莫里斯蠕虫利用了一个名为“手指”（finger）的 UNIX 实用程序，该程序用于查询远程计算机用户的信息。你可以键入

```
finger joe@mit.edu
```

它将返回机器 mit.edu 上的用户“joe”的信息，只要有这样的一个用户（这个程序今天仍然存在，甚至 Windows 系统也有该软件的一个版本）。

手指程序就像是个人网站的早期版本，只是在客户端你运行手指命令而不是 Web 浏览器，它仅限于打印有关用户的特定信息，内容包括用户为此目的创建的两个命名为 .plan 和 .project 的文件内容。[26]

要使这个程序正常工作，必须有一个程序在远程计算机上运行，等待接收运行手指程序的客户端发送的“告诉我关于此用户的更多信息”消息，就像 Web 服务器等待来自浏览器的初始消息一样。这个程序被称为**手指守护进程**（finger daemon），在 UNIX 系统上，完成这种任务的程序通常被称为“守护进程”（daemon，这个词是表示“力量”或“上帝”的希腊单词的拉丁文，我的字典将其定义为“守护神”）。[27] 尽管个人用户可以选择不允许手指程序向远程用户返回信息，但手指守护进程本身必须监听来自任何远程计算机发送的消息，因为它需要确定发送请求的用户，然后才能决定是否响应。

当两台机器进行这样的通信时，必须有一个约定，被称为**协议**（protocol），说明传输哪些信息，即手指客户端中的代码和手指守护进程必须一致。在这种情况下，协议很简单：手指客户端将向手指守护进程发送一个用户名，手指守护进程将使用有关该用户的几行信息进行答复，然后手指客户端将原样显示这些信息。虽然从手指守护进程返回到客户端的消息可能有长有短，但是守护进程只希望从客户端收到一条表示用户名的短消息。

但是，没有什么能阻止某人编写自己的手指客户端，将自己的消息发送到另一台计算机上的手指守护进程，也没有什么能阻止新的手指客户端向手指守护进程发送比预期更长的消息。当然，官方的手指客户端不会做任何这样的事情，导致莫里斯蠕虫的部分问题是，没人想到为什么有人会自己写这种不守规矩的手指客户端。

要解释为什么不守规矩的程序可能导致这些问题，我们需要回顾程序通常如何使用内存。程序需要存储数据时，它将调用操作系统提供的 API，该 API 根据请求分配可用的堆内存。如果一个程序需要一个 500 字节的缓冲区，那么它会调用操作系统并声明“我需要 500 字节”，然后操作系统会将之前没有被分配过的 500 字节内存的位置返回，并跟踪这个位置，而且在程序调用另一个 API 声明“我已经完成了在这 500 字节上的操作”之前，操作系统不会再分配这 500 字节内存另作他用。

系统返回的“位置”只是一个数字。从理论上讲，如果一台计算机有 1 兆字节的内存，即 1 048 576 字节，那么可用的内存字节由介于 0 和 1 048 575 之间的数字标识。当系统返回 500 字节的内存时，它实际在声明，“你的 500 字节块从（例如）地址 652 000 开始”，这意味着你现在可以使用 652 000 到 652 499 这些地址。在 C 语言中，表示地址的数字 652 000 将被存储在一个指针中，比如命名为 `p`，利用指针 / 数组等价性的魔力，你现在可以用 `p[0]` 至 `p[499]` 的形式访问这些字节。

正如我之前讨论过的，C 语言不会检查数组索引是否有效，因此你可以访问 `p[1000]`（本例中的内存地址 653 000），并读取或写入这个本打算用于其他用途的字节，但希望你的代码在某个地方记录着 `p` 只指向了 500 字节的内存，而且不会像上述这样做。[28]

内存中有一部分地址是由系统为特殊目的而设的，不可用于一般分配。这块内存被称为栈，用于跟踪各层函数调用。当程序调用一个函数时，参数值被存储在栈上，**返回地址**，即当函数完成时代码应该跳转回的位置，也被存储在栈上。返回地址也一样是内存地址，因为正在运行的实际代码（机器语言的所有字节）也被存储在内存中。它也是指针，恰好指向代码块。一般来说，内存的一部分用于存放系统加载的程序代码，另一部分为栈保留，其余部分作为堆在运行时分配内存。

回过头来看一下栈，你可以看到当前函数的参数及其返回地址，然后在此之前，你可以看到调用该函数的函数参数及其返回地址，如此类推。在程序运行的任何给定点上，所有函数层都在栈上存储了其参数和返回地址。这是处理器找到程序启动位置的一系列导航。此外，函数的所有局部变量，即函数内部声明临时使用的变量，也被存储在栈上。

图 4.1 显示了运行图中左侧代码时的栈状态（省略了一些细节）[29]，其中代码调用函数 A，函数 A 调用函数 B，函数 B 调用函数 C，当前正在运行函数 C 的代码。请注意，栈在内存中向下增长（即朝着编号较低的内存地址增长），所以顺着栈往回看意味着向上查找编号更高的内存地址。要调用一个函数，首先将函数的参数压入栈，然后入栈的是函数完成后将返回的地址。然后，调用代码跳到函数的开头，在这里，函数首先执行一段代码（编译器已自动生成），在栈上为其局部变量预留空间[30]。在该图中，函数的参数由其在参数列表中声明的名称来描述，以该图的 A 为例，A 的第一个参数是 height。但要注意，在调用 A 的代码中，代替参数 height 的是调用代码中的变量 cur_h。因此，调用代码将

cur_h 压入栈，但在栈中该值在 A 内部则用 height 检索。

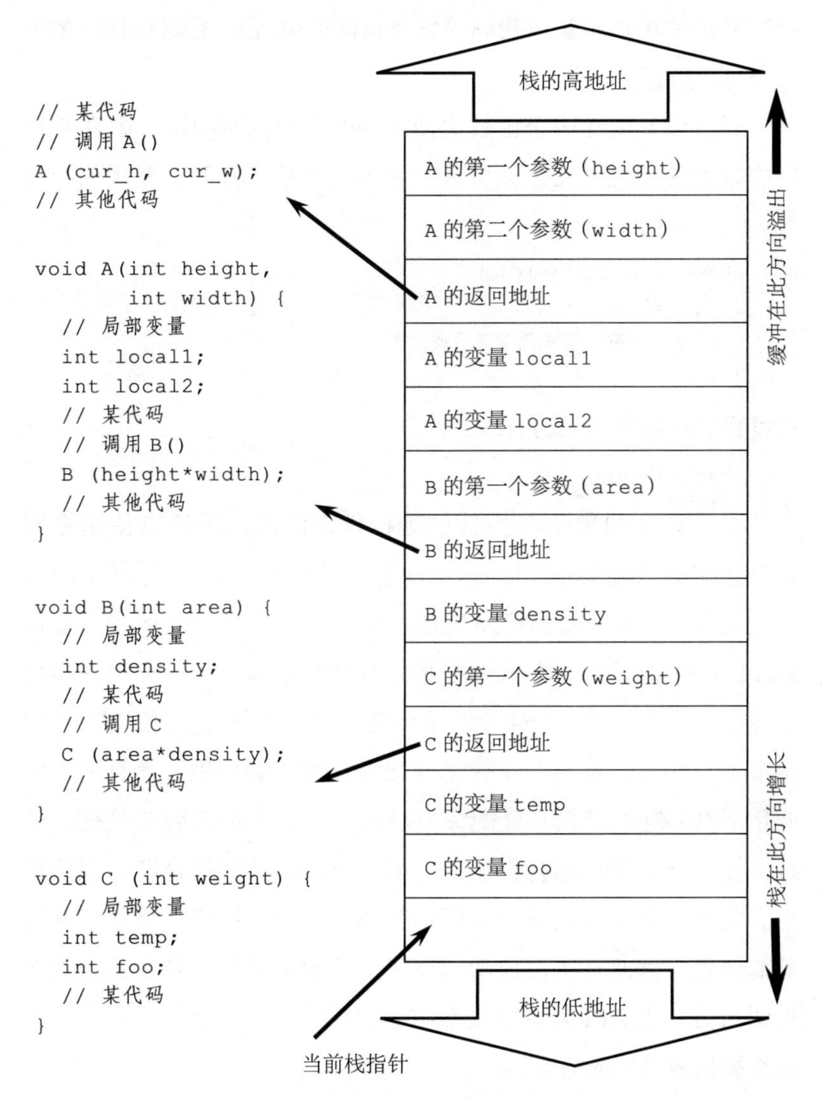


图 4.1　左面是代码，右面是代码运行时栈的状态（略微作了简化）

有一个被称为**栈指针**的处理器寄存器（图 4.1 中的“当前栈指针”显示了在 C 中运行代码时它将指向的位置），它跟踪栈上的下一个可用位置。

假设你希望在一个函数内使用 500 字节的缓冲区，则在 C 语言中有两种实现方法。你可以在堆中进行动态分配，调用内存分配 API `malloc()`：

```
char* c = malloc(500);
if (c == NULL) {
    // 内存分配失败后进行的处理
}
```

或者将其声明为栈上的数组：

```
char c[500];
```

由于 C 中的数组与指针的等价性，因此，无论你使用数组还是指针，在函数内访问这 500 字节的任何代码都将以相同的方式使用 `c`，编译器将隐藏内部差异。但是在第一个例子中调用 `malloc()` 时，栈上存放的信息只有指针 `c` 本身——一个在现代计算机上占据 32 位或 64 位的单个值。在第二个例子中，整个 500 字节都在栈上。可见，在栈上分配内存的代码更短，而且你不必调用 API，也不必担心分配失败导致需要更多的代码来处理。而且，栈上分配内存运行得更快，因为只需调整栈指针即可完成分配。此外，当函数完成并返回到其调用者时，栈指针将移回调用前的位置，因此你可以自动清理栈上分配的任何局部变量，而无须调用另一个 API 来释放栈数组。像往常一样，更快、更少的代码都被认为是纯粹的产品。

动态分配和在栈上分配的一个重要区别是，动态分配时，可以指定一个直到运行时才知道的大小，即上述 malloc() 的参数“500”可以是任何变量。同时，如上所示的本地栈分配需要一个常量值（某些版本的 C 语言允许你在栈上以可变大小进行分配，但这种方式没有被标准化）。

因此，在要将字符串连接在一起以构成一个新字符串时，正确的做法是，首先确定原始字符串的长度（下面代码的前两行）并分配适当的内存量（第三行，其中 +2 用于空格和终止 0 字符），然后调用 API 实际执行连接（最后三行：首先复制名字 firstname，然后与空格和姓氏 lastname 连接）：

```
int firstnamelen = strlen(firstname);
int lastnamelen = strlen(lastname);
wholename = malloc(firstnamelen + lastnamelen + 2);
if (wholename == NULL) {
     // 内存分配失败后进行的处理
}
strcpy(wholename, firstname);
strcat(wholename, " ");
strcat(wholename, lastname);
```

但是，一个很有诱惑力的想法是考虑“一个名字可能有多长”，然后选择一个数字，如 256：

```
char wholename[256];
strcpy(wholename, firstname);
strcat(wholename, " ");
strcat(wholename, lastname);
```

这样减少了要编写的代码量，还有一个好处是它运行得稍微快一点，而且你不必处理“分配失败”那部分很难看的代码（而且你还必须在某个时刻释放堆分配的内存）。请注意，最后三行代码

（完成字符串连接的代码）是相同的。通过将字符串存储在栈上，你可以节省 3 个 API 调用和必须处理的错误情况。这难道不是更方便吗？唯一的风险是某人的名字和姓氏加起来超过 256 个字符（实际上是 254 个字符，因为你还需要空格和最后的 0），而实际上这有多大可能呢？

现在我可以解释莫里斯蠕虫如何滥用了手指守护程序的缺陷了。当从客户端读取一个应该只包含用户名的请求时，手指守护进程代码执行了快速的“让我们假设请求的缓冲区不会大于某个特定的大小，并在栈上为其分配空间”的技巧，它选择的特定大小为 512 字节。它所调用的 API 被称为 `gets()`，用读取数据的字符串缓冲区作为唯一参数，但是没有办法指示缓冲区的长度，它假定调用代码知道它在做什么并且缓冲区足够长。具体地说，`gets()` 用于读取“一行文本”。回想一下，ASCII 中可打印字符的编码是从 32 到 126，`gets()` 读取数据，直到它读到一个包含值 10 的字节——一个 ASCII 编码中的不可打印字符，被称为换行（LF）。传给 `gets()` 的字符串缓冲区是指向内存中某个位置的指针，`gets()` 将读取第一个字节，将其存储在指针位置，将指针前进 1 个字节，然后返回来读取下一个字节。它将重复这个过程，直至读到 LF 字符，但完全不知道在分配字符串缓冲区时实际指定的大小。`gets()` 完全有可能越过缓冲区的末尾——这种情况被称为**缓冲区溢出**。

`gets()` 的设计很糟糕，老实说，我不知道设计者是怎么想的。在上面的字符串串接示例中，如果你选择使用它（如第一个版本所做的），你至少有机会实际计算所需的存储量，甚至有相当大的机会使其正确（只需记住为最后的 0 字节添加 1 个长度！）。但是在本例中，无论传入的缓冲区有多大，如果 gets() 没有及时遇到 LF 字符，那么它仍然可能溢出该缓冲区。[31]

这是另一个被调用的 API 实现所困的例子，gets() 是程序必须运行以获取所需数据的工具。该 API 将持续读取数据，直至它读到 LF 字符，而你对此没有控制权。无论传入的缓冲区有多大，你都不知道 gets() 读取的量是否会超过你分配的大小，因为你不知道它在运行时将读取什么样的实际数据。同时，gets() 的内部代码不知道你传入的缓冲区有多大，也不知道它是在栈上还是堆上。gets() 唯一的可取之处是，它显然无法知道缓冲区有多大，因为它没有指定大小的参数。所以，希望人们会意识到解决该问题是无望的，并且不再调用它。

但手指守护进程确实调用了它。令人沮丧的是，手指守护进程本可以很容易地调用一个更通用的 API，它可以从任何文件中读取输入。守护进程告诉它从一个被称为**标准输入**的特殊文件中读取（这也是 gets() 所做的），并且该 API 可以接受一个指示缓冲区最大容量的参数：

```
fgets(buffer, 512, stdin);     // 代替 gets(buffer)
```

那么，我们在讨论什么呢——多键入 9 个字符（如果算上逗号是 11 个字符，如果算上空格是 13 个字符），调用另一个没有缓冲区溢出风险的 API，从而防止莫里斯蠕虫？[32] 为什么手指守护程序的作者没有这么做？就此而言，为什么 gets() 的设计如此糟糕，为什么没有像 fgets() 那样使用一个额外的长度参数？这些是历史遗留问题，答案不得而知。一个小小的慰藉是，gets() 最终被逐出C语言标准，因此它不会再影响未来的代码了（不过我确信有很多旧系统运行的代码中都隐藏了对 `gets()` 的调用）。

在某些情况下，当缓冲区太小而不能容纳数据时，程序就没有明显的追索权。这就像徒手填写一个表格，每个字母占一个方格，结果发现表格的设计者假设姓氏不超过15个字符，而你的姓氏是16个字符。你该怎么办？没有正确的答案。但这里的答案很简单。由于超过513字节的请求显然是错误的，所以你可以忽略它。事实上，如果你打算转而使用 `fgets()` 并忽略过长的请求，那么你可以使用更小的栈内存，例如64字节。[33] 512大大超过了有效请求所需的长度，但是它不足以保护你免受无效请求的影响，那么这样做有什么意义呢？

溢出的手指守护进程缓冲区位于栈上，这是其中最糟糕的部分。当在函数内部运行时，如图4.1所示，栈中的函数参数和返回地址下面是局部变量，栈总体向下增长，但对缓冲区的访问向上增长。因此，参数和返回地址刚好超过512字节缓冲区的末尾。该缓冲区被声明为栈上的局部变量，而不是从堆中动态分配，因为栈分配需要较少的代码，而且从来不会神奇地失败（事实上，栈只是内存，可能会耗尽空间，导致程序崩溃，但程序员会忽略这一点）。

缓冲区溢出永远是坏消息，因为你可能会损坏缓冲区后面的任何内存内容，但如果缓冲区是在堆中的某个位置，那么可能的结果只是奇怪的行为和/或导致手指守护程序崩溃，这是一种烦人且具有破坏性的行为，但并不对原始因特网构成威胁（尽管存在例外情况：对Windows系统的远程攻击“永恒之蓝”是2017年

WannaCry 勒索软件攻击的基础，它利用了堆缓冲区中的溢出，依靠巧妙的策略来精确地确定它发送给计算机的消息，以确保刚好在溢出的堆缓冲区之后的堆缓冲区可以被有效地、可靠地修改）。[34] 当你把缓冲区放在栈上时，恶意的手指命令请求将践踏内存中最危险的数据块：正在调用 `gets()` 的函数的返回地址。当这个函数完成运行、决定它需要跳回到哪里时，它将盲目地服从这些数据的指引。

我不准备详细讨论的另一个骇人的情况是，你可以将返回地址设置为缓冲区内靠前面部分的地址，计算机会很乐意地跳转到任何返回地址，即使是为栈保留的地址，而不是通常加载代码的地方。因此，恶意的手指命令请求（此类消息通常被称为**漏洞攻击**）可以用伪造的手指请求消息溢出栈缓冲区，并用请求消息发送它想运行的实际代码（被称为**负载**）。

负载必须使用机器语言编写，因为这是处理器在运行程序时在内存中期望看到的。但是你有 512 字节内存来编写你的负载，这对于容纳简单的蠕虫攻击代码来说已经足够大了（其中一个问题是你的机器语言代码不能有一个值为 10 的字节，因为 `gets()` 会把它解释为一个 LF 字符并停止读取数据）。

如果你有目的地设计一个允许远程攻击的系统，那么很难比这做得更好了。这就是我在本章开头提到的“C 语言关注性能的特性中最糟糕的那个”所代表的。缺乏安全保护的数组、局部缓冲区分配的便利，加上栈的构造以及 UNIX 的诱惑，这些使得 C 语言成为完美的卧底语言。借用《魔戒》（The Lord of the Rings）中的阿尔温的话，“直到今天，我才明白你们民族的历史和厄运。我曾将他们视为不可救药的愚氓，但最终又怜悯他们。如果埃达尔人所说的是真的，那么对人类来说，接受魔戒之王，确实是吞下了一剂苦药。”[35] ㊀

这并不是说恶意代码的概念在1988年是未知的。一年前出版的《计算机病毒》（Computer Viruses）一书谈到了计算机上运行的未知代码的危险性，并讨论了各种感染手段。[36] 但该书所探讨的所有病毒基本上都是由于“人的错误”而传播的。虽然“病毒”一词的使用不准确，但它通常意味着必须通过“手动”传播的攻击，例如通过用户复制文件，而不像蠕虫那样可以不经用户操作来传播。在这之前的攻击都属于病毒，而不是蠕虫。

例如，在此之前的1987年末，有一种叫作圣诞树的“感染互联网”病毒，它通过电子邮件传播，当运行时，它通过电子邮件将自己发送给它能找到的所有其他用户。[37] 但是圣诞树病毒的传播取决于收到电子邮件的用户，邮件大致写道“运行这个程序，不要问任何问题”（在感染你的朋友之前，它打印了一棵由星号构成的圣诞树，供你欣赏）。还有其他的病毒同样源于一个用户信任并运行了一个被感染的程序，然后它将感染你计算机上的其他程序（这就是为什么如今的电子邮件程序会拒绝打开某些附件，或者在某些情况下甚至拒绝传输已知有风险的某些类型的文件附件）。

这些都可以被程序员视为不是他们的错而不予理会：“好吧，如果用户做了愚蠢的事情，那么他们必须面对后果”，这里愚蠢的行为指运行一个你不懂其内容的程序（在圣诞树病毒的例子中，这

---

㊀ 译文来自《魔戒——王者无敌》，[英]托尔金著，汤定九译，译林出版社，2001。——译者注

是一个 REXX 语言的脚本，只要浏览一下代码就可以明显看出代码的不正当性。当然，这需要你理解 REXX，但我想，这意味着非程序员也被归为愚蠢的用户行为范畴）。[38] 在计算机历史上的一个不幸的节点上，当大多数用户也是程序员时，程序员会把罕见的非程序员用户叫作鲁瑟（luser）——一个源于“失败者”（loser）的词。盲目地运行一个病毒脚本是鲁瑟会做出的事情。

莫里斯蠕虫是不同的：它在用户没有采取任何行动的情况下感染了机器。原罪是一个程序员犯的一次错误，从此之后没有任何事情可以阻止它，直到蠕虫出现并造成严重破坏，然后人们积极部署了一个新版本的手指守护进程，修复了缓冲区溢出问题。当时甚至有人声称，有些人知道手指守护进程中的代码有风险，但忽略了这个问题，这大概是因为缺乏想象力。他们知道真正的手指客户端永远不会发送接近 512 字节的消息，而且他们从来没有想到会有人编写一个恶意生成无效请求的程序。[39]

这些本可以起到唤醒 C 语言热爱者的作用，但事实并非如此。可以肯定的是，没有人反对 C 样式的缓冲区操作，尽管有一些运动专门从人们的代码中删除 `gets()`。康奈尔调查委员会（Cornell Commission）在总结调查结果时，在第一次（正确地）把责任归咎于莫里斯后，陈述道，

UNIX，特别是伯克利 UNIX 有许多安全缺陷，这已经广为人知，病毒和蠕虫的潜在危险也是普遍存在的。尽管这种安全缺陷可能不为公众所知，但它们的存在却被那些使用 UNIX 的人所接受。利用这种弱点不是天才或英雄主义的行为。一个学者群体不应该为了保护对隐私的合理期望而建造像天空一样高的墙，特别

是当这些墙同样会阻碍信息的自由流动时。此外，在拥有克服最高障碍的所有知识和技能的个人组成的团体中，试图建造这样的高墙可能是徒劳的。

我可以接受他们对互联网的看法，认为互联网是一个“学者群体”，而不是有史以来最重要发明的早期看法，因为那是1989年的事，但除此之外，很难理解其真正的意图。随意接受滥用漏洞的代码？对莫里斯技能的诋毁？还是把“不要调用该死的API `gets()`”与阻碍信息自由流动混为一谈？重要的是，它准确地捕捉到了程序员对缓冲区溢出的态度：两手一摊，你准备怎么办。

C语言和UNIX之间也很难分离，它们是为彼此而生的。对此尼克劳斯·沃斯（Niklaus Wirth）这样描述：“UNIX牵制着为支持它的开发而特地设计的C语言。显然，在UNIX下运行的应用程序的开发中，虽然使用C语言不是强制性的，但至少是极具吸引力的，而UNIX对C语言的作用就像特洛伊木马。”[41] 手指守护程序需要与网络进行交互，这并不是任何程序设计语言的标准API都支持的，但是在UNIX上，作为首选语言的C语言有可以让你发送和接收网络消息的API，所以手指守护进程自然是用C语言编写的。

“从软件工程的角度来看，C语言的迅速传播代表了一个巨大的倒退，”沃斯继续说道，

这表明，整个社群几乎没有掌握“高级语言”这个词的真正含义，相反，这个词成了一个被错误理解的流行词。……C语言的广泛使用削弱了提高软件工程水平的努力，因为C提供了实际上其并不支持的抽象：没有边界检查的数组、没有一致性检查的数

据类型、指针仅仅是可以进行加减运算的地址。人们可能将 C 语言归为介于误导和（甚至）危险之间的语言。但相反的是，一般大众，特别是学术界人士，认为它很有趣，而且“比汇编代码好”，因为它的语法很有特色。[42]

我不只是因为 C 语言“有一些特色语法”而被吸引，我发现沃斯批评的东西正是 C 语言最吸引人的特性。实际上，当我听说莫里斯蠕虫利用了 C 代码中的缓冲区溢出漏洞时，我心想，“真是聪明！”甚至一篇关于蠕虫的报道都将手指守护进程缓冲区溢出称为蠕虫所能做的“最精巧的入侵”。[43]

更重要的是，人们并没有觉得用 C 语言编写面向网络的系统工具有任何根本性的错误。莫里斯蠕虫事件被视为是个别错误的结果，这个错误已在新版本的手指守护程序中被修复，问题已解决。没人认为“天哪，可能还有很多这样的问题”。正如前面提到的，程序员都是自学的，这往往导致他们缺乏内省。我从来没有想过我的代码可能有类似的错误。我确信在处理缓冲区和数组长度时，我能计算正确。

无论你认为“结构化程序设计”运动试图强化什么规则，它显然对程序员的行为有所影响。就算将其归结为“不要随意使用 GOTO 语句”，这条信息也设法传达给了我，尽管我用 GOTO 语句流行的 Fortran 和 BASIC 自学了程序设计。但是，C 语言就像是在一个模拟的美国村庄长大的外国间谍，他们在到达美国后通过了虹膜扫描：结构清晰、支持顺序 / 选择 / 迭代模型、不需要 GOTO 语句。然而，一颗黑暗的心潜伏其中，它不仅被像我这样的人所怀念，而且被誉为代表着摆脱旧束缚的自由。

C 语言不仅引发了莫里斯蠕虫等造成的巨大损失。意外索引到数组边界外的代码可能会导致各种复杂的故障。如果代码读取的值超过数组的末尾，程序可能会崩溃，但它也可能成功地读取用于其他用途的内存，这可能会在每次运行程序时造成不同的后果。如果你的代码在数组边界外写内存，则结果可能会以无法预知的方式损坏内存中的另一个数据结构，当你试图调试程序时，你将无法知道哪些代码写入了错误的值。你可能每次都会遇到一个错误，但错误方式略有不同，诊断起来非常困难。在 Windows NT 的开发过程中，有一个程序员同事曾调试到这样一个错误：他的数据结构被未知代码随机地破坏。我仍然记得他在凝视大量代码以寻找问题时脸上的惨淡表情。

C 语言出现时也有反对者。前文引用的是沃斯在 2008 年写的一篇回顾性文章，但他一直反对 C 语言给予程序员的自由度。1979 年，沃斯推出了语言 Modula-2，它是 Pascal 的后继。该语言设计得非常强大，性能也非常好，可以用来编写操作系统（特别是，沃斯还用它编写了一个名为 Lilith 的系统，所以我认为对其性能的描述是准确的），并且有数组边界检查。Modula-2 被 C/UNIX 的强大势头冲到了一边。如果“ Pascal 的改进版”这样的标签曾传到我耳边，那么它毫无疑问不会给我留下深刻印象，而沃斯，一位计算机科学编年史上的真正的巨人，会被不公平地认为是一个爱抱怨而且可能不会写正确的指针代码的家伙。

好吧，你说得有道理。缓冲区溢出可能发生。但是程序员真的那么蠢吗？也许你可以允许人们在计算字节时犯算术错误，如果你认为没有任何方法可以篡改返回地址的话，也许你可以理解在栈上信任返回地址这部分。但是，看在上帝的份上，你为什么还要把不可信用户的消息存储在可信的返回地址附近呢？为什么不把用户的消息放在其他地方呢，放在那些即使你处理得不好，也不允许被一个漏洞攻击所取代的地方？为什么不用一种能跟踪缓冲区大小并防止溢出的语言来编写整个代码呢？

最后一个问题提得很好。你可以这样做，很多新的语言都这样做了，这就是为什么我们所看到的 C# 字符串操作代码比 C 语言所要求的要简单得多。但这个问题归根结底是程序设计中一个更深层的问题，即所谓的“错误与异常”。这其中有一个故事，我将在接下来的几章讨论。不过，首先，我将考虑一个更为枯燥的问题，即程序员如何确定他们的软件能否正常工作。

## 注释

1. UNIX 的正确写法写曾引发了一些争论。UNIX 并不是一个首字母缩写，但通常全部大写。根据行话文件（Jargon File）网站，有关 UNIX 的原始文章（Dennis M. Ritchie and Ken Thompson，“The UNIX Time-Sharing System,” Communications of the ACM 17, no. 7 [July 1974]: 365–375）使用的是大写字母，但实际上应该是小写的，因为作者当时使用了一个新排版系统，并且“陶醉于系统可以制作小型大写字母。”里奇（Ritchie）后来尝试将官方拼写改为“Unix”，但没有成功。为此，行话文件本身使用了“Unix”。Jargon File entry for “Unix,” accessed December 29, 2017, http://catb.org/jargon/html/U/Unix.html.

2. Jon Bentley, *Programming Pearls* (Reading, MA: Addison-Wesley, 1986), 151.

3. Jon Bentley, “Squeezing Space,” in *Programming Pearls* (Reading, MA: Addison-Wesley, 1986), 93.

4. Jon Bentley, *Writing Efficient Programs* (Englewood Cliffs, NJ: Prentice-Hall, 1982), xii.

5. Dennis M. Ritchie, “The Development of the C Language,” accessed December 29, 2017, https://www.bell-labs.com/usr/dmr/www/chist.html.

6. 尽管是出于可移植性的原因，但是它有意不绑定到任何特定的汇编语言。可以为任何处理器编写 C 语言编译器。

7. 正是在 C 语言发明的时候，某些旧的计算机中一个字节有不同的位数（例如，柯尼汉和里奇的 C 语言手册谈到的是一台霍尼韦尔计算机，一个字节包含 9 个位），但是现在的标准是每字节 8 位。Brian W. Kernighan and Dennis M. Ritchie, *The C Programming Language* (Englewood Cliffs, NJ: Prentice-Hall, 1978), 34.

8. 关于为什么范围是从 –128 到 127，而不是 –127 到 127，其原因的详细信息请参阅 Wikipedia, “Two's Complement,” accessed December 29, 2017, https://en.wikipedia.org/wiki/Two%27s_complement. 当然，–128 到 128 不能用 8 位表示，因为这里有 257 个不同的数字，而不同的 8 位数字只有 256 个。

9. 是的，它实际上比 32 位数字的平方略大。64 位数字范围是 0 到 18 446 744 073 709 551 615（或 –9 223 372 036 854 775 808 到 9 223 372 036 854 775 807）。如果你是美国大学篮球的粉丝，你可能已经听说过数字 $10^{18}$，因为这个数字被认为是每年春天举行的国家大学生体育协会的一级篮球锦标赛名次所有可能情况的总数。这也是最大的有符号 64 位数，这不是巧合。联赛是 64 支球队的单淘汰赛，要淘汰 63 支球队，最后留下一名冠军，则需要 63 场比赛，而且因为每一场比赛都有两个可能的结果，所以完全猜对每一场比赛结果的概率是 $2^{63}$ 分之一，也就是说大约是 $10^{18}$ 分之一。不过，近几年来，锦标赛已经扩大到了 68 支球队，所以事实上，

完全猜对的概率是 $2^{67}$ 分之一，难度增加到了 16 倍。

10. 计算机，当然是所有现代的计算机，以及 20 世纪 70 年代就存在的许多计算机，都支持浮点（floating point）数。浮点数用科学记数法的形式存储数字：一个整数部分和一个小数部分，再乘以 10 的幂。这样便可表示更大范围的数字，但也失去了整数的精度。在 IBM PC 的早期，当有人发现使用浮点数计算（1/3）×3 并不完全等于 1 时，曾引起一些混乱。

11. “整数位是自然的处理器位”规则有一个例外：尽管苹果、无线电器材和康懋达的早期个人计算机都是 8 位计算机，但它们都支持 16 位整数，将整数限制在 –128 到 127 的范围内太过局限，并且很大可能因溢出而导致程序终止。为此，BASIC 做了些额外的工作以便处理 16 位整数（范围从 –32 768 到 32 767）。当然，这也不是一个很大的范围，比如电子表格可以存储一个比这更大的数字，但是它对于业余爱好级别的程序设计来说已经足够了。此外，如上文所述，一些 BASIC 版本默认使用浮点数而不是整数，使范围扩大但缺乏精度。Bill Crider，ed.，*BASIC Program Conversions* (Tucson: HPBooks, 1984), 21–22.

12. IBM, Basic 1.00 (Boca Raton, FL: IBM, 1982), A-4.

13. 如前所述，默认 `int` 没有严格的位数定义。它应该“反映特定机器的‘自然’位数”（Kernighan and Ritchie, C Programming Language, 34.）。此外，`char` 类型在大多数机器上也是 8 位数，其最初只被定义为“能够在本地字符集中保存一个字符”（同上）。与此同时，大多数机器上的 16 位数字 `short` 类型和 32 位数字 `long` 类型由编译器负责解释，但警告 `short` 不应大于 `long`。（在语言发展史上 `long` 的引入较晚，最初的 PDP-11 机器是在 16 位机器的基础上开发出来的，而后来的 VAX 则支持 32 位，但直到 1977 年才推出）。实际上，`char`、`short` 和 `long` 分别指 8 位、16 位和 32 位，在 1990 年 C 语言被 ANSI（美国国家标准化协会）标准化后，这些定义成为正式收录。

14. 如果担心溢出，可以编写代码在溢出发生之前检查溢出情况。（在 C 语言中不能实现“事后”检查，因为处理器没有公开“上次操作是否溢出”的信息，因此预检查代码在执行操作之前必须做些额外的工作，这会导致速度减慢)。在实践中，程序员根据自己的需要确定变量的大小范围，因此忽略溢出的可能性。

15. Nancy G. Leveson and Clark S. Turner, “ An Investigation of the Therac-25 Accidents, ” *IEEE Computer* 26, no. 7 (July 1993): 34; James Gleick, “ A Bug and a Crash, ” accessed December 30, 2017, https://around.com/ariane.html.

16. Kernighan and Ritchie, *C Programming Language*, 89.

17. Ritchie, “Development of the C Language.”

18. 但是，乘以 2 的幂，例如 2、4 或 8，比乘以任意数字都快。标准 C 语言数值类型的字节大小是 2 的幂，数值类型也通常是数组填充的类型。

19. IBM, Basic 1.00, A-5.

20. 据推测，IBM PC BASIC 的字符串长度被精确限制为 255 的原因是它在内部使用 8 位无符号数来存储长度。

21. 操作系统在响应内存分配请求时倾向于将分配量设置成 2 的幂，比如 4 或 16，所以幸运的话，你会得到一些额外字节，但这取决于中运行程序中字符串的确切长度。

22. 问题是，假设当两个 5 字母的单词之间只有一个字母不同时，我们称它们是“等价的”。此时只要一个 5 字母单词与篮子里的一个单词“等价”，我们就把它放进该篮子里。求一个 5 字母单词列表中有多少个不同的篮子？当然，在提交程序前单词列表是未知的。

23. Ted Eisenberg, David Gries, Juris Hartmanis, Don Holcomb, M. Stuart Lynn, and Thomas Santoro, “ The Cornell Commission: On Morris and the Worm,” *Communications of the ACM* 32, no. 6 (June 1989): 706–709.

24. Donn Seeley, “ A Tour of the Worm, ” February 1989, accessed December 30, 2017, https://collections.lib.utah.edu/details?id=702918; Bob Page, “ A Report on the Internet Worm,” November 7, 1988, accessed December 30, 2017, http://www.ee.ryerson.ca:8080/~elf/hack/iworm.html.

25. Joyce Reynolds, " The Helminthiasis of the Internet," *Computer Networks and ISDN Systems* 22, no. 4 (October 1991): 347–361. 该标题是一个书呆子式的笑话；蠕虫病（helminthiasis）是表示“蠕虫感染”的医学术语。

26. David Zimmerman, " The Finger User Information Protocol, " Internet Network Working Group Request for Comments: 1288, December 1991, accessed December 30, 2017, https://tools.ietf.org/html/rfc1288. 从这里可以一窥正式的互联网协议规范是什么样子的。其中第 4 节结尾是一个实际的手指命令示例，这个例子使作者的同事们在 1991 年名留青史。当手指命令程序被要求返回使用系统的所有用户时，它显示终端位置、办公室位置、办公室电话号码、作业名称和空闲时间（自上次键盘输入或作业活动以来的分钟数）。当被问及特定用户时，它会返回办公室位置、办公室电话号码，家庭电话号码（！），登录状态（未登录、注销时间等）以及 `.plan` 和 `.project` 文件的内容。

27. Victoria Neufeldt, ed., *Webster's New World Dictionary of American English*, 3rd college ed. (New York: Prentice Hall, 1991), 347.

28. 你可以从堆中分配内存，直到操作系统意识到内存都用完了（或者更准确地说，系统找不到满足你请求的连续的未分配内存。如果先前在 1 兆字节内存的中间分配了 1 字节，则无法一次再分配超过半兆字节的内存）。此时，系统将返回值 0 作为分配的结果，这是一个无效指针。还要注意，操作系统会跟踪每个堆分配的大小，这样它就可以适时地释放内存，但这些信息对 C 语言代码不可用。

29. 除了存储参数、返回地址和局部变量外，栈也用于在每个函数前存储几个处理器寄存器的值。

30. 这是一种简化；在某些处理器上，一些参数被传入寄存器而不是栈上，而且编译器可以进行优化，选择用寄存器存储局部变量，而不用栈。然而，一个大的缓冲区总是开在栈上。

31. 我没有当时运行的手指守护进程的源代码。我根据当时公布的病毒调查细节了解到 gets() 是缓冲区溢出的原因。不清楚为什么代码被以这种方式编写。这意味着手指守护进程得到数据包后调用另一个程序来处理它，是后一个程序调用了 gets()。对于像手指程序这样简单的东西来说，这似乎有点设计过度。不过，这还是有可能的，尤其是，如果手指守护进程实际上是更通用的接收更多通用数据包的守护进程的子集，并将这些数据包送入特定程序作为回应。

32. fgets() 的另一个不同之处在于它可以将一个额外的“行尾”字符复制到缓冲区，因此守护进程可能需要写几行代码来处理这一点。这是 gets() 和 fgets() 之间另一个无法解释的区别。参见 Eugene Spafford, “The Internet Worm Program: An Analysis,” accessed January 1, 2018, http://spaf.cerias.purdue.edu/tech-reps/823.pdf.

33. 手指守护进程支持将请求链接在一起，因此，可以要求一台计算机将你的请求转发到第三台计算机上，长度不限。当现在几乎每台机器都可以直接访问时，这一功能就不那么有用了。但从技术上讲，这意味着 64 字节可能太短了。

34. Trend Micro, “ TrendLabs SECURITY INTELLIGENCE Blog (June 2, 2017), accessed January 2, 2018, http://blog.trendmicro.com/trendlabs-security-intel ligence/ms17-010-eternalblue/.

35. J. R. R. Tolkien, *The Return of the King* (Boston: Houghton Mifflin, 2002), 1074. 她指的是人类无法预测但不可避免的死亡，但是这句话也适用于无法预测但不可避免的 C 语言中的缓冲区代码的易受攻击性。

36. Ralf Burger, *Computer Viruses: A High-Tech Disease* (Grand Rapids, MI: Abacus, 1988).

37. 同上，187 ~ 189 页。

38. 同上。即使快速浏览代码也会发现有问题。在最初的注释后，有 22 行代码用于打印出圣诞树本身，每个都调用了一个迷人的名为 SAY 的 API，这是 REXX 打印文本的方式，星号组成的树的每一行作为可见参数，然后一条注释写道，“浏览这个文件一点也不好玩”，这似乎是在试图让人们不要往下看，然后是另外 60 多行代码，这显然与打印圣诞树无关，因为圣诞树已经打印完成了。

39. Spafford, “Internet Worm Program,” 23.

40. Eisenberg et al., “Cornell Commission,” 709.

41. Niklaus Wirth, “ A Brief History of Software Engineering,” *IEEE Annals of the History of Computing* 30, no. 3 (July–September 2008): 34.

42. 同上。

43. Seeley, “Tour of the Worm,” 8.

# 第5章

## 做正确的软件

现在“软件危机”这个词我们已经不太常听到了，但是在20世纪60年代人们经常讨论它。正如2015年马蒂·泰德（Matti Tedre）在他的历史著作《计算的科学：一个科学的形成》（The Science of Computing: Shaping a Discipline）中所述，

在20世纪60年代，计算的发展渐渐放慢了步伐。计算机系统的复杂性几乎已经达到了当时流行的软件开发方法的极限。关于危机的言论在20世纪60年代初就开始在计算领域出现。……到了20世纪60年代末，项目经理、程序员和许多学者都厌倦了对危机的责难，他们认为软件开发必须立即得到改进。

（泰德还评论道，“源于20世纪60年代、流行于20世纪70年代早期的危机讨论一直都是计算领域的话题——不管这场持续数十年的困境是否还应继续被称作‘危机’。”）[1]

1968年，北大西洋公约组织（北约）在德国加米什主办了一次会议，汇聚了学术界和工业界的精英来讨论这些问题。尽管会议的直接影响还不是很清楚，但这次会议称得上是软件工程史上

的一个重要时刻（一方面，它推广了软件危机这个术语）。会议报告列出了软件中的所有问题，这些问题直到今天仍然困扰着我们：可靠性、管理、调度和测试等。[2]那时许多作者也在描述同样的问题，这些问题对任何编写过复杂软件的人来说都不是秘密。有些人将这次会议描述为工业界和学术界之间分裂的关键点，特别是次年在罗马召开的后续会议之后，理论家和实践者之间出现了更为明确的界限。[3]当时有一种理论认为，整个事件都是戴斯特（Dijkstra）设计的一场阴谋的一部分，其目的是让人们更多地关注他的结构化程序设计理念。[4]

不管北约会议是否起到了某种作用，人们忧虑的根源都是程序员找不到编写无 bug 软件的方法。直到今天为止，软件工程中的问题仍然要么直接与 bug（可靠性和测试）有关，要么与 bug 的不可预测性处理（管理和调度）有关。

到底什么是软件 bug？虽然当软件不能按照用户期望的方式运行时，人们可能会感觉这就是一个 bug，但从程序员的角度来看，bug 是指软件不能按照**程序设计人员**期望的方式运行。对程序员来说，bug 是令人不快的意外。有一些书籍专门讨论程序员的期望与普通人的期望，以及应该由谁来设计软件以及设定期望，但这是另一个话题。[5]当然，对软件的许多修改是应用户的要求做的，这常常与软件原来设计的工作方式不同，但我认为这些是软件的"改进"而不是"bug"。在为对大型软件包所做的更改进行分类时，高德纳（Donald Knuth）给出了最清晰的区别："在修复错误时我感到内疚，但在进行改进时我感觉良好。"[6]

实际上，bug 这个术语的使用范围很广。研究软件错误的人将其分为三个层次：*缺陷*（defect）、*故障*（fault）和*失败*（failure）。[7] 人们对这些术语的使用并不一致（可以肯定地说，包括我在内）。特别是对于软件工程来说，还没有足够的研究来推动任何标准化。有些作者使用*感染*（infection）而不是*故障*（fault），而 bug 这个词可以指其中任何一种软件错误，或者全部三个层次。对我们来说，我将使用如下定义。缺陷（defect）是代码中的一个实际过错（flaw），即程序员犯的错误。从某个层次上看，运行程序的逻辑在于处理计算机内存中的数据（戴斯特在他的关于 `GOTO` 的抱怨中称之为*进程*）。由于代码中的缺陷，在某个时间点，内存中的某个值将是错误的，这就是故障（fault）。最后，这种故障将导致一个用户可见的错误，我称之为失败（failure）。

并不是每个代码缺陷都会导致故障，必须在某种必要的条件下执行代码时故障才会出现。如果读者还记得千年虫问题（也被称为 Y2K bug），那么其中人们的一个担心是，从 1999 年到 2000 年过渡时，用两位数而不是四位数存储年份的软件会对时间段做出错误的判断。例如，控制核反应堆的代码可能包含这样的代码（其中两个竖条 `||` 表示“或”）：

```
years_since_service = this_year - year_of_last_service;
if (years_since_service == 0 ||
              years_since_service == 1) {
    // 没问题，今年或者去年已经维护过了
} else {
    // 有两年多没有维护过了，请求帮助!
    initiate_emergency_shutdown();
}
```

如果表示年份的变量 `this_year` 和 `year_of_last_service`

只存储后两位数，那么这段代码是有缺陷的，但是只有在 2000 年，当 this_year 为 00，year_of_last_service 为 99 时，这个缺陷才会显现出来。[8] 此时，这段代码的计算结果将显示距离上次维护已经过了 –99 年了，而这与 IF 语句的条件检查的值 0 和 1 都不相等，因此系统决定启动紧急关机。变量 years_since_service 的值 –99 是一个故障，对 initiate_emergency_shutdown() 的调用将（极可能）导致一个可见的失败，但是，在故障和失败发生之前，这个缺陷可能已经隐藏多年了。

相反，代码也可能没有缺陷。将日期存储为两位数字的代码不一定采用这种方式编写。也可以这样编写：当变量 years_since_service 的值是一个不寻常的值（例如 –99）时，代码判断出我们跨越了世纪的边界，并对这种情况进行正确的处理。这就是为什么在跨世纪之前，人们对于千年虫问题会导致什么样的故障产生争论——比如，在土木工程中，你可以合理地评估一座桥的状况，以及修复它所需的费用，但是我们很难确定一个软件在多大程度上会出现故障。2000 年底曾出现了一些小问题，如自动售票机无法正常运行、网站显示的日期不正确，但并没有出现重大问题。[9] 由于在 2000 年之前的几年里，许多软件都被修补或更换过了，所以我们可能永远也不知道如果忽略这个问题，后果会有多严重。

以上代码中的 bug 是虚构的。大多数 bug 更难以察觉，也不涉及核反应堆和名为 initiate_emergency_shutdown() 的 API。公平地讲，在那些编写了具有千年虫嫌疑代码的作者之中，许多人认为他们的软件早在 2000 年前就会被替换了，所以他们不必费心用可以避免千年虫问题的安全方式来编写代码。这里想说明的重点是，在阅读上述代码时，存在一个缺陷使得不该被调用的 API 被调用（在许多情况下，我们无法读到旧软件的源代码），这个事实并不是显然的。

不是每个缺陷都会引发故障，但是每个故障都是由一个缺陷引起的（不包括硬件问题，本书也不讨论硬件问题）。故障不会无缘无故发生，它一定是由代码中的缺陷引发的，如果代码没有缺陷，故障就不会发生。此外，如果重复故障出现的正确步骤，则故障确定会重现。每次在相同的条件下运行有缺陷的代码，如以上例子的条件是 2000 年，当反应堆在 1999 年最后一次维护时，故障和失败都会发生。

假设你的代码包含一个故障——内存中出现了坏数据。正如并非每个缺陷都会引发故障，并非每个故障都会导致失败。在这个例子中，故障转变为失败的条件是，内存的坏数据被其他代码读取，由此导致更多的其他坏数据，而这些坏数据又被其他代码读取，以此类推，直到用户看到了内存中坏数据的影响，例如，一个核反应堆关闭，或更常见的是屏幕上一个图标的位置错了、一个字符不能显示、表格显示了错误数据，或者是像稍后我们会看到的情况：某些错误恰好导致了系统崩溃。不过，也有可能这一系列事件不会串起来，内存中的坏数据不会被其他代码读取，在这种情况下，这些数据是好是坏都没有关系。

设想一个未成年人走进一家酒吧，并用身份证证明自己今年 21 岁（美国合法的饮酒年龄）。假设门卫只看某人出生的年份，因此，即使某人还没有过生日，即当年晚些时候才年满 21 岁，门卫也会认为某人已经是 21 岁了。门卫思维中的这个问题就是缺陷（假设门卫就像计算机程序一样，他也总是按这种方式犯这个错误）。现在再进一步设想，门卫看过 20 岁孩子的身份证，认定他是符合合法饮酒年龄的人。这便是故障。从软件术语来说，可以认为门卫将“他们达到法定饮酒年龄了吗？”这样的变量设置为“true”，但该变量本应被设置为“false”。请注意，我们刚刚提到的缺陷不一定导致这个故障，因为一个人今年可能已经过了生日，或者他们可能是 18 岁或 23 岁，此时有缺陷的计算并不起关键作用，只有在某些确定的情况下，门卫才会犯错误。

现在我们的程序发生了故障，门卫以为这个人到了合法的饮酒年龄。但此时故障还不会自动导致该未成年人进入酒吧的失败。也许门卫认为这位未成年人穿着不合适，因此拒绝他进入酒吧。也许会有另一个能够正确计算年龄的人进行二次身份验证。也许当未成年人要进入酒吧时，正好收到邀请他去别的地方的短信。但是，如果以上情形都没有发生，那么在酒吧里将会出现一个未成年人，这就是可见的失败，由失败可以追溯到故障，然后继续追溯到缺陷。如果我们修复了缺陷，比如训练门卫正确计算年龄或者雇佣一个新门卫，那么产生这个故障的特定方式将被消除，因此不会导致失败。

这种修正方法并不能永远阻止未成年人进入酒吧，它只能说明这种特定顺序的从缺陷到故障到失败的情况被阻止了。可能存在其他故障，这些故障也会导致完全相同的失败，而且我们很难弄清楚到底是怎么引起的。你可能会解雇那个门卫，为其他人培训数学，但下周警察路过时可能还是会发现有一个 20 岁的孩子在点酒精饮料。

软件 bug 的重现步骤通常是通过失败（用户可见的问题）来报告的，调试过程包括两个部分：查找故障（计算机内存中的错误值），并通过它来追踪缺陷（代码错误）。查找故障可能很困难，因为你需要找到第一个故障，但第一个故障可能会迅速转变成一组故障，因为这些变量的值是根据其他变量的错误值计算出来的。调试过程通常是先运行一段程序，检查内存的内容，如果没有问题，接着再运行下一段程序，如果发现内存内容已经出现问题，则重复这个过程，不过要运行更小段的程序，以尝试定位到第一个错误（这就是为什么说重现 bug 的可靠步骤是非常重要的）。一旦发现第一个错误，则代码缺陷通常是显而易见的，不过这要假定你熟悉代码——因此，调试其他人的代码会增加调试的难度。当然，我们需要仔细思考修复缺陷的正确方法。

一般来说，失败分为三种类型：崩溃、挂起和明显的错误行为。崩溃是指程序意外停止运行，这也是最显眼的一种失败。崩溃通常是由程序试图访问未分配给它的内存引起的。如前所述，在 C 语言中，指针只是一个数字，并不能保证它是一个有效内存的地址。首先，指针经常被初始化为 0，被称为空指针。如果用空指针访问内存，则将导致崩溃（尽管计算机内存的第一个字节通常位于地址 0 处，但该位置被标记为禁止程序访问）。由于 C 语言不执行数组边界检查，所以任何超出数组边界的数组索引都可能导致坏指针崩溃（可以说，这比同样可能发生的静默读取错误数据要好一点）。在具有运行时边界检查功能的语言中，如果检测到超出边界的数组索引，程序将故意崩溃，从概念上看，这是一个比较干净的做法，但从用户的角度来看这也没有好到哪里。[10]

如果一个程序没有崩溃，而是挂起，那么它很可能卡在一个循环中。下面是一个简单循环例子：

```
FOR I = 1 TO 10
    PRINT I
NEXT
```

你可能纳闷，这种代码怎么能卡住，但是许多循环要比这段代码复杂得多。

一种形式的循环被称为 while 循环，当一个逻辑表达式的值为假时，该循环终止。微软的 Zune 音乐播放器在 2008 年 12 月 31 日试图启动时被挂起，这是一个被广泛报道的 while 循环 bug。设备上的时钟将日期存储为自 1980 年 1 月 1 日起的天数，这比存储完整日期占用的空间小，而且计算日期范围更容易。为了将该日期用年份显示给用户，需要下面这段代码，从 1980 年开始，每次从该日期减去一年的天数则年份加 1，直到剩余天数不足一年为止：[11]

```
year = 1980;
while (days > 365) {
   if (IsLeapYear(year)) {
      if (days > 366) {
         days -= 366;
         year += 1;
      }
   }
   else {
      days -= 365;
      year += 1;
   }
}
```

阅读这段代码时，最好先假设不存在闰年，因此IsLeap-Year(year)始终为假。然后代码从days的初始值开始，执行if (IsLeapYear(year))语句的ELSE语句块，反复执行以下操作：

```
while (days > 365) {
   days -= 365;
   year += 1;
}
```

这是计算年份的合理方法（本例代码效率稍低）。如果变量days存储的值超过365天，则年份加1，并从days减去365天，然后返回并再次检查条件。

接下来你可以看到，IF语句的“真”分支涵盖了闰年的特殊情况，从天数中减去366天（而不是365天）。同样，代码在逻辑上没有什么问题。

这段代码在闰年12月31日以外的任何一天都能正常工作。不幸的是，在闰年的12月31日，代码将陷入无限循环：当变量year达到当前年份时，IsLeapYear(year)为真，当代码得到了从days减去1980年到去年的每一年的天数时，days的值将是366（12月31日是闰年的第366天），但代码只检查天数是否大于366天。如果days正好是366，那么代码不会改变days，while循环将一次又一次地重复，就像洗发露上的说明：“打泡，冲洗，重复”。同时，如果天数小于366天，那么在闰年中除最后一天以外的任意一天，while(days>365)循环将会退出。代码除了检查days是否大于366之外，还需要另外检查是否等于366，以便在这种情况下能够跳出循环（修复代码以避免bug的方法还有很多）。

在这个例子中，缺陷是缺失的代码，故障是 `days` 的值保持 366 永远不变，失败是在那天 Zune 无法启动和用户可见的挂起。与千年虫 bug 一样，这种缺陷在引发故障之前潜伏了一段时间，从 2006 年 11 月 Zune 发布到第一次遇到一年有 366 天，即 2008 年 12 月 31 日（当时 `days` 的值正好为 10 593）。

与崩溃和挂起相比，更多的是“明显的错误行为”类错误。代码 bug 是否会导致应用程序崩溃、挂起或行为错误，通常都是运气问题，与代码编写的难度无关。在 Zune 一例中，稍微调整一下代码就可以避免挂起，但却会将闰年的 12 月 31 日报告为“1 月 0 日”。如果代码随后试图在数组中查找第 0 天，那么它很容易因错误的数组访问而崩溃。大致相同的代码可以导致所有这些表现，哪种缺陷导致哪种故障、哪种故障导致哪种失败并不存在明确的指示。

更复杂的情况是，问题甚至可能不在你可以查看的代码中。与程序设计的其他领域一样，程序员受制于所调用的 API。你可以调用一个通常能工作正常的 API，但是有时 API 可能突然崩溃、挂起或行为错误（导致 Zune 挂起的 bug 并不在微软公司的代码中，而是在从另一家公司获得的 API 的实现中，它是微软公司在 Zune 启动序列中调用的代码）。行为错误通常意味着 API 返回错误而不是成功，此时，调用 API 的代码必须决定怎么办。代码是否只是耸耸肩，然后将意外的错误显示给用户？还是代码将再次调用 API 以希望它成功？代码是否做了一些聪明的事情来保存用户的工作？而这些需要编写更多的代码，而这些取决于程序员对

API 失败可能性的判断，以及对以一种干净的方式处理这些情况需要做多少工作的判断。

关于软件受制于它所调用的 API，一个著名例子是 1981 年 IBM PC 附带的 DOS 原始版本。如果程序员调用 DOS 提供的一个 API 将文件保存到一个磁盘上（当时的磁盘是一个可移除的 $5^1/_4$ 英寸软盘），但该程序失败了，则 DOS 本身会提示一条消息，要求用户选择“中止、重试、忽略”。中止会立即使程序崩溃，而忽略则假装该操作有效，尽管情况并非如此，两者都不是特别有用的选择（正如 DOS 手册中对“忽略”的提示：“不建议这样做，因为它会使数据丢失”）。[12] 重试会再次尝试，这样可以处理最简单的情况，比如用户忘记在驱动器中插入软盘，但在你插入一张软盘之前，系统将一直停留在重试循环中。从调用 API 的程序的角度来看，这一切都是在幕后完成的，在重试操作成功或忽略错误之前，API 调用不会返回。程序可以避免陷入这种 DOS 错误提示，但它需要额外的代码，有些程序员忽略了这一点。[13] 在 IBM PC 的早些时候，像文字处理这样的程序是否能够在未插入软盘的情况下避免崩溃和丢失数据，是当时杂志评论中的一个评价重点。第四个选项“失败”最终被添加到 DOS 更新版本的选项中，允许 API 出错时仍然返回调用程序，并给程序决定如何继续的机会。

从概念上讲，同样的情形也可能出现在车祸中：汽车调用轮胎“API”，并要求它增加与道路的粘合力，如果轮胎不这样做，汽车可能会发生车祸。但轮胎已经通过测试和认证，能够以某种方式操作。想想你在日常生活中与之互动的所有其他工程物体，比如你倚靠的每一根栏杆，你接入插座的每一个电子设备，或者你服用的每一种药物。你期望这些产品每一次都能正常工作，一次又一次，不会随机“崩溃”。正是因为这种期望，制造这些产品的人们投入了大量的研究和设计工作来确保它们能正常工作。爆胎并导致你的汽车撞车的轮胎是由那些希望它不会发生灾难性故障的人制造的，只要你按预期使用，并遵守旨在防止此类事故发生的法规，就不会发生“崩溃”。最重要的是，如果轮胎发生了某种失败，他们便知道自己是在某些细节上失败了，并试图在未来防止类似事件发生，尽管事实上，轮胎因为受磨损影响，失败发生的可能性会变大，而软件则没有这种磨损问题。

当你调用一个 API 计算年份的时候，没有办法知道仅仅因为碰巧遇上了闰年的 12 月 31 日，它就会突然失败、挂起或崩溃。正如我在上一章讨论过的莫里斯蠕虫中的“蠕虫”一词一样，关于病毒和崩溃的讨论使它们听起来像是任何人都可能遇到的坏运气，人们误以为这种坏运气可以借助环境的因素来避免，然而，这是误导。当人们说，“一个大程序不可避免地会有 bug”，他们并不是在表达像“汽车不可避免地会发生事故”的意思。他们所指的是，“我们没有合适的软件工程技术来根除所有的缺陷，所以我们甚至不会试图将它们全部清除，我们也不会改进技术。”

然而，即使你最终没能达到完美的目标，以完美为目标去努力仍然可以让你收获良多。沃尔沃汽车公司设定了以下目标：“到 2020 年，在每一辆新的沃尔沃汽车上，没有任何人因发生事故而死亡或重伤。”[14] 公司会实现这一目标吗？大概不会。但该目标确实有助于将沃尔沃的注意力集中在安全上。约定俗成的对粗制滥造软件的接受是软件工程中最令人蒙羞的一面。软件 bug 不是不可避免的，但是对于现在的程序员而言，正如他们所说的，试图编写永不崩溃的软件并不是他们的目标。与汽车事故的隐性比较悄然明示了这种态度。

早期的软件确实强调了如何生产完全无 bug 的软件。在 1968 年和 1969 年北约软件工程会议之后的几年里，有两本关于编写更好的软件的著作问世了。毫不奇怪，这两本书的书名都是《结构化程序设计》（Structured Programming）。第一本书于 1972 年出版，由奥尔·约翰·达尔（Ole-Johan Dahl）、埃兹格·戴斯特（Edsger Dijkstra）和 C.A.R. 霍尔（C. A. R. Hoare）撰写。第二本书于 1979 年出版，由理查德·林格（Richard Linger）、哈兰·米尔斯（Harlan Mills）和伯纳德·维特（Bernard Witt）撰写。[15] 第一本书由学术界的著名计算机科学家（戴斯特参加了两次北约会议，霍尔参加了第二次会议）撰写，第二本由 IBM 的资深科学家（虽然 IBM 在这两次会议上都有很多代表，但第二本书的作者都没有参加过任何一次会议）撰写。[16]

第一本书由三篇长文组成：戴斯特的《结构化程序设计笔记》、霍尔的《数据结构笔记》、达尔和霍尔的《分层程序结构》。他们阐述了结构化程序设计的基础知识，正如我们在前面所看到的，并讨论了一些常用的数据结构以及如何将大问题分解为小问题。这里并不是要批评这项工作。当时关于“结构化程序设计”的辩论仍在进行中，事后看来可以总结为“不使用 GOTO 语句”的辩论，所以这是一个值得肯定的成就。正如高德纳（Knuth）兴奋地说，“我们编写程序和教授程序设计的方式正在发生一场革命。……阅读最近出版的《结构化程序设计》一书必将改变你的生活。”[17]

该书的问题可以用该书中的引文来总结，这段文字来自戴斯特文章中题为“论我们无力做太多”一节：

我真正关心的是大型程序的组成，例如，程序文本可能与本章的全部文本一样多。另外，我还必须使用一些例子来说明各种技术。出于实际原因，演示程序必须很小，比我心目中的“真实程序”小很多倍。我认为基本问题恰恰在于这种规模差异，这种差异是我们程序设计困难的主要来源之一！

如果我能用一些小的演示程序来说明各种技术，并以“……当你面对一个规模放大了千倍的程序时，你也可以用同样的方式来编写它……”结尾，这样当然很好。然而，这种常用的教育方法将是自我欺骗，因为我的中心主题之一就是，在任何两个东西在某些方面的差异达到一百倍或更大时，它们是完全不可类比的。”[18]

戴斯特解决这个问题的方法是在他的文章中包含少量代码，更多地关注理论见解，而且有关数据结构和程序结构的文章也局限于理论，而只有少量代码。

与此同时，IBM 的员工则有一个崇高的目标，其书中第一段就写道：

关于程序设计，如今既有一个古老神话，也有一个新的现实。古老神话是，程序设计一定是一个容易出错的、需要反复尝试的、充满挫折和焦虑的过程。新的现实是你可以学会从一开始就设计和编写正确的程序，并且证明程序在后续的测试和使用中没有错误。……

你的程序应该在第一次尝试运行时便正确工作，并一直正常运行。如果你是一个专业程序员，那么程序逻辑错误应该极少出现，因为你可以采取积极的行动阻止这些错误进入你的程序。程序不会像人们感染病菌那样“感染”bug，程序员只需避免使用其他有bug的程序。程序bug来自其作者。[19]

那么关于戴斯特可扩展问题，他们的观点是什么呢？因为该书的作者参与编写了今天的一些最大规模的软件，所以他们能敏锐地意识到这个问题。IBM三位作者的答案是，

要求在一千行程序中一个错误都不会出现是困难的（但并非不可能）。但是，在理论和规则的指引下，十之八九保证在一个50行程序中没有错误则不难实现。结构化程序设计方法可以让你分二十步，每步50行的方法编写一千行程序。每步的50行程序并不是作为独立的子程序，而是作为一个不断扩展的可执行的部分程序。如果这二十个步骤中的十八步一个错误都没有，而且另外两步也很容易正确完成，那么你可以对这样得到的千行程序不出错有充足的信心。[20]

这个目标确实很好，但千行程序很短，而且仍然在一个人独立完成的能力范围内。该书的其余部分是关于如何用数学方法证明软件是正确的。不过，这是IBM员工的智慧精髓。对于这个建议，五年后我上大学的时候是怎么想的呢？

当然，我没有想过这件事，因为我还没有接触过其中的任何议题。不管你是否相信数学证明，反正没人教过我如何知道自己写的软件是否有效。但回过头来看，很明显数学证明的时代正在逝去。对于像排序算法这样的简单代码，你可以证明你的算法是正确的：数组开始于某种状态，循环迭代多次，在每次迭代之后某些元素有序了，因此数组最终是有序的。这是一种被称为归纳法的标准数学方法。问题是现代软件远比这复杂得多。如今，像

"我的文字处理器在错误的位置显示这个字符"这样的失败涉及非常复杂的代码，必须考虑文档的页边距、使用的字体、字符是否为上标或下标、行对齐方式、应用程序窗口的大小和许多其他因素，代码最终是由复杂的 IF 语句和复杂的计算构成的。

回想一下 Zune 的闰年 bug：缺陷并不在算法中，而是在实现中。很多讨厌的 bug，当最后被挖掘出来的时候，都只不过是程序员的一个键入错误。IBM 员工撰写的《结构化程序设计》一书是很有意思的返祖现象——作者是参与编写大型程序的程序员，但书中只讨论对小程序有效的方法。

如果在我的大学时代有一种软件质量的精神指导，那么它既不是来自学术界也不是来自 IBM 的老员工，而是来自程序设计智慧的第三个源泉：贝尔实验室，UNIX 系统和 C 语言的发源地。碰巧的是，普林斯顿大学位于贝尔实验室附近，来自贝尔实验室的教授在休假期间教过我几门课。我不记得他们是否反对正确性的形式化证明，但我认为他们对我有微妙的影响。然而，即使对于不在普林斯顿大学的学生，"UNIX 人"也因他们撰写的书发挥了他们的影响力，这些书不仅仅关于 UNIX 和 C 语言，也关于其他程序设计议题。我已经提到过本特利（他在普林斯顿大学给我们做过一次客座演讲）的《编程珠玑》。柯尼汉（Kernighan，C 语言的作者之一）与普劳格（P. J. Plauger）共同编写了一本书，叫作《程序设计风格基础》（The Elements of Programming Style）。该书有意识地模仿了威廉·斯特伦克（William Strunk Jr.）和 E.B. 怀特（E. B. White）的《文体指南》（The Elements of Style），包含了一系列支持一组格言的例子，其中前两个格言是"表达清晰，不要表现得太聪明”和“说出你的思想，要简单而且直接”。[21]

《程序设计风格基础》一书旨在支持结构化程序设计。作者在第二版（1978年）的序言中谈到了第一版（1974年），“第一版避免直接提及术语‘结构化程序设计’，以避开当时盛行的宗教式辩论。现在那种激情已经消退，我们得以讨论在实践中有效的结构化编程技术。”

尽管如此，柯尼汉和普劳格还是避开了第一本《结构化程序设计》一书的理论和第二本以代码本身为中心的形式化证明：“学好程序设计的方法是反复观察如何通过应用一些良好实践原则和常识改进真实的程序。”[22] 方法是渐进式的：不断改进你的程序，最终结果是好的。书中有关于如何进行改进的七十七条忠告。或者考虑柯尼汉和里奇（Ritchie）的原C语言手册中关于GOTO语句的评论：“尽管我们并不武断地拒用，但似乎应该谨慎使用GOTO语句，如果不是绝对禁止的话。”这与戴斯特的严厉谴责相差甚远。

柯尼汉和普劳格撰写的《软件工具》（Software Tools）对于GOTO语句有着类似的微妙观点。在讨论书中使用的语言（Ratfor，Rational Fortran的缩写，意指更“明智的”Fortran）的其他控制结构时，他们说：“这些结构完全适合无GOTO的程序设计。虽然我们对使用GOTO没有宗教式的态度，但你可能注意到我们的Ratfor程序中没有GOTO。我们也没有感受到不使用GOTO有任何束缚——使用这样的得体语言，再加上细心地编程，确实很少需要GOTO。”[24]

这样的信息很容易被自学的程序员接受。它强化了这样一种观点，即没有太多成熟的软件工程知识，你的个人经验就是你前行的有价值的指导。当然，你可以提高一点技能，但谁又不能呢？而且从某种程度上说，如果我在大学里学会了任何软件工程知识，那也是通过这种方法学来的。我不仅从 UNIX 群体中学会了 C 语言，还学到了关于软件质量的渐进主义观点。

至于正式测试软件的问题，我在普林斯顿大学没有获得关于这方面的任何知识，也没有从来自贝尔实验室的访客那里获得这些知识。测试不在普林斯顿大学课程内。算法在当时才是重要的，但是证明你把算法准确地翻译成了代码就不那么重要了。要知道在大学里风险更低。当我为一个课程编写一个编译器时，目的是学习如何编写编译器，而不是用它来编译许多程序。如果编译器在测试的程序上失败了，我便修复那些问题。这个过程不存在多大的压力，在学期结束时，这些程序都被扔到一边去了。正如温伯格所写的，“在大学里完成的软件项目通常不必由他人维护、使用或测试。”[25] 我从来没有故意给程序一些异常输入，或以异常方式检查用户界面，而故意使程序失败。如果我觉得算法是正确的，代码看起来是合理的，而且我没有观察到任何崩溃，那么就我而言，这份工作就是完美的。我在第 4 章谈到的程序比赛中有一点担心，因为比赛当天程序运行的实际数据是保密的。我记得我在赛前使用几个自己生成的随机数据集运行程序。但是，当我的程序在实际比赛中成功运行时（尽管不如其他人的程序那么成功），我的反应更多的是“谢天谢地”，而不是“当然，我测试过了”。

我的几位高中朋友在加拿大大学学习工程学，他们在毕业时参加了一个名为“工程师召唤仪式”的活动。在这个仪式（早在 20 世纪 20 年代由鲁迪亚德 · 吉卜林（Rudyard Kipling）为所有的人设计的）上，他们的右手小指被带上一个粗糙的金属戒指，“象征着工程师职业的骄傲，同时提醒他们保持谦逊”。[26] 我并没有观察到加拿大大学和美国大学的毕业生对 C 字符串处理的态度有特别大的谦逊或厌恶。不过，有缺陷的软件对世界到底会有多大影响，我在离开大学的时候对其仍然毫无概念。有一部分原因是，在 1988 年，缺陷的影响与如今相比更为局限，因为当时计算机很少连接到网络。即使是那年晚些时候出现的莫里斯蠕虫也没有转变人们的这种观念。关于缺陷对程序的影响，我的经验仅限于 IBM PC 版 BASIC《吃豆人》游戏工作不正常，或者是必须在冯·诺依曼大楼工作到很晚才使三维台球动画显示正确的经历。当然，作为一个用户，我曾因为程序崩溃而丢失我正在进行的工作，但我想不起来我是否曾经把这种感觉与现在我会是一个编写软件的人，而其他用户把他们的数据托付给我写的软件联系起来。

请理解，我并无意为此指责 UNIX 的懒散态度。贝尔实验室的程序员显然非常关心他们的软件质量，因为软件支撑的是关键的电话基础设施。在他们的书中，他们经常谈到质量，尽管他们使用的方法是渐进式的改进，直到软件达到高质量。我只是从来没有获得过这样的信息：“一旦你毕业了，你就会发现，这些东西对你真的很重要。”

那么，那些为付费客户编写大型软件的公司，是如何确保软件能够正常工作的呢？毫无疑问，从某种程度上说，它们是受到了 UINX 方法的启发。

大学毕业后，我进入的第一家公司——树突公司（Dendrite）几乎没有软件测试，对于刚刚成立且只有约 10 个程序员的公司来说，软件测试并非典型的做法。公司办公室有几个客户支持人员，他们会在发送新版本（将一个软盘邮寄给经销该软件的每个销售代表！）之前运行每个基本操作，但是并没有正式的验证过程。他们指望程序员把软件写正确（值得一提的是，我们基本上写对了，这主要是通过细心，而不是通过任何正式的设计过程。我在第 3 章提到的复杂 bug 并不常出现，它是由顾客发现的）。

树突公司很小，所有的程序员可以坐在一些小隔间里，与其他程序员的交流很方便：如果我们想问一个问题，只要大声喊就行。当我进入微软时，Windows NT 系统团队已经有大约 30 名程序员，虽然与今天相比小得可怜，但比树突公司的团队大得多。此外，Windows NT 系统已经开发了一年半，所以已经有了一定规模的代码需要我熟悉。

当时，即使是在微软这样一家很成熟的公司，也没有关于如何开展软件工程开发的培训。一般的观念是，“你很聪明，所以你知道怎么做。”试错是使用最多的技术，模仿现有的代码则次之。你可能想问，这样做是不是有意的，向某人寻求帮助是不是软弱的表现。我从没有看到任何迹象表明这是一项规定，只是每个人都是通过自己解决问题学会了程序设计，所以他们很简单地保持了这种作风，从来没有考虑过多。想象一下新手电工是不是这样学习的。

在微软我遇到了一群有“软件测试工程师”头衔的人——测试人员，他们的工作是拿到开发人员生产的软件，并在发布给客户前给软件发放通行证。在早期，微软也没有测试人员。使微软走向显赫道路的 IBM PC DOS 一定是在没有独立测试团队的情况下发布的，但最终管理层意识到仅仅依赖开发人员测试自己的代码是有问题的。一个问题是开发人员花时间测试自己代码的效率很低，用户是比开发人员更常见的测试者，所以你可以雇佣一些人来假装用户，而开发人员可以专注于开发更多功能。还有一种意见认为，你不能“信任”开发人员自测代码，如果你问开发人员，“你的代码已经过充分的测试了吗？”他们会立即做出反应：“代码很好。”

我总感觉这里暗示的懒惰、邪恶或妄想对于开发者来说是不公平的，他们过分乐观的原因是没有在大学里学习过测试。我发现大多数开发人员到了微软这样的地方之后，很快就接受了一种更加认真的方法（例如，我不记得 DOS 或 Microsoft BASIC 是有缺陷的）。总之，在我 1990 年入职时，微软已经招聘了专门的测试人员。1995 年出版的《微软的秘密》(Microsoft Secrets）为此填补了一些背景：第一个测试小组成立于 1984 年。有两款软件曾经出现过代价高昂的召回，即 1984 年的 Multiplan（一种电子表格，它是 Excel 的前身），以及 1987 年的 Word。1989 年 5 月，曾经有过一次乐观的“零缺陷代码”内部会议。[27]

测试人员将提出**测试用例**，这是为运行代码不同区域而设计的步骤序列。如果电子表格支持将两个单元格相加，则将有一个测试用例来创建两个单元格，并让电子表格将它们相加，以验证结果是否正确，同时还要留意是否有任何不良行为，如崩溃或挂起。使测试用例形式化的目的是确保没有遗漏任何东西，并且确保无论出现什么错误，都有一套可靠的重现错误步骤。

1988 年出版的杰姆·卡尼尔（Cem Kaner）等人的《计算机

软件测试》(Testing Computer Software）第一版是当时最受推荐的测试书籍。在这之前至少十年，人们一直在编写有关测试的书籍，并且在那之前人们也一直在测试软件、思考测试软件问题。1968 年，戴斯特说（为了支持结构化程序设计，请记住，他提倡预先证明而不是在事后测试），测试是“一种非常低效的说服自己的程序正确性的方法”，次年他进一步指出“程序测试可以用来显示错误的存在，但决不能显示它们的不存在”，并在 1972 年出版的《结构化程序设计》一书中的文章中重复了这一点。[28] 米尔斯和 IBM 员工在他们的《结构化程序设计》中将其陈述为如下事实（与戴斯特的动机相同),“众所周知，软件系统不能通过测试而变得可靠。”[29] 这是众所周知的，但对于十年后的微软人来说这句话却并不是很明显的，他们确实在试图通过测试使软件变得更可靠。

卡尼尔在其书的第 2 章探究了测试的动机，将其要点总结为 2.1 节和 2.2 节的标题“你不能完整地测试一个程序”和“验证程序正确工作不是测试的目的”。[30] 那么，测试的目的是什么？ 2.3 节对此作了解释：测试的目的是发现问题并解决问题。卡尼尔给你的美梦泼冷水的理由来自 G.J. 梅尔斯（G.J. Myers）于 1979 年出版的《软件测试的艺术》(The Art of Software Testing)：如果你认为自己的任务是找出问题，那么与认为自己的任务是验证程序没有问题相比，你会更努力地寻找问题。[31] 当你还在苦苦思索的时候，我再抛出卡尼尔对存在主义的焦虑：“你永远不会在程序中发现最后一个 bug，即使你发现了一个 bug，你也不知道这是不是最后一个 bug。”[32]

卡尼尔进一步强调，“一个发现了问题的测试是成功的。没有发现问题的测试是浪费时间。”[33]他的观点也借鉴了梅尔斯的观点，即程序就像医生正在诊治的病人一样，如果医生找不到任何问题，而病人真的生病了（软件就像这里的病人，bug 就是“病”），那么医生就不够好。[34]当然，医生在一系列测试后没有发现任何问题与任何给定的测试没有发现任何问题是不同的。棒球运动员铃木一郎（Ichiro Suzuki）曾击中很多球，但也在很多坏球上挥棒，他曾被问道，为什么他没有忽略坏球，而只在好球上挥棒。铃木一郎解释说，事情不是那样运作的。

我相信卡尼尔所尝试做的是，通过专注于发现错误，将“测试人员说软件是好的”的观念转变为“测试人员说他们找不到其他错误”，前者意味着如果事实证明软件不好，他们就应该受到责备，而后者意味着我们都难免其责。尽管如此，“测试人员负责”的概念于 1990 年在微软得到了充分的实施。当然，对于开发人员来说，这是另一种避免由于 bug 被追究责任的方法：没有找到错误是测试人员的错。对此，早在 1979 年梅尔斯提出的程序员不能也不应该尝试自测软件的想法也没有多大帮助：“正如许多房主所知，拆除墙纸（一个破坏性的过程）并不容易，但如果当初贴墙纸的人是你而不是他人，那么这个令人沮丧的过程几乎是难以忍受的。因此，大多数程序员无法有效地测试自己的程序，因为他们不能使自己拥有想要暴露错误的必要心态。”[35]

不幸的是，由此出现的是“把它扔到隔壁”的文化。[36]开发人员将努力实现“代码完成了”，这意味着所有的代码都已编写完毕并成功编译，而且如果一切天衣无缝，那么程序甚至不会有 bug。然后他们将软件交给测试人员，表明他们已经完成了自己的工作，测试人员负责确定软件是否能够正确运行。完成代码并不是一个无关紧要的里程碑，这意味着你早期的设计决策没有让你陷入困境，而且你设计的将这些部分连接在一起的 API 至少在功能上是足够的。但问题是，代码完成被视为"在发现任何 bug 之前，开发人员的工作已经完成。如果发布的软件带有 bug，那么测试人员要为没有找到 bug 负责"。遭到责难的测试人员则反驳说，他们不能及时测试代码，因为他们从开发人员那里得到的代码本来就是这样的。在 Windows NT 系统源代码中的某一段，由于测试人员找不到时间来测试该代码的功能而被舍弃，为此有一个开发人员不满地在旁边添加了注释："好吧，现在测试人员正在重新设计我们的软件，我们将删除这个功能。"

我不是想让开发人员看起来很糟糕。我们确实像一个手工艺人一样对自己的工作感到自豪，并且不希望代码有 bug。如果我们的程序挂起或崩溃，特别是如果它造成了数据丢失，那么我们当然会感到内疚。我们一般都喜欢迎接修复程序 bug 的智力挑战。我相信我在微软的早期工作阶段就写了很好的代码，但这并不是因为我觉得如果自己没搞好，微软的股价就会受到影响。莫里斯蠕虫的作者莫里斯原本打算让它传播得比实际传播速度慢得多，目的是在被发现之前潜伏一段时间。大概他很生自己的气，因为他没有首先测试蠕虫，以了解它复制的速度有多快，并防止因它造成的破坏导致蠕虫被很快发现。当时，一位观察者评论说，他应该在发布之前在模拟器上测试它。[37]

测试人员防止狡猾的开发人员试图让程序 bug 从他们身边溜过，这种感觉常常导致开发人员和测试人员之间的对立态度。正如开发人员认为他们的用户是一个令人讨厌的失败报告的来源，而不是那些最终支付他们工资的人一样，他们也以同样的眼光来看待测试人员，因为他们与测试人员的互动具有令人沮丧的相似性：每次测试人员联系你时，他们都会报告一个失败，打断你正在研究的可爱的新技术问题，迫使转而调查程序 bug，而且这有可能是一个无底洞。对失败报告的回应常常是一声沉重的叹息，接着是快速判断是否要将程序错误的责任归罪到另一个开发人员，最后翻着白眼表示“你为什么要这样使用软件?”不幸的是，“测试人员的工作是发现 bug”的信息导致将 bug 数量作为测试人员工作成效的度量，这导致测试人员在查找 bug 时有时倾向于数量而不是质量，将一些模糊的情况归档为 bug，而不是查找用户最可能遇到的问题，这当然无助于改进开发人员对测试人员的看法。但总的来说，这里的蹩脚演员是开发人员，而不是测试人员。

最糟糕的是 bug 报告中包含不精确的错误重现步骤，导致当开发人员不辞辛劳地完成这些步骤时，bug 却没能再现。埃伦·厄尔曼（Ellen Ullman）的小说《 bug 》(The Bug）准确地描述了程序员试图根据测试人员的报告复现 bug 时的一般态度：

他启动了用户界面，按照报告上的指示操作：进入屏幕，构建图形查询，单击打开 RUN 菜单，将鼠标滑出菜单。此时他想，系统现在应该冻结了。但什么也没有。什么都没发生。“该死，”他咕哝着，又重做了一遍：屏幕，查询，点击，滑动，等待冻结。什么都没有。一切正常。“混蛋测试员，”他说。然后，他的烦躁情绪急升，他又重复了这一系列步骤。还是什么都没有。

他心中涌起一团怒火。他随手拿起一支笔，一支粗粗的红橙

**色记号笔，在 bug 报告的程序员回复区中潦草地写上“无法重现”。然后在下面他补充道，“可能是用户错误”，并用粗粗的、愤怒的笔触给“用户”画了下划线。记号笔迹像鲜血一样洒在纸上，他感到非常满意……根本不是 bug。这些白痴，都是些无能的人。[38]**

厄尔曼的书是虚构的，但她是硅谷资深程序员。这本书写于 2003 年，但故事设定于 1984 年，其中程序员对测试人员的优越态度在 20 世纪 90 年代初的微软仍然很普遍，只是脏话很少出现。研究失败报告的程序员非常希望在他们自己的机器上复现故障，从而可以使用调试工具来确定错误，然后用相应的方法找到代码中的缺陷。如果他们不能再现失败，那么他们就会用红橙色粗标记笔（从概念上讲，自 1990 年起微软就使用了一个电子 bug 跟踪系统），并将其标记为“无法重现”，不管失败的影响有多严重。

某些软件需要非常认真的测试，人们希望找到 bug 而不是害怕找到 bug。但这只是在开发人员意识到失败成本会很严重的情况下，两个常见的例子是在医疗设备和航天器上运行的软件。当然，这些系统偶尔也会有 bug，比如 Therac-25 装置会提供致命剂量的辐射，或者阿里安 5 号火箭自毁（当然这并不是唯一一个由于 bug 而中止的太空任务），但它们的设计比我们在微软的工作要谨慎得多。然而，相对于被视为精工细作的软件的优秀例子，程序员认为这些项目都是老掉牙而呆板的——设想必须花费所有的时间来模拟每一种可能的情况，以确保你的软件一直正常工作！比较而言，我们在微软所做的工作更酷更快。

当然，在 1990 年，没有人让我们这些新雇的开发者坐下来和我们谈谈 20 世纪 80 年代那些代价高昂的召回事件，他们可能已经向测试人员大谈特谈了这件事，但我从未听说过。没有人告诉我们米尔斯在 1976 年说的这句话："众所周知，你不能在软件系统中测试可靠性。"[39]

不过，最终观念从测试人员的"测试"质量回到了程序员应有的"设计"质量上。这与结构化程序设计运动的目的是相同的，但是采取了一种不同的方法。这是我将在下一章中讨论的话题。

## 注释

1. Matti Tedre, *The Science of Computing: Shaping a Discipline* (Boca Raton, FL: CRC Press, 2015), 120.

2. Peter Naur, Brian Randell, and J. N. Buxton, ed., *Software Engineering Concepts and Techniques: Proceedings of the NATO Conferences* (New York: Petrocelli/Charter, 1976).

3. Tedre, *Science of Computing*, 122. 他引用的是 Naur, Randell, and Buxton, *Software Engineering Concepts and Techniques*, 145.

4. Tedre, *Science of Computing*, 124. 他引用的是 Thomas Haigh, " Dijkstra's Crisis: The End of Algol and the Beginning of Software Engineering: 1968–1972" (the History of Software, European Styles conference, Lorentz Center, University of Leiden, Netherlands, September 17, 2010 上报告的论文 ).

5. Alan Cooper, *The Inmates Are Running the Asylum: Why High Tech Products Drive Us Crazy and How to Restore the Sanity* (Indianapolis: Sams Publishing, 2004); David S. Platt, *Why Software Sucks ... and What You Can Do about It* (Boston: Pearson Education, 2007).

6. Donald E. Knuth, " The Errors of TEX, " *Software—Practice &*

*Experience* 19, no. 7 (July 1989): 610.

7. Andreas Zeller, *Why Programs Fail: A Guide to Systematic Debugging* (San Francisco: Morgan Kaufmann, 2006), 3–4. Zeller 使用了*感染*这个词，而不是*故障*，但是我感觉*感染*过于让我们联想到人类的疾病，使得 bug 听起来像是凭运气，而没有显示其本质。

8. “存储最后两位数字”通常指存储在磁盘或磁带上，因为当时的大多数程序都是读取存储的数据，进行处理，然后将输出写回到存储器。程序将只存储一个两字符的字符串，如“00”或“99”，第一个数字的 ASCII 编码（或使用任何其他编码）后接第二个数字的 ASCII 编码，共占用两个字节。在完成指定的数学运算之前，程序内部会将这些编码转换为相应的整数。

9. Wikipedia, “ Year 2000 Problem, ” accessed January 2, 2018, https://en.wikipedia.org/wiki/Year_2000_problem.

10. 还有一些其他情况，例如除以 0 将导致程序崩溃，因为没有可恢复的方法来处理这种情况；没有一个正确的值可以存储为除数为 0 的除法结果。

11. 这个代码被广泛报道，我从网站上复制了这段代码。Zune Boards, “ Cause of Zune 30 Leapyear Problem ISOLATED!, ” December 31, 2008, accessed January 4, 2018, http://www.zuneboards.com/forums/showthread.php?t=38143.

12. IBM, *DOS 1.00* (Boca Raton, FL: IBM, 1981), A-7.

13. 程序可以在检测到问题时指示 DOS，不调用显示“中止、重试、忽略”提示的代码，而是应该调用程序提供的代码。

14. Volvo, “ Vision 2020, ” accessed January 4, 2018, http://www.volvocars.com/intl/about/vision-2020.

15. Ole-Johan Dahl, Edsger W. Dijkstra, and C. A. R. Hoare, *Structured Programming* (London: Academic Press, 1972); Richard C. Linger, Harlan D. Mills, and Bernard I. Witt, *Structured Programming:*

*Theory and Practice* (Reading, MA: Addison-Wesley, 1979).

16. Naur, Randell, and Buxton, *Software Engineering Concepts and Techniques*, 132–134, 292–295.

17. Donald E. Knuth, " Structured Programming with Go To Statements," *Computing Surveys* 6, no. 4 (December 1974): 261. 文章叙述了关于 GOTO 语句争论的历史，并总结了不需要 GOTO 语句的情况，以及高德纳认为会使代码更清晰的情况。

18. Dahl, Dijkstra, and Hoare, *Structured Programming*, 1–2.

19. Linger, Mills, and Witt, *Structured Programming*, 1.

20. 同上，2 页。

21. Brian W. Kernighan and P. J. Plauger, *The Elements of Programming Style*, 2nd ed. (New York: McGraw-Hill, 1978), 2, 9.

22. 同上，ix、xi。

23. Brian W. Kernighan and Dennis M. Ritchie, *The C Programming Language* (Englewood Cliffs, NJ: Prentice-Hall, 1978), 63.

24. Brian W. Kernighan and P. J. Plauger, *Software Tools* (Reading, MA: Addison-Wesley, 1976), 285. 该书关于帮助程序员工作的一些小工具，包括能计算他们使用不同关键字次数的工具，所以他们关于禁止 GOTO 语句的论据是基于他们描述的所有工具对代码的实际分析。

25. Gerald M. Weinberg, *The Psychology of Computer Programming*, silver anniversary ed. (New York: Dorset House, 1998), 45–46.

26. " The Calling of an Engineer," accessed January 4, 2018, https://www.camp1.ca/wordpress/?page_id=2.

27. Michael A. Cusumano and Richard W. Selby, *Microsoft Secrets: How the World's Most Powerful Software Company Creates Technology, Shapes Markets, and Manages People* (New York: Touchstone, 1998), 37, 43.

28. Dijkstra, quoted in Naur, Randell, and Buxton, *Software Engineering Concepts and Techniques*, 73; Edsger W. Dijkstra, "Structured

Programming," in *Software Engineering Concepts and Techniques: Proceedings of the NATO Conferences*, ed. Peter Naur, Brian Randell, and J. N. Buxton (New York: Petrocelli/Charter, 1976), 223; Dahl, Dijkstra, and Hoare, *Structured Programming*, 6.

29. Linger, Mills, and Wiatt, *Structured Programming*, 13.

30. Cem Kaner, *Testing Computer Software* (Blue Ridge Summit, PA: Tab Books, 1988), 17, 21.

31. Glenford J. Myers, *The Art of Software Testing* (New York: John Wiley, 1979), 5–7.

32. Kaner, *Testing Computer Software*, 17.

33. 同上，24 页。

34. Myers, *Art of Software Testing*, 6.

35. 同上，12 ~ 13 页。

36. Cusumano and Selby, Microsoft Secrets, 40. I certainly experienced this too!

37. David Maynor, *Metasploit Toolkit* (Burlington, MA: Syngress Publishing, 2007), 218.

38. Ellen Ullman, *The Bug* (New York: Doubleday, 2003), 54–55.

39. Harlan D. Mills, "Software Development," in *Software Productivity* (New York: Dorset House, 1988), 243.

# 第6章

# 对　　象

设想你镇上的五金店换了一位新老板。以前的店主把类似的东西放在一起：油漆都放在一个地方，手工工具都放在另一个地方，原材料都放在某个地方等。什么东西在什么地方并不总是显而易见的，就像你在为某个项目买两件东西时，一件商品在商店的这面，另一件商品可能在商店的那面，但是，如果你知道某个特定类型的商品存放在哪里，你便可以在附近找到类似的东西。

现在设想新老板选择基于任务的方式重新排放商品。他可能认为做椅子的人需要木头、锯子、螺丝、螺丝枪和油漆。他把所有这些东西集中在一个区域，称之为“椅子制造区”。计划重新组织商品的人会花时间考虑他们商店能够支持的各种活动，并将库存商品分配到不同的活动类别。

如果你想去商店购买做一把椅子所需的材料，那就太好了，因为它们全都在同一个地方，非常方便。但是，如果你做椅子所需要的材料是“椅子制造区”的设计师没有预料到的，那怎么办呢？现在你必须亲自去寻找这件商品，猜测新布局专家把你想要的东西归入了什么活动中。

更根本的是，你在试着做一把椅子。你在五金店的购物体验可以随着商店的布局变化得到一些改善或恶化，但是在更大的场景中，困难的部分在于列出你需要的部件，并真正做出一把好椅子，而这部分工作是不变的。

不过，对于店主来说，这种布局是合乎逻辑的，他们会觉得自己做了一些聪明且具有前瞻性的事情。事实上，他们可能认为自己已经彻底颠覆了商店设计的艺术。他们甚至可以写本书并进行巡回演讲，以向其他五金店老板解释他们的变化有多大。当然，他们会找到几个更喜欢新布局的做椅子的顾客，收集一些有关的积极体验。

对软件质量“在于设计”的追求最终演变成和五金店布局设计类似的情况，不过在最开始的时候，这场运动显得更谦逊一些。

Pascal 的设计者沃斯（Wirth）于 1976 年出版了一本书，书名为《算法 + 数据结构 = 程序》(Algorithms + Data Structures=Programs)[1]。该书名十分准确，一个程序由算法（运行的代码）和数据结构（算法处理的数据）组成。两者都很重要，想要学习程序如何运作的程序员必须理解这两者。“结构化程序设计”浪潮旨在提高代码所表达的算法的清晰性，但数据结构的清晰度则很少受到关注。

数据结构是由数值和字符串这两种基本数据类型构成的。在许多早期的语言中，没有办法将这些数据组织在一起：如果你想同时存储一个人的姓名和年龄，那么你需要定义两个独立的变量，它们之间没有任何明显的联系，只能通过在变量名中加入额外的信息来展示它们的联系。只有通过阅读用到了这些变量的代码，其他程序员才能凭直觉发现它们是相关的。继续用五金店来类比，这就像不同的电动工具被随机地存储在商店的各处，因为没有人想出一种将它们组织在一起的方法。

已经存在的一个组织构件是数组，它被用来保存同类型值的多个实例，例如存储前十个最高分的列表。有时，由于缺乏其他组织方法，程序员会使用数组来存储不同的数据。例如，想要存储某人的身高和体重的 BASIC 程序可能会创建一个由两个整数组成的数组，并将身高放在第一个单元，体重放在第二个单元。这样可以将它们连接起来，但从单个数组的声明来看，每个元素的具体含义是什么却并不明确，并且很容易在代码中把它们颠倒。BASIC 版的“冰球”游戏使用了一个包含 7 个字符串的数组，前六个元素分别存储了六个玩家的名字，第七个元素存储了球队的名字。这使代码变得难懂，因为这个数组被命名为 A$，而这个变量名对于阅读和理解代码毫无帮助。[2]

像 Pascal 和 C 语言这样的语言允许你将相关数据捆绑成一个更大的实体，在 Pascal 中这种实体被称为 record（记录），在 C 语言中则被称为 struct（结构体），这一类实体避免了过去组织数据的笨拙感。例如，一个 C 语言结构体可以保存某人的信息：

```
struct person {
   int age;
   char name[64];
};
```

而且如果你有一个类型为 person 的变量 p，你可以用 p.age 和 p.name 表示其中的单个元素，但也可以使用整个 person，例如在函数参数中使用整个 person 类型的变量 p。它解决了沃斯等式的第二部分的问题，这在程序清晰性上是一个进步，但人们未对此给予足够的重视。

沃斯认为，算法和数据结构是密切相关的："基础数据结构的选择对实现给定任务的算法有着深远的影响。"此外，在程序的编写过程中，两者都不是静止不变的："在程序构建过程中，随着算法的完善，数据表示将逐步精细化并越来越符合条件的约束。"[3]

上面显示的结构体 person 看起来很合理，你存储了年龄和姓名，但是设计使用这种数据结构的程序时，你可能还需要某种"优化"。你意识到，一个人的年龄需要每年更新，但是他们的生日却是永远不会改变的，所以你决定存储他们的生日信息，而非年龄信息。这意味着如果你需要获取年龄信息的话，你必须重新计算他们的年龄，但这并不难。或者你可能注意到，在代码中有时候你不得不将姓名拆分为名和姓。同样，这也不难，你可以将代码移到一个单独的 API 中，这样你就可以在需要名或者姓的时候调用该 API，不过，似乎更方便的方法是分别存储名和姓。这些可能是你在第一次设计数据结构时不会想到的细节。这是程序设计的正常演变过程。

然而，从表层来看，这种变化在使用**过程式程序语言**（我们迄今为止所见的语言类型，包括 Fortran、BASIC、Pascal 和 C 语言）时可能是痛苦的。尽管数据结构和算法之间存在明显的逻辑联系，但它们往往在源代码中是分离的：数据结构在顶层附近定义，算法的实现在底层，或者存放在独立的文件中。因此，在进行类似修改数据结构的定义和使用这些数据结构的代码这样的改进时，程序员必须在源代码中前后翻来翻去。更重要的是，你如果想知道，比如哪些函数是对 person 操作的，或者使用了即将被替换的 person.age，则需要浏览所有函数的参数列表才能找到那些以 person 为参数的函数，然后要浏览这些函数的代码才能找到所有使用 age 的语句。

从 20 世纪 60 年代开始，将数据结构和处理该数据结构的代码组织在一起的想法就出现了，这种将数据和代码组织在一起的构件被称为类（class）。类实际上是这种集合的蓝图。在运行程序的计算机内存中，类的数据实例被称为**对象**（object）。因此，这种方法被称为**面向对象的程序设计**（object-oriented programming）。

我们在第 3 章看到了这种例子，因为 C# 是一种面向对象的语言。string 类既定义了数据（字符串中的字符）又定义了对字符串进行操作的方法（“方法”是 API 在面向对象程序设计中的首选术语），例如前面例子中的 ToUpper()。你可以使用点标记来连接对象和方法名：

```
upperstring = mystring.ToUpper();
```

我们在对象 mystring 上调用 ToUpper() 方法，该对象是 string 类的一个实例。ToUpper() 的实现代码将在该对象 mystring 的数据上操作。

在 C 语言这样的过程式语言中，你将直接调用函数，而不是在对象上调用函数，任何想要访问数据的函数都需要将数据作为一个参数传递。[4] 下面的代码看起来没有太大的不同：

```
upperstring = ToUpper(mystring);
```

这种使用方法有时被称为“不是调用一个函数将字符串转换为大写，而是要求 string 对象本身转换为大写”，就好像这些对象已经有自我意识，并解除了人类枯燥的编码任务负担。实际上，那段代码仍然需要某人来编写，但是事情变得更清晰了：在类中对数据进行操作的所有方法都集中到代码中的一个位置，在数据本身的定义旁边。

第一种引入类的语言是Simula，它是20世纪60年代在挪威的一个研究实验室开发的（这门语言的作者之一是奥利约翰·达尔（Ole-Johan Dahl），他也是其中一本《结构化程序设计》的合著者之一）。Simula是一种通用的程序设计语言，但它的设计目标是编写仿真程序，例如用于模拟高速公路上的汽车或银行排队等候的人。对象模型对于模拟现实世界中的对象非常有效：表示汽车的对象将具有与之相关的某些数据，如速度和位置，并且将具有它可以执行的某些操作，如加速或转弯。将它们用一个类组织在一起，这对于读者来说，代码将变得更清晰。

在Simula中，你可以使用关键字`NEW`后跟类名来创建给定类的新对象（也被称为*初始化该类的实例*），如下例所示：

```
MyObject :- new MyClass;
```

其中`:-`被称为引用赋值运算符（现在应该将其读作等号），你还可以在创建对象时指定所谓的*类声明参数*，如下例所示：

```
MyPerson :- new Person(name, age);
```

其中`Person`类包含初始化代码，且在每次创建`Person`对象时都会运行，初始化可以根据需要使用参数`name`和`age`。在本例中，它将参数存储在类数据中，以便稍后在*类过程*（class procedure，Simula对方法的称呼）中使用。创建对象时运行的代码通常被称为*构造函数*（constructor），不过Simula没有使用这个术语。

类还可以有子类。这个概念现在被称为**继承**（inheritance），不过 Simula 也没有这样称呼它（“对象 B 继承自对象 A”和 Simula 的术语“对象 B 是对象 A 的子类”相比较，术语“继承”使得代码听起来更具有生命力）。子类包含超类（父类）的所有数据和过程，以及它添加的其他数据和过程。这再次契合了模拟的关注点：你可以设置动物、蔬菜和矿物的类，然后设置特定动物的子类。你还可以设置任意深层的子类。[5]引用特定动物类对象的指针也可以用于一个更普通动物类的上下文（如过程参数）中（你也可以使用可爱的关键字 QUA 在引用特定类和普通类之间切换指针，令人遗憾的是，没有任何现代语言支持这个关键字）。这样可以重用动物类中的公共数据和过程，但允许特定的动物类拥有自己特有的数据和过程。如果你有一个基类 Animal（动物）和一个子类 Dog（狗），Animal 类可以有一个获取名称的方法 GetName()，它适用于所有动物，而 Dog 类可以有一个获取品种的方法 GetBreed()，它对狗来说有意义，但对大多数其他动物来说没有意义。

Simula 还引入了虚拟过程这个重要的面向对象概念。你希望代码能够引用使用 Animal 类的所有动物，这可以让代码既美观又通用，但是你可能希望由 Dog 类提供 GetName() 的实现，因为只有这个方法的实现代码才知道 Dog 类的特定细节。解决方案是将 GetName() 声明为 Animal 的虚拟过程。Animal 类可以实现 GetName()，但 Dog 类可以提供自己更具体的实现。Simula 在运行时将查找实现了 GetName() 的最里面的类（即最深层的子类)，并调用该实现。[6]

当 Simula 首次出现时，对象机制被视为一种符号上的便利，而不是软件编写方式的重大突破。1973 年出版的由该语言的作者撰写的《SIMULA 初步》(SIMULA Begin）一书根本没有使用**面向对象程序设计**这一术语，而是将类和对象作为语言中的一个有利特性。[7] 普利（R.J.Pooley）于 1987 年出版的《SIMULA 程序设计导论》(An Introduction to Programming in SIMULA）一书，尽管在前面的章节示例中使用了对象，但是直到第 9 章才涉及类的概念并使用了面向对象程序设计这一术语。普利说："这种方法的一个主要优点是，如果能够明智地选择名称，那么我们将拥有一个可读性更高的程序。复杂的细节从程序的主要部分转移到类的过程中，并用有意义的过程名替代。"[8]

将面向对象程序设计普及的语言是 C++。C++ 是由贝尔实验室的丹麦计算机科学家比雅尼·斯特劳斯特鲁普（Bjarne Stroustrup）在 1979 年开始基于 C 语言创建的，这恰好是 C 语言面世的 10 年后。该语言名称中的"++"指 C 语言中的增值运算符，斯特劳斯特鲁普表示该名称"很好解释"，不过他提到"++"也可以作为下一个和**继承者**来理解，这听起来比"增值"的解释好一点。[9]

斯特劳斯特鲁普编写了《C++ 语言的设计和演化》(The Design and Evolution of C++)，他在书中解释了该语言的设计思想。虽然他清理了 C 语言中一些他不喜欢的东西，但主要目的无疑是引入 Simula 中类的概念。该语言最初的名称是"具有类的 C 语言"(C with Classes)。他充实了 Simula 的类支持，例如允许一个类有多个构造函数，只要每个构造函数都有一个唯一的参数签名使得编译器能区分它们。为此，他在首次尝试给出 new 函数后，提出了构造函数（constructor）的术语。斯特劳斯特鲁普使用了派生类（derived class）和基类（base class）这两个术语，而不是子类（subclass）和超类（superclass），他认为前者的表述更清晰，因为后者将子类作为超类的扩展，这与人们在数学中对“子集”的理解正好相反，容易造成混淆。他还把一个类的数据和函数称作成员（members），一个已经成为标准的术语（C++ 没有使用方法（method）作为表述函数的术语，而是将其称为成员函数（member functions））。[10]

更重要的是，斯特劳斯特鲁普让所有的类成员都默认为私有的（private）而不是公共的（public）。如果一个类中的变量被声明为私有的，则它对使用该类的代码（被称为调用代码或调用方）是隐藏的，只有类本身内部的代码（类成员函数的实现）才能访问这些私有成员（成员函数本身也可以是隐藏的，这就限制了它们只能由其他成员函数调用）。在第一版 Simula 中，所有成员都是公开的。私有成员的概念是在 20 世纪 70 年代初添加的，但是除非在类声明中显式标记成员为私有的，否则默认这些成员是公共的，可以由任何调用方直接公开访问。[11] C++ 做出了相反的选择，成员是私有的，除非另有说明。这种选择鼓励了对调用者的抽象实现：实现细节可以在不影响调用类的代码的情况下进行更改，只要更改的只是私有数据和函数，并且公共接口保持不变。

大卫·帕纳斯（David Parnas）是第一位撰写有关“信息隐藏”论文的计算机科学教授，他将其称为抽象：不同模块不需要知道彼此的数据结构的内部细节，这种思想可以使模块更加健壮。正如他所观察到的，“正是在相对独立的模块之间建立了几乎不可见的连接的信息分布使得系统变得‘肮脏’。”[12] 帕纳斯在1971年关于信息隐藏的论文中讲述了模块之间的这种连接：

许多人认为“连接”(connection)是控制传输点、传递的参数以及共享的数据。……这种对“连接”的定义是一种非常危险的过度简化，这会导致对结构定义的误导。模块之间的连接是模块相互之间的假设。在大多数系统中，我们发现这些连接比通常在系统结构描述中显示的调用序列和控制块格式要广泛得多。……

现在考虑对已完成的系统进行更改。我们想问，“在不涉及对其他模块的更改的情况下，可以对一个模块进行哪些更改？”其他模块对于被更改模块都有某种假设，我们可以只做不违反这些假设的更改。换句话说，只要“连接”仍然“适用”，就可以更改单个模块。……

最早的更改决定通常是最难的。最后插入的一段代码可能很容易更改，但几个月前插入的一段代码可能已经“虫蛀”到程序中，难以将其提取出来。[13]

帕纳斯在1972年的一篇论文中讨论了将一个大程序划分为多个模块的问题，他总结道：“对它的接口或定义的选择要尽可能少地暴露它的内部工作。”[14] 这给了一个模块的拥有者修改模块的最大灵活性，这种修改不会影响所有调用它的API的代码。

我在大学里最多只和两个程序员一起合作过同一个项目，基于我的经验，我还不了解这些细微之处，也不知道它们的重要性。尽管如此，C++开始成为C语言的下一个逻辑继承者。大概在 1988 年初，我从普林斯顿大学的一个同学那里第一次听说了这门语言，他描述了他们想写的一个程序，并说道："几年前我会用 C 语言编写，而现在我当然会用 C++ 编写。"他可能只是在炫耀，但这仍然说明了语言作为一种新事物是如何逐渐地侵入程序员的意识中的。然而，原名"具有类的 C 语言"表明了斯特劳斯特鲁普的目标：采用 C 语言并添加类的有用特性，而不是通过面向对象的程序设计改变世界。在初版《C++ 程序设计语言》（C++ Programming Language）的序言中，他写道（使用了术语"类型"(type)，其中类是用户定义的类型)，"除了 C 语言提供的构件之外，C++ 还提供灵活高效的定义新类型的工具。程序员可以通过定义与应用程序概念紧密匹配的新类型，将应用程序划分为可管理的多个部分。……如果使用得当，这些技术将帮助程序员写出更短、更易理解和更易维护的程序。"[15] 斯特劳斯特鲁普直到第 5 章，在书的中部，才开始深入讨论类。

当时还流行另一种名为 Smalltalk 的面向对象语言，它是 20 世纪 70 年代在施乐帕克研究中心（Xerox's Palo Alto Research Center，PARC）开发的。第一个通用版本是 Smalltalk-80，80 表示它诞生于 1980 年。由该语言的设计者之一阿德勒 · 戈登博格（Adele Goldberg）和大卫 · 罗布森（David Robson）合著的《Smalltalk-80：语言》（Smalltalk-80: The Language）一书中解释道，"Smalltalk-80 系统的思想来自 Simula 语言和艾伦 · 凯（Alan Kay）的愿景。"[16] 凯是一个很好的愿景来源。如果你听说过 PARC，很可能是因为它是图形窗口环境的发明地，它的图形窗口环境后来被苹果和微软所使用，凯也是该项目的领导者之一，此外他还创造了面向对象程序设计这个术语。

斯特劳斯特鲁普写道，他在设计具有类的C语言时听说过Smalltalk，但没有将其列为主要参考工作（Smalltalk-80是该语言的第五个版本，该语言的发明早于斯特劳斯特鲁普给C语言添加类的工作）。[17] 在Smalltalk中，不是调用方法，而是向对象发送消息，该对象可能会选择调用方法进行处理（因此方法属于类的内部实现细节，而不是公有接口。这种设计的另一个效果是所有类成员都必须是私有的）。Smalltalk是一种“纯”面向对象语言，甚至语言结构都是基于对象的。与大多数语言的IF/ELSE语句不同，Smalltalk包含一个计算结果为布尔对象（存储值为true或false的对象）的表达式，它将传递信息给另外两个包含代码块的对象（在Smalltalk中代码本身也是一个对象），其中一个对象在布尔值为true时运行，另一个对象则在布尔值为false时运行，如下所示：[18]

```
number > 0
   ifTrue: [positive ← 1]
   ifFalse: [positive ← 0]
```

在Smalltalk的术语中，以上代码被描述为使用**选择器** ifTrue:和ifFalse:发送消息，该选择器表示该消息有两个参数，分别名为ifTrue:和ifFalse:（注意这是真正的驼峰式大小写）。该消息将被发送给通过计算表达式number>0得到的布尔对象。这大致相当于对接受两个参数的布尔对象调用一个方法，但请注意，参数是由名称标识的，而不是由参数列表中的位置标识的，这个语法细节也意味着允许它们成为可选的参数（例如，如果没有ifFalse:参数，那么就像IF语句没有ELSE代码块一样)。现在命名参数和位置参数在我们的故事中是一个很小的细节，但请记住这点，我们后面还会讨论到它们。

对于一个习惯了其他语言的人来说，这样的代码有点难懂，但这一切都让人大开眼界。Smalltalk 为此感到非常自豪，《Smalltalk-80：语言》在第一章就直接进入对象、消息、类、实例和方法的介绍。值得一提的是，它没有夸大该系统的优点，只是像斯特劳斯特鲁普对 C++ 的描述一样叙述道，“设计 Smalltalk-80 程序的一个重要部分是确定应该描述哪些对象，以及哪些消息名提供了这些对象之间交互的有用词汇。”[19]

考虑到 C++ 大致和 Simultalk-80 同时出现，它与 C 语言的相似吸引了曾被 C 语言诱惑的人们。Smalltalk 从来没有像 C++ 那样进入主流，这是可以理解的，因为它的语法对于任何熟悉 Algol-Pascal-C 语言系列的人（几乎是每个人）来说都是很特别的。

程序员开始尝试使用 C++，尤其是 C 语言程序员，他们想尝试一些略微前卫的东西。他们高兴地把类变量分成公共的和私有的，兴奋地享受新的面向对象的“玩具”。

1986 年，第一届面向对象程序设计、系统、语言和应用（OOPSLA）会议在计算机协会（ACM）的赞助下在美国俄勒冈州波特兰市举行。戈德伯格（Goldberg）是组织者之一。OOPSLA 会议是 ACM 举办的一系列专门会议之一（2010 年，该会议并入系统、程序设计、语言和应用程序：人类软件（SPLASH）会议)。斯特劳斯特鲁普将第一次 OOPSLA 会议描述为“面向对象宣传的开始”。

OOPSLA 会议是在程序设计语言设计中一个重要阶段的第三

阶段初期召开的。虽然 IBM 是 Fortran 和 PL/I 的幕后推手，但许多最早的计算机语言都是在大学里开发出来的：BASIC 由达特茅斯学院的两位教授凯梅尼和科鲁兹发明，Pascal 由苏黎世联邦理工学院的沃斯发明，Algol 由一个计算机科学家委员会发明。那个时候的语言和他们解决的问题比现在要简单得多，而且更适合大学教授。在此之后，我们进入了一个语言诞生于实验室的时代，如 Simula 来自私有的挪威实验室，有的语言来自更大的硬件公司的研究实验室：如 C 语言和 C++ 来自贝尔实验室，Smalltalk 来自施乐帕克研究中心。这些语言是为了在各种程度上支持公司的业务而设计的，但它们不是最终目的，只是副产品。

20 世纪 80 年代开始出现由公司设计的语言，这些公司的业务就是设计语言，公司的成功在于程序员采用他们的新语言，而将一种新语言卖给程序员总是很难的。这类语言中最早诞生的两个分别是由布莱德 · 考克斯（Brad Cox）和汤姆 · 乐福（Tom Love）在 Stepstone 公司发明的 Objective-C，以及由伯特兰 · 迈耶尔（Bertrand Meyer）在 Eiffel 软件公司发明的 Eiffel。这两种语言都是面向对象的语言。

我无意指责 Objective-C 和 Eiffel 背后的动机，面向对象的方法被真诚地视为一条通往更高质量和更易于编写的软件的道路。但是，如果你的业务基础涉及说服迷恋 C 的程序员转而使用面向对象的语言，那么像 Simula 和 C++ 那样仅仅将面向对象的语言视为提供记号的方便是远远不够的。

考克斯的《面向对象程序设计：一种渐进的方法》（Object-Oriented Programming: An Evolutionary Approach）是在 1986

年出版的。尽管有副标题，但他所指的渐进意义只是他的语言 Objective-C 是基于 C 语言，而不是完全的新语言。考克斯在序言的开篇写道："现在是时候对我们如何构建软件进行一次革命了，就如硬件工程师通常期望的每五年一次的革命。这场革命是面向对象的程序设计。"他确实在书的正文中提到，Objective-C 使用消息传递而不是方法调用，这与 Smalltalk 一样，它在对象如何选择支持消息时确实赋予比 C++ 更大的灵活性。考克斯曾一度称之为"传统程序设计和面向对象程序设计之间唯一的实质性区别"。[21]

在迈耶尔的著作中这种矜持消失了（他在第一次 OOPSLA 上发表了论文《范型与继承》（Genericity and Inheritance））。[22] 他在 1988 年出版的《面向对象软件构造》（Object-Oriented Software Construction）开篇的这段描述完全可以与戴斯特的文采媲美：

*诞生于挪威海岸的冰蓝色水域，在加利福尼亚太平洋的灰色区域被加强放大（由于世界洋流的畸变，海洋地理学家还没有找到合适的解释）。有人认为是台风，有人认为是海啸，也有人认为是小题大做的一场风暴——一股潮汐波正在涌向计算机世界的海岸。*[23]

该作者接下来间接提到了 Simula 和 Smalltalk，并在下一段提到读者以前可能听过这样的话："'面向对象'是一个最新的术语，作为一个"好"的高科技概念，它是对'结构化'的一种补充，它甚至要将'结构化'取而代之。……让我们即刻把事情搞清楚，以免读者误以为该作者对这个话题的讨论不是诚心诚意的：我认为面向对象的设计不仅仅是一种时尚。"迈耶尔接着抛出了挑战："我相信它不仅不同于，而且在某种程度上，它与今天大多数人使用的软件设计方法是不相容的，包括大多数程序设计课本中讲授的一些原理。我进一步相信面向对象的设计有潜力显著提高软件的质量，而且它将永存。”[24]

该作者将在书中展示：

如何通过改变软件设计的传统焦点获得更灵活的架构，进一步实现可重用性和可扩展性的目标。……在设计系统的架构时，软件设计者面临着一个基本的选择：架构应该基于操作还是基于数据？对这个问题的回答包含了传统设计方法和面向对象方法之间的差异。[25]

他将自顶向下的功能方法称为旧方法，这种方法从程序的总体目标开始，然后将其分解为更小的功能部分。这就是结构化程序设计的意义所在。他认为，这往往会将软件锁定到某个特定的功能中，使得在用户需求（不可避免地）发生变化时很难对软件修改，并且阻碍了代码的可重用性，因为软件被分解成的不同部分是特定于整体功能的（这是具有讽刺意味的，因为《SIMULA 初步》为实现同一个目的同时提供了自顶向下和自底向上两种方法，在《SIMULA 程序设计导论》中，作者讨论了“面向对象程序设计如何使自顶向下的设计更容易”，因为你可以在不担心实现细节的情况下草拟对象接口）。[26]

然后，迈耶尔解释了面向对象设计如何避免这些问题，因为数据的改动往往没有功能的改动频繁，并且更可能在其他组件中重用。他陈述了准则：“不要先问系统的功能是什么，而是先问功能用在什么上面！”然后假设道，“对于许多程序员来说，这种观点的改变是一种很大的冲击，就像在某个时期将太阳绕着地球转的观念改为地球绕太阳公转对人们观念的冲击一样。”[27]

与结构化程序设计一样，面向对象程序设计可以被看作是一个实现面向对象程序的过程，也可以被看作是生成的程序本身。在 Simula 和 Smalltalk 时代，最初的讨论将其看作生成的程序：因为程序中有对象，所以是面向对象的。迈耶尔讨论的则是面向对象的设计——一个在开始编写代码之前就开始的过程，因此它代表了一种更本质的方法转变。

实际上，在他看来，面向对象的设计不需要语言支持。该书中有一节是关于如何用现有语言编写面向对象的代码的，包括使用 Fortran 语言的特别勉强的尝试，以及最后使用 Pascal 的尝试。[28] 尽管如此，迈耶尔很清楚地声称，面向对象的语言可以使面向对象的设计变得更好。他所讨论的很多东西，例如允许类可扩展（通过继承完成），确实需要语言特性的支持。他的基本主张是自底向上的设计，从定义类开始，然后将它们缝合到一个程序中，由此产生的设计优于自顶向下的设计。

程序设计的实际演化方式并不像迈耶尔所说的那样简单。你创建了一个类，根据最佳推测定义了类应该包含哪些方法。稍后，你可能会意识到，调用这些方法的代码需要不同格式的数据，或者需要访问你尚未公开的对象的详细信息，或者，你意识到，你定义的方法没有被任何人调用，因此这个方法实际上是可以删去的（现在，让我们看看代码审阅者的想法）。这些都不是什么问题，这就是程序设计的演化方式。但是，根据迈耶尔的说法，面向对象设计正是要避免这种由上驱动的改变。

林登·鲍尔（Linden Ball）、巴尔德·奥纳海姆（Balder Onarheim）和伯·克里斯坦森（Bo Christensen）在 2010 年发表的

一篇论文中将广度优先设计（从上到下有序地进行）与深度优先设计（深入到特定区域，例如单个类）进行了比较。论文总结了鲍尔参与合著的一项早期研究中的一个观点：

专家们通常倾向于将广度优先和深度优先设计结合起来。……专业设计师的首选策略是自上而下的、广度优先的策略，但会采用深度优先设计策略性地处理他们需要知识延伸时的情况。因此，深度优先设计是对问题复杂性和设计不确定性等因素的响应，通过对解决方案的深入探索，设计师可以评估不确定概念的可行性，并对其潜在适用性获得信心。

然后，作者通过分析三个团队的程序员在实际工作时的视频记录来验证这一点：

所有设计团队都很快地提出了一个初步的“第一个”解决方案……这是一种广度优先的解决方案。……与低复杂度和中等复杂度的需求相比，高复杂度的需求随后被处理得更早。……这一发现在所有三个设计团队中都得到了体现，并显示使用深度优先策略来处理高复杂度需求，使用广度优先策略来处理低复杂度和中等复杂度需求。……总之，这些发现表明，在软件设计中，结构化的广度优先和深度优先开发之间存在着复杂的相互作用。[29]

换言之，程序员在认识到某个特定领域的解决方案尚不明确时，可以反复研究，先确定大的范围，再深入研究细节。但是，即使是简单的类，设计也不会像一束灿烂的明晰可见之光那样从类定义中辐射出来，它是供应者（类）和消费者（类的调用者）之间的舞蹈，直到这场舞蹈定格在看似合理的定义上。这类似于本章开头的引用沃斯描述的算法和数据结构之间的舞蹈。用一句军人式的话来说，“一切计划都在遇到类方法的调用者后失效了。”不幸的是，在整个程序被编写完成并运行之前，很难知道一个设计是否是“好的”。没有任何可靠的过程（不管是自上而下的还是自下而上的）能够以确定的方式实现设计的合理性，即使最终设计确实是合理的，这也只是暂时的喘息，因为程序的需求随时可能改变。

还记得第3章中关于API设计重要性的讨论吗？一个类提供了一个API，它的设计和其他API一样需要仔细考虑。正如约书亚·布洛克（Joshua Bloch）在一次关于API设计的主题演讲中所建议的，“尽早并且经常地编写API。”[30] 换句话说，在确定你的API设计是否良好时，你需要从调用方的角度来考虑。作为面向对象代码中方法的调用者，最终还是会被该对象作者选择公开的内容所支配。如果你对API应该如何构造的理解与编写API的人的理解是一致的，那么你会觉得这些API看起来明显而直观，不论它们是否是面向对象设计的。如果理解不一致，那么这些API会看起来令人费解且难以使用。

我在微软曾经为微软以外的程序员编写过一种API产品。团队中某位同事评论说，这些API的设计看起来很合理，但是在没有经过很多人使用之前，我们并不能确定它们是否真的好用。我本能的反应是，“这是一个很好的API。为什么我们要关心别人是怎么想的？”……但我现在认识到我的观念的错误之处了。我在普林斯顿时，来自贝尔实验室的访问教授亨利·贝尔德（Henry Baird）指出，API的设计需要开发人员具备一定的社交技能，因为你必须知道客户可能会做出什么样的假设。这种同理心在程序员中是罕见的，用贝尔德的话来说，“一个人和一台机器待在一个房间，并得到一个美丽的成果，程序员都被这样的想法所吸引”——当然，这些程序在他们自己的眼中是完美无缺的。[31]

正如斯特劳斯特鲁普警告的那样，“记住，使用原始类型、数据结构、普通函数和标准库中的一些类，已经足够让我们简单而清晰地完成许多程序设计了。除非真的有必要，否则不应该使用定义新类型所涉及的整个装置。”[32]如果你甚至不需要任何新的类，那么急于定义自己的类并没有多大意义，当然，如果你一开始就定义了自己的类，那么你可能永远不会意识到它们是不必要的。

迈耶尔曾说过，“我们已经看到，连续性提供了最令人信服的论据：随着时间的推移，数据结构是系统真正稳定的基石（至少从足够抽象的层次上来看是这样的）。”[33]问题在于，为此所需的足够抽象的层次是如此之高，以至于它只适用于系统的概要设计：“我们需要一个存储数据的地方”，或者“图像应该可以用标准方式访问”。一旦你开始深入其中，事情就变得不那么简单了，在完成编写所有具体的代码之前，你都不会知道自己的类设计是否正确。

如果你读过 OOPSLA 会议上的论文，就会发现它们都充满了关于面向对象程序设计的有趣的想法，其中许多都声称自己能够编写具有理想特性的软件，比如模块性、可组合性、可重用性等。然而，它们很少能提供支持这些说法的研究，而只是简单地说，这样和那样的对象排列是令人满意的。几乎没有研究对“旧方法”和“新方法”做平行的对比，也没有对以某种方式排列的对象是否会形成更少的错误或更易于维护的代码做出的评估。这类论文来自学术界或企业研究实验室，特别是惠普和 IBM。

事实上，由老派硬件公司做这种实证研究并不奇怪。首先，他们有能力这样做，20 世纪 80 年代还没有出现大型软件公司（微软研究公司成立于 1991 年）。其次，在基于科学研究驱动的硬件领域，研究性实验室确实取得了巨大的进展。早在 1965 年，英特尔的联合创始人之一戈登・摩尔（Gordon Moore）就预测，作为计算机的基本构件，集成电路的容量将每年翻一番。[34] 虽然自那时起，集成电路容量翻一番的周期大致是两年，但事实证明，这个规律引人注目地持续了半个世纪。这些进展基于针对制造集成电路的材料和工艺的科学研究。对于一家硬件公司来说，软件工程在这方面取得类似的进展是合理的，而软件公司却过于悲观而不敢尝试。在 20 世纪 80 年代末，惠普的首席执行官约翰・杨（John Young）宣称，"软件质量和生产率必须在五年内提高十倍。"[35]

试图将摩尔定律应用于软件的做法被证明是不可能的，但它确实推动了一些很好的研究（曾经管理 IBM 硬件团队但后来转向管理软件团队的布鲁克斯指出，与硬件的接近会给软件带来坏印象，就像一个非常有吸引力的朋友让你觉得自己不够好一样："反常的并不是软件的进步如此之慢，而是计算机硬件的进步如此之快。自人类文明起源以来，除了计算机硬件以外，还没有任何其他技术在 30 年内实现了 6 个数量级的高性价比的增长。"[36] 正如罗伯特・格雷迪（Robert Grady）在《成功的软件过程改进》（Successful Software Process Improvement）一书中所记载的，惠普确实在软件生产率上有所改进。其设定的目标是发布后的缺陷密度降低 10 倍，公开的严重和致命缺陷的总数也降低 10 倍。其产品的缺陷密度确实降低到了之前的六分之一，虽然没有达到目标，但这仍然是一个令人印象深刻的结果。不幸的是，其产品中的软件数量增长如此之快，以至于其他度量标准（公开的严重、致命缺陷）仍然维持在原来的水平。[37]

学术论文承认，它们只报告某一项研究的成果，而更多的研究是必要的，但是这种严谨时常会缺失。以得墨忒耳定律（Law of Demeter）为例，这是一条著名的面向对象规则，最初由东北大学的三位教授卡尔·利伯海尔（Karl Lieberherr）、伊恩·霍兰德（Ian Holland）和亚瑟·瑞尔（Arthur Riel）在1988的OOPSLA会议上提出。[38]这个规则旨在降低类之间的耦合，也就是一个类对另一个类所依赖的程度，以支持通常所期望的目标，换句话说，在不破坏使用该类的其他代码的情况下更容易地修改一个类。具体来说，他们提出的方法是减少任何给定类所知道的其他类的数量（得墨忒耳是希腊收获女神。规则并不是以她的名字直接命名的，而是来自一个东北大学开发的同名工具，该工具用于给出类的形式化定义——应该说是许多类的定义）。得墨忒耳定律指出，如果某个C类在使用对象A，那么它应该对A上的方法返回的任何对象都不敏感。这里说的**不敏感**指的是，如果C类中的代码调用了对象A上的方法，该方法返回B类的对象，那么C类不应该调用B上的任何方法（或者访问B的任何公共数据成员）。如果需要的话，C类可以把B交回对象A的另一个方法。该定律可以被解释为“不要和陌生人说话”。

这样做的效果是，无论以任何方式更改B类，即使更改其公共方法的名称或参数，C类也不需要更改，因为它将B类视为一个黑盒。C只利用A的知识，而不是B的知识。这比在面向对象程序设计中为减少耦合而声明“C只访问B的公共成员”更强。这意味着C根本没有访问B中的任何内容。

这样当然会减少类级别的耦合：C类只对A类的更改敏感，而不是B类。问题是，如果C类想要完成最好由B类的方法处理的事情——你调用对象A的一个方法，它返回B类的对象，现在你想用这个B类对象做其他事情怎么办？根据得墨忒耳定律，答案是A类应该添加一个新的方法来提供这个功能，该方法（大概）通过在内部调用B类来实现。C类可以在A类上调用这个新方法，因为它已经与A耦合。

这种做法只是遵循定律的条文，但没有遵循其精神。C虽然没有与B耦合，但它现在更紧密地与A耦合，因为它现在调用A的另一个方法。A现在与B轻耦合，因为A现在提供了一个可能通过调用B来实现的方法。是的，从技术上讲，A可以继续支持这个新方法而不必调用B，因为这只是一个内部实现细节，但这可能需要更多的工作。

原OOPSLA会议论文的作者和他们的学生一直在一个大型程序设计项目中使用该定律，因此他们的建议有经验支持。他们确实没有夸大其词，并且像你期望的那样，他们承认这个建议也有潜在的问题。一个类的方法的数量可能会增加：“在这种情况下，抽象可能不太容易理解，代码实现和维护也将更加困难。”作者继续着同样的思路：“我们已经看到这是需要付出代价的。数据隐藏的级别越高，由此带来的惩罚就越大，包括方法的数量、执行速度、方法参数的数量以及某些时候代码的可读性。”[39]他们最后建议做进一步的研究。

我认为得墨忒耳定律在某些情况下是有用的。由于尚未对其进行过正式研究，因此目前尚不清楚这些情况是什么：手头的程序设计任务、团队规模、未来变化的可能性，等等，这些情况使得应用得墨忒耳定律成为一项有净效益的事情。然而，自从最初的论文发表以来，得墨忒耳定律已经被广泛采纳，现在被视为普遍适用的面向对象设计的规则，我在一个面向对象程序设计课上也被这样教过。我觉得“得墨忒尔可能有用的想法”听起来并不怎么令人开胃。

一些 OOPSLA 论文确实涉及了坚实可靠的研究。在 1989 年 OOPSLA 上发表的一篇论文中，IBM 研究院的玛丽·贝特·罗森（Mary Beth Rosson）和埃瑞克·高德（Eric Gold）指出，

> 关于面向对象设计（OOD），一个广为接受的观点是，它允许设计人员直接建模问题域的实体和结构。……这在本质上是一个心理学的主张，具有心理层面的后果：一种更直接地捕捉现实世界的设计方法应该能够简化人们从问题映射到解决方案的认知过程，并且，它应该能够帮助人们得到在问题领域更易于理解的设计解决方案。然而，令人惊讶的是，关于这种说法的心理分析并不存在。[40]

然后，该作者在分析一个问题并讨论解决方案时，将实际的面向对象程序员与面向过程程序员进行了比较。这是一篇好论文，但不幸的是，类似的 OOPSLA 好论文很少。

一篇更好的论文是 1991 年的《面向对象范式和软件重用的实证研究》（An Empirical Study of the Object-Oriented Paradigm and Software Reuse），这篇论文首先提到了该领域的研究欠缺：

> 虽然对许多软件工程的基本假设几乎没有或根本没有经过实证检验，但是，科学实验的必要性是很明确的。……使用精确的、可重复的实验来验证任何命题是成熟的科学或工程学科的标志。在很多情况下，软件工程师所作的声明是没有依据的，因为它们本身就很难被验证，或者因为这些声明本身的直观性似乎忽略了科学验证的必要性。[41]

然而，这项由约翰·刘易斯（John Lewis）、莎莉·亨利（Sallie Henry）、丹尼斯·库法拉（Dennis Kufara）和罗伯特·舒尔曼（Robert Schulman）（均为弗吉尼亚理工学院的教授）所完成的研究是伟大的。该研究包括一项精心设计的实验，以学生为测试对象，比较过程式语言和面向对象语言之间的代码重用性。教授们有一个对照组，他们平衡了不同组学生们的技能。其中一位教授是统计学家！他们得出的结论是，面向对象语言比过程式语言更能提高代码的重用性。鉴于他们使用的语言是 C++ 和 Pascal，这不算一场公平的竞赛，但是，这么说有点挑剔。[42] 相反，我要为这篇论文叫好，它是软件工程研究的一座明亮灯塔。

但是，其余大部分论文都是作者所完成工作的轶事报道。正如马文·泽尔科维茨（Marvin Zelkowitz）在 2013 年写的那样，

> 如今，软件工程领域典型的会议论文集包含了许多以如下格式撰写的论文。
>
> 如何使用 <我的新理论>（首字母缩写）测试 <应用领域>，并且能够找到比现有工具更好的 <一类错误>。[43]

由于每个软件项目都是独一无二的，并且问题往往随着程序员群体的变化或软件的发展而出现，因此成功地完成一个项目并

不能说明所选择的方法和语言是最好的。我用 IBM PC BASIC 成功地编写了游戏，这并不意味着它是一种很好的语言。而且，由于软件的多样性，我们很容易给出一个特定的例子，说明在面向对象程序中的对给定类的某种组织形式运行良好，但这并不意味着这种组织形式就可以自动推广到其他情形。在 IBM PC 上编写游戏时，许多代码涉及改变屏幕上显示的图像。在这种环境中，将屏幕控制设置为全局变量，要比使用屏幕句柄或屏幕对象更方便，它避免了传递一个自始至终都相同的参数。我本可以写一篇关于“有效利用全局变量以优化交互性”的论文，但这并不意味着全局变量总是好的。还有许多其他的领域，甚至在同一个游戏的代码中，全局变量会使代码难以阅读，更不用说在不破坏其他部分代码的情况下全局变量很难修改的事实了。

当然，OOPSLA 会议上有很多斯特劳斯特鲁普所说的“炒作”。在 1990 年 OOPSLA 会议举办的“现实世界中的面向对象程序设计”专题研讨会的摘要中，对问题项目的描述是这样的：

总体上，这些都是管理上的失败，其中许多都完全与 OOPL（面向对象程序设计语言）的使用没有关系。尽管如此，我们在项目中使用 OOPL 的事实很重要，否则就不存在这种对 OOPL 的态度了。在那时 OOP 的倡导者坚信这一点，而且现在他们仍然在某种程度上也是这样想的。使用 OOP 的真正优点是以一种非常片面的方式呈现出来的，这常常导致人们认为 OOP 是一种灵丹妙药。这种超然生活的观点引起了管理层的兴奋，导致了正常程序和判断标准的中止。[44]

并不是说这些面向对象的思想不好。事实上，这些思想中的大部分内容都是好的。它们可以帮助程序员写出更易读、更易维护的程序。也许所有的想法都是好的！但是，更多的证据将有助于理解哪些想法在实际应用中是更好的，而不是仅仅停留在看上去不错的阶段，我们还要通过验证找出在什么情况下哪些特定的方法最有效。我认为这些还是归结于一个事实：许多程序员都是自学的，他们习惯于将自己的经验视为判断一个想法是有价值的所有证据。就拿调用他人定义的 API 的代码来说，这就好像五金店的重新设计：如果你的任务符合设计师的想法，那么一切都将很顺利，如果并不符合，你的工作就会变得困难重重。

大家对面向对象程序设计的讨论已经够多了，以至于这个术语已经渗透到了公众的意识中，他们知道这是程序员做的事情，尽管主流媒体的相关报道并不是关于改进的设计，而是关于代码可重用性的。特别是，它涉及这样一个想法：既然你拥有了这些对象，那么你就可以轻松地将它们黏合在一起并构造程序了。这种看法并不奇怪。首先，“对象”这个词听起来像是可以制作出来的。其次，这是向非程序员解释（与旧方法相比）对象的新特性的一种简便方法，即它们是标准化组件，可用于组装较大的部件。最重要的是，面向对象的支持者一再提出这一主张。考克斯写道，程序员将“通过集成其他程序员的组件来生产可重用的软件组件。这些组件被称为软件集成电路，以强调它们与集成硅芯片的相似性。集成硅芯片的创新已经彻底改变了计算机硬件行业。”[45]

这里忽略了一些问题。你使用过程式程序设计也可以做到这一点（所有的程序，不管是面向对象的还是非面向对象的，都是一层层建立的，这些层次间必须相互连接而且交互清晰，“重用”只是意味着某些层是由其他人编写的，它与面向对象的程序设计没有关系)。[46] 现实情况是，你可以将对象拼凑在一切，前提是它们就是为此目的设计的，或者碰巧能够很好地啮合在一起，否则便无法直接拼接，这与过程式程序设计是一样的。

事实证明，小问题可能会让对象的组合出错。惠普研究人员露西·柏林（Lucy Berlin）在1990年OOPSLA会议发表的论文《当对象发生碰撞时》(When Objects Collide）指出，“两个独立进行的明智务实的决策可能导致组件之间从根本上的不兼容。”[47] 换句话说，调用类的代码的设计者以及该类本身的设计者可以在一些不太受大家关注的方面完全理性、明智地独立决定代码的工作方式，比如如何处理错误以及如何初始化对象，然而他们考虑的结果可能是完全对立的，这使得把对象拼凑在一起成为不可能完成的任务。

曾经有这样一个情况，“将代码块前后粘在一起，它就可以工作”的方法是成功的，它早于面向对象程序设计。早在20世纪70年代，UNIX操作系统就引入了*管道*（pipeline）的概念：将一个程序的输出作为输入发送给另一个程序。当用户使用命令行界面时，这种方法是最容易操作的，DOS就是这样的：操作系统显示一个提示符和闪烁的光标，用户键入一个命令并按<Enter>键，命令的输出在屏幕上不断向上滚动，然后计算机提示输入下一个命令。尽管命令行程序有些隐蔽，但是它仍然存在于Windows和Mac OS中（Linux当然也是），因为使用命令行程序在键入某些复杂命令时更方便。不仅是程序员欣赏这种程序，1999年，科幻小说作家尼尔·斯蒂芬森（Neal Stephenson）写了一篇关于命令行的长篇赞歌《起初……是命令行》（In the Beginning...Was the Command Line），后来这篇赞歌被再版为一本新书）。[48] 柯尼汉和普劳格（Plauger）的《软件工具》(Software Tools）主要内容是程序员如何有效使用命令行工具。

使用 UNIX 命令行上的简单语法，你可以打印文件的内容，从中提取数据，根据须要重新排列数据，并用较小的构建块构造有用的较大的“程序”，而且无须修改底层代码，这是面向对象程序设计的公认优点。你用竖线 | 表示管道符号，通过该符号将一系列命令组合在一起，如下所示（我将其拆分成两行以适合版面宽度，但实际上多个命令在同一行中键入)：

```
cat filename.txt | grep total | cut -d , -f 5 |
    tr a-z A-Z | sort | uniq
```

上面的命令表示，“获取 filename.txt 的内容，只选择包含单词‘total’的行，将其解释为以逗号分隔的列表，并取第五列值，将其转换为大写，接着进行排序，最后删除重复的行。”对于许多简单的数据操作来说，这是一个非常强大的工具。这是“UNIX 哲学”的一部分，布莱恩 · 柯尼汉（Brian Kernighan）和罗伯 · 派克（Rob Pike）在 1984 年出版的《UNIX 编程环境》(The UNIX Programming Environment）中写道：

尽管 UNIX 系统引入了许多创新的程序和技术，但是任何单个程序或想法都是势单力薄的。相反，使 UNIX 有效的是一种程序设计方法、一种使用计算机的哲学。尽管这一哲学不能用一句话来表达，但其核心思想是系统的力量更多地来自程序之间的关系，而不是程序本身。许多 UNIX 程序只能单独执行非常简单的

**任务，但与其他程序结合后便成为通用且有效的工具。**[49]

这是另一个与UNIX相关的概念，与我在上一章中讨论的“程序改进的增量方法好过一个繁重的过程”不同，尽管它可以被看作是同一个问题的另一面：许多小东西好过一个大东西。

能够将命令行工具很好地缝合在一起的原因是，在它们之间传输数据时，数据被分解为最简单的、最可移植的格式，即所有内容都变成了文本字符串。因此，其运行速度不是特别快，并且程序的编写需要用户了解原始数据的格式。但是用户可以很容易准确地修改数据，因为它仅仅是文本字符串。事实上，许多命令行工具的存在只是为了能成功地将数据传递到下一个工具中，如前文示例中的cut和tr。如果一个工具输出用逗号分隔的数据，但你需要用制表符分隔，或者需要对输出进行排序或删除重复行，那么这些都可以使用简单的工具来实现。当把对象链接在一起时，你会遇到麻烦，因为一个方法的输出不能总是很容易地输入到下一个方法中。UNIX命令行环境让你首先通过目测检查第一个工具的输出，如果发现了问题，则可以在将其输入第二个工具之前，根据需要通过管道插入命令来修复问题。当然，所有的操作都很慢，所有的转换都是字符串到字符串，因此用这种方式将命令拼接在一起并不被认为是“真正的”程序设计，但它确实很有用。

但到目前为止，这是“对象作为构建块”理念唯一可行的情况。早期面向对象的作者认识到了这一点。考克斯将UNIX命令行管道称为“迄今已知的最有效的可重用性技术之一”。[50]迈耶尔在谈到可组合性时提到了这些技术，尽管对于他来说，这只是良好设计的标准之一：“这一标准反映了一个古老的梦想：将软件设计过程转化为一个堆积木的活动，这样一来，程序将由现有标准元素组合而成。”[51]

不过，在大多数情况下，对象不能被任意黏合在一起。那么它们可以用来做什么呢？事实上，在某种情况下，对象无疑是向前迈进了一步，但这并不是迈耶尔所设想的优雅的设计。它更平凡，也更有用。

## 注释

1. Niklaus Wirth, *Algorithms + Data Structures = Programs* (Englewood Cliffs, NJ: Prentice-Hall, 1976).

2. David H. Ahl, ed., *Basic Computer Games: Microcomputer Edition* (New York: Workman Publishing, 1978), 89–90.

3. Wirth, *Algorithms + Data Structures = Programs*, 56, xiii.

4. 或者用全局变量存储结构体，这通常不是一个好办法，而且会降低代码的可读性。

5. R. J. Pooley, *An Introduction to Programming in SIMULA* (Oxford: Blackwell Scientific, 1987), 167.

6. 同上，287 页。

7. Graham M. Birtwistle, Ole-Johan Dahl, Bjørn Myhrhaug, and Kristen Nygaard, *SIMULA Begin* (London: Input Two-Nine, 1973), 34.

8. Pooley, *Introduction to Programming in SIMULA*, 139.

9. Bjarne Stroustrup, *The Design and Evolution of C++* (Reading, MA: Addison-Wesley, 1994), 64.

10. 同上、44、30、94、49 页。

11. Stein Krogdahl, “ Concepts and Terminology in the Simula

Programming Language," April 2010, 5, accessed January 25, 2018, http://folk.uio.no/simula67/Archive/concepts.pdf.

12. David Parnas, "The Secret History of Information Hiding," in *Software Pioneers: Contributions to Software Engineering*, ed. Manfred Broy and Ernst Denert (Berlin: Springer, 2002), 401.

13. David Parnas, "Information Distribution Aspects of Design Methodology," in *Information Processing 71, Proceedings of IFIP Congress 71, Volume 1—Foundations and Systems*, ed. C. V. Freiman, John E. Griffith, and J. L. Rosenfeld (Amsterdam: North-Holland, 1972), 339, 340–341.

14. David Parnas, "On the Criteria to Be Used in Decomposing Systems into Modules," *Communications of the ACM* 15, no. 12 (December 1972): 1056.

15. Bjarne Stroustrup, *The C++ Programming Language* (Reading, MA: Addison-Wesley, 1986), iii.

16. Adele Goldberg and David Robson, *Smalltalk-80: The Language* (Reading, MA: Addison-Wesley, 1989), x.

17. Stroustrup, *Design and Evolution of C++*, 44.

18. Adapted from an example in Goldberg and Robson, Smalltalk-80, 34.

19. 同上，3、7页。

20. Stroustrup, *Design and Evolution of C++*, 4.

21. Brad J. Cox, *Object-Oriented Programming: An Evolutionary Approach* (Reading, MA: Addison-Wesley, 1986), iv, 51.

22. Bertrand Meyer, "Genericity vs. Inheritance" (paper presented at OOPSLA 1986, Portland, Oregon, September 29–October 2, 1986). 在一篇非常有趣的论文中，迈耶尔解释说，通用性是这样的一个概念：比方说，它允许数组排序例程以一种通用的方式编写，这样它可以对任何类型的数据进行排序，但仍然使用相同的排序代码。正如迈耶尔所指出的，这种在 Ada 语言中得到普及的思想，在面向对象的理论家中并没有得到太多的讨论，但是它在某些情况下非常有用，现在已经存在于许多面向对象的语言中。

23. Bertrand Meyer, *Object-Oriented Software Construction* (New York: Prentice Hall, 1988), xiii.

24. 同上。

25. 同上，41 页。

26. Birtwistle et al., *SIMULA Begin*, 209; Pooley, *Introduction to Programming in SIMULA*, 156.

27. Meyer, *Object-Oriented Software Construction*, 50.

28. 同上，376 ~ 379 页。

29. Linden J. Ball, Balder Onarheim, and Bo T. Christensen, " Design Requirements, Epistemic Uncertainty, and Solution Development Strategies in Software Design, " in *Software Designers in Action: A Human-Centric Look at Design Work*, ed. André van der Hoek and Marian Petre (Boca Raton, FL: CRC Press, 2014), 232, 245. 他们引用的研究指 Linden J. Ball, Jonathan St. B. T. Evans, Ian Dennis, and Thomas C.Ormerod, " Problem-Solving Strategies and Expertise in Engineering Design, " *Thinking and Reasoning* 3, no. 4 (1997): 247–270.

30. Joshua Bloch, " How to Design a Good API and Why It Matters" (paper presented at OOPSLA 2006, Portland, Oregon, October 22–26, 2006).

31. Henry Baird, interview with the author, August 7, 2017.

32. Stroustrup, *C++ Programming Language*, 8.

33. Meyer, *Object-Oriented Software Construction*, 49.

34. Gordon E. Moore, " Cramming More Components onto Integrated Circuits, " *Electronics* 38, no. 8 (April 19, 1965): 114–117.

35. Dennis de Champeaux, Al Anderson, and Ed Feldhousen, " Case

Study of Object-Oriented Software Development" (paper presented at OOPSLA 1992, Vancouver, British Columbia, October 18–22, 1992).

36. Frederick P. Brooks Jr., "No Silver Bullet—Essence and Accident in Software Engineering," in *The Mythical Man-Month: Essays on Software Engineering*, anniversary ed. (Boston: Addison-Wesley, 1995), 181–182.

37. Robert L. Grady, *Successful Software Process Improvement* (Upper Saddle River, NJ: Prentice Hall, 1997), 185–186.

38. Karl J. Lieberherr, Ian Holland, and Arthur J. Riel, "Object-Oriented Programming: An Objective Sense of Style" (paper presented at OOPSLA 1988, San Diego, California, September 25–30, 1988).

39. 同上。

40. Mary Beth Rosson and Eric Gold, "Problem-Solution Mapping in Object-Oriented Design" (paper presented at OOPSLA 1989, New Orleans, Louisiana, October 2–6, 1989).

41. John A. Lewis, Sallie M. Henry, Dennis G. Kufara, and Robert S. Schulman, "An Empirical Study of the Object-Oriented Paradigm and Software Reuse" (paper presented at OOPSLA 1991, Phoenix, Arizona, October 6–11, 1991) (emphasis added).

42. 弗吉尼亚理工学院的研究小组对维护性进行了单独的研究，他们比较了Objective-C和C。Sallie Henry, Matthew Humphrey, and John Lewis, "Evaluation of the Maintainability of Object-Oriented Software" (paper presented at the IEEE Region 10 Conference on Computer and Communication Systems, Hong Kong, China, September 1990).

43. Marvin V. Zelkowitz, "Education of Software Engineers," in *Perspectives on the Future of Software Engineering: Essays in Honor of Dieter Rombach*, ed. Jürgen Münch and Klaus Schmid (Berlin: Springer, 2013), 356.

44. Rick DeNatale, Charles Irby, John LaLonde, Burton Leathers, and Reed Phillips, " OOP in the Real World" (panel at OOPSLA/ECOOP 1990, Ottawa, Canada, October 21–25, 1990).

45. Cox, *Object-Oriented Programming*, 2.

46. 事实上，关于面向对象的公共 API 接口是否导致独立层之间的绑定过于紧密，因而不如过程式，微软内部有过长期的争论。

47. Lucy Berlin, " When Objects Collide: Experiences with Reusing Multiple Class Hierarchies " (paper presented at OOPSLA/ECOOP 1990, Ottawa, Canada, October 21–25, 1990).

48. Neal Stephenson, *In the Beginning ... Was the Command Line* (New York: William Morrow, 1999).

49. Brian W. Kernighan and Rob Pike, *The UNIX Programming Environment* (Englewood Cliffs, NJ: Prentice-Hall, 1984), viii.

50. Cox, *Object Oriented Programming*, 18.

51. Meyer, *Object-Oriented Software Construction*, 14.

# 第7章

## 设 计 思 维

继承是面向对象程序设计的标志性特征之一，许多新手 C++ 程序员都坚持在基类中共享公共代码的做法。这是避免重复编写（和测试）同一份代码的一种优雅做法。分析代码的共性，以从逻辑的角度区分出基类和派生类，是程序员喜欢做的聪明事情。即使不会有人对基类进行实例化，程序员也仍然喜欢这样做。

很自然，继承也可能被用得太过火了。我曾在 20 世纪 90 年代中期参与过一个 C++ 项目，那时有一个开发者提出任何继承关系只能新增一个类成员。如果你编写了一个名为矩形的基类，并希望将文本和颜色都添加为类的成员，那么你必须首先创建一个添加了文本成员的派生类，然后在这个派生类上添加颜色成员并导出一个派生类——大多数类都拥有三个以上类成员。上帝禁止使用一个同时包含了文本和颜色的类。那么，如果有人想要一个只有颜色但没有文本的矩形该怎么办呢？总之，限制继承只能新增一个类成员是没有意义的，因为……相信我好了，这是没有意义的。我的意思是，这种限制听起来有意义吗？但是这种限制在过去的某段时间里是强制性的。鉴于多数情况下说服程序员接受自己的错误是不可能的，而且代码已经按照这种方式编写完毕，我只好认命了。

程序员可能用各种方式过度使用像继承这样的酷炫新功能。思考一个能够支持加密功能的电子邮件程序——对电子邮件进行加密，从而只有特定的人群可以阅读电子邮件。加密算法有许多种，每种加密算法在加密速度和安全性上都有权衡。我们假定这个电子邮件程序使用高级加密标准（AES）算法。

此外，假设我们已经有了一个提供AES加密功能的类，并定义了如下内容：

```
class AESEncrypter {
   public Encrypt() { }
}
```

这是大多数面向对象语言中的类定义形式：保留字class后接类的名字，在花括号中的是类的方法。这个类的名字是AESEncrypter，它有一个名为Encrypt()的公共方法（为简洁起见，这个例子略去了一些细节。Encrypt()方法可能需要一些输入参数并返回一个值。此外，在花括号{}之间，Encrypt()方法的具体实现也略去了）。

电子邮件程序计划使用AESEncrypter类来实现加密功能，但如何使用这个类则有一定的灵活性。对于面向对象程序设计的初级程序员而言，其中一种方法是利用如下事实：从基类继承的类可以访问基类的所有成员（数据和方法）。你可以继承加密类得到电子邮件类，如新Emailer类声明中的“冒号”语法所示：

```
class Emailer: AESEncrypter {
   // Emailer 类中的代码可以调用 Encrypt() 方法
}
```

这样一来，Emailer 类便可以使用 AESEncrypter 类中的所有方法了。

这并不是特别符合逻辑，因为继承是用于拓展基类的功能以及为派生类的调用者提供组合功能的。Emailer 类会暴露它继承的所有基类的公共方法，这意味着其他代码可能会通过调用 Emailer 类来调用 Encrypt() 方法，从而导致后续代码均使用 Emailer 类来实现加密功能。这种做法与类的低耦合的思想相悖。[1] 然而有些程序员仍然这样设计他们的代码，因为这种方法解决了他们当前需要实现加密功能的问题，而他们不会考虑这种做法的长期后果。

检查一个继承是否合理最终可以表述为对双方关系是“是一个”（is-a）还是“有一个”（has-a）的判断。为了继承一个类，派生类与基类之间的关系应该能够合法地表述为 [ 派生类 ]“是一个”[ 基类 ]。例如，Dog 类继承 Animal 类是合理的，因为 Dog（狗）是一种 Animal（动物）。那么 Emailer（电子邮件发送器）是一个 AESEncrypter（AES 加密器）吗？答案是否定的。Emailer 是用于发送电子邮件的，只是因为你使用继承的方法，所以 AESEncrypter 类碰巧提供了加密功能。因此，Emailer 与 AESEncrypter 的关系应该是“有一个”的关系。Emailer 应该包含一个 AESEncrypter 实例供其使用，而非继承于 AESEncrypter 类：

```
class Emailer {
    private AESEncrypter aes;  // 可以调用 aes.Encrypt()
}
```

而且 Emailer 可以调用 AESEncrypter 中的方法，这才是合理的方法。Emailer 类中的 AESEncryoter 对象 aes 是私有的——这意味着对象 aes 的方法对于 Emailer 的调用者来说都是不可见的，这些方法只供 Emailer 内部使用。

这种实现比继承 AESEncrypter 类更清晰，但它仍然有可能在即将出现的未来引起一些小问题，这是所有软件设计所讨厌的事情。代码审查者可能会问，如果需要更改加密算法，该怎么办？[2]或者，如果需要支持多种加密算法，该怎么办？

一个解决方案是 Emailer 类包含多个加密器，并且只使用发送电子邮件时所需的加密器，但出于多种原因，这一方案是低级的。首先，你会把所有那些加密器放在你的类定义中，许多加密器就呆坐在那里，尽管在类的给定实例中只使用了一个加密器，但是每个加密器都要占用一小部分内存。其次，你可能会在 Emailer 类中编写像下面这样的代码来确定调用的加密器（基于变量进行判断，例如下面使用的变量 encryptionType，它定义了实际使用的加密类型）：

```
if (encryptionType == AES) {
    aes.Encrypt();
} else if (encryptionType == RC4) {
    rc4.Encrypt();
} else if (encryptionType == TripleDES) {
    tripledes.Encrypt();
}
```

每次调用加密器时都需要重复这段类似的代码。此外，如果要额外再添加一种加密器，就必须使用另一个 ELSE IF 语句。

幸运的是，大约在这个时候，人们找到了面向对象程序设计中极其有用的应用，即**接口**。

一个类可以将方法声明为抽象的，这意味着这个类没有实现该方法，只是简单地设置了**合同**（contract），即方法名和形参列表。这个类的派生类在实现方法时必须遵守这一合同。带有抽象方法的类不能被实例化为对象；派生类只有实现了基类的所有抽象方法才能被实例化（这样的类被称为**具体类**）。

接口是以上规则的极端情况的类：类中所有方法都是抽象的。因此，你无法对接口进行实例化。接口只是作为继承的派生类所遵守的合同而存在：

```
interface MyInterface {
   int SomeMethod(string a, int b);
}
class MyConcreteClass: MyInterface {
   public int SomeMethod(string a, int b) { }
}
```

注意，MyConcreteClass 类中 SomeMethod() 方法的参数签名与 MyInterface 类对应的方法签名完全匹配（具体类必须显式地将 SomeMethod() 方法定义为公共的，这是已经隐含在接口中的要求）。至关重要的是，调用 MyConcreteClass 实例的代码可以直接将其看作 MyInterface 的对象，就像调用者可以将派生类对象看成是基类对象一样。

1989 年 C++ 语言的一个更新版本发布，这次更新包含了多重继承的特性。这一特性允许一个类同时继承两个不同的、完全无关的类。理论上这是一个聪明的设计——但实际上却是介于不温不火和失败之间。事实证明，一个派生类与两个基类之间百分之百同时具有“是一个”的关系，这样的情况在实际应用中很少出现（在 C++ 中很多多重继承的使用都是在不适合的“有一个”关系上，例如电子邮件类继承加密类）。类的多重继承特性最终还是失去了人们的青睐。当今大多数人关心的现代面向对象语言，Java 和 C#，都不允许类的多重继承。但是它们还是支持了接口的多重继承特性。这不存在违反“是一个”规则的危险，因为接口根本不“是一个”东西，它只是说明可以调用哪些方法的一组规则。

在讨论多重继承时，迈耶尔（Meyer）关注的是接口的价值（他将接口称为延迟类，因为 Eiffel 用“延迟”（deferred）来表示“抽象”（abstract））。他称接口是“策略婚姻”，在读完他的解释之前你可能觉得这一说法听起来有些消极：

> FIXED_STACK 示例代表了一种常见的多重继承，这种继承可以被称为策略婚姻。这就像一桩富人和贵族的婚姻。新娘是延迟类，来自属于贵族的栈家族。她带来了有名望的功能，但没有实际的财富——没有类的实现。新郎来自一个富裕的资本家家族（数组），但需要一些声誉与其实现效率相配。这二者是完美的搭配。[3]

在前面的加密电子邮件例子中，你会为加密器定义一个接口。它看起来类似于上面提供的 `AESEncrypter` 类的定义（接口名称通常以大写字母 I 开头）：

```
interface IEncrypter {
   Encrypt();
}
```

就像通常的做法那样，一个加密器的任何实现现在都可以从 IEncrypter 接口继承并实现其中的方法，但方法现在从接口继承其签名，而不是全权委托单独的加密器来定义它们（这是一件好事：标准方法签名的强制执行是接口继承方式的重要特点）。你只需要在特定加密器的声明中更改一行，就能添加一个 IEncrypter 类的继承：

```
class AESEncrypter: IEncrypter {
   public Encrypt() { }
}
```

然后，需要加密的电子邮件程序便可以使用 IEncrypter 接口调用它要使用的任意加密器，且无需编写额外的代码来判断它真正调用的是哪个加密器：

```
class Emailer {
   private IEncrypter e;    // 可以调用 e.Encrypt()
}
```

至于如何初始化 e 则是未定的。在最坏的情况下，你可以在 Emailer 类的构造函数（构造函数的名字按“类名即是方法名”的格式来定义）中基于加密器类型来编写代码。这种方式仍然需要已知的加密器类型和加密器列表，但至少在添加更多的加密器时，只需要修改一处即可，而不需像下面一样在 IEncrypter 接口的每处都做修改：

```
Emailer() {
   if (encryptionType == AES) {
```

```
        e = new AESEncrypter();
    } else if (encryptionType == RC4) {
        e = new RC4Encrypter();
    } else if (encryptionType == TripleDES) {
        e = new TripleDESEncrypter();    }
}
```

一个更简洁明了的方法是，让 Emailer 的构造函数将 IEncrypter 接口作为参数，保存在 e 中供以后使用：

```
Emailer(IEncrypter enc) {
    e = enc;
}
```

这种方法把问题推向了一个新的层次，因为它意味着创建 Emailer 对象的人现在必须知道如何创建 IEncrypter，以便将其传递给 Emailer 构造函数。针对这个问题，有一些对应的解决方案：你可以编写一个像上面的示例那样的 Emailer 构造函数，它基于传递给构造函数的加密类型来设置 e，如果没有指定加密类型，则默认为特定的加密器。总之，先记住这种理念（稍后我会讨论），现在先关注这种设计中 Emailer 内部的简洁性。

**设计模式**这一概念阐明了接口的有效性。1994 年，设计模式的概念首次出现在一本与其同名的书中，该书的副标题是“可复用面向对象软件的基础”。[4] 该书基于 1977 年出版的《建筑模式语言》，后者的作者是克里斯托佛·亚历山大（Christopher Alexander）、萨拉·石川（Sara Ishikawa）和墨瑞·西尔弗斯坦（Murray Silverstein）。[5]《建筑模式语言》与软件毫无关系，它的副标题是“城镇·建筑·构造”，是关于建筑学的。该书的主题是：建筑学中的一些设计问题在过去几个世纪里被重复解决，所以，对这些问题进行整理、描述和命名是很有意义的，这样建筑师在讨论这些问题时无须冗余地再创造或者解释。书中提到的建筑问题（共253个）各式各样，既有大规模的问题，也有精细的小规模问题。按照书中的大写/编号惯例以及从大到小的顺序，这些问题包括农业谷地（4）、环路（17）、综合商场（46）、公共汽车站（92）、室内采光（128）、临街窗户（164）、楼面天花拱结构（219）和半英寸宽的压缝条（240）。[6]

软件《设计模式》一书的四位作者（被称为“四人帮”）将同样的想法应用于常见的软件问题。像亚历山大和他的合著者一样，他们命名了每一个解决方案并给出了详细的描述。例如，“策略”模式针对我们前面讨论的问题：程序希望简洁地使用模块来完成一个操作，例如加密（策略模式通常使用加密模块来演示），从而可以方便地更改加密模块或以最小的代码修改量添加更多的加密模块。正如你可能期望的那样，策略模式给出的解决方案是通过接口访问加密模块，而不是通过继承或者包含具体的加密类来访问。

“四人帮”的这本书有些厚重，而且其中给出的一些设计模式相对来说不够精练。例如，“单例”模式由下面这段代码组成，它确保调用它的任何人都将收到 SingletonClass 的同一个实例(如果 SingletonClass 实例不存在，则代码将创建该实例)：

```
if (instance == null) {
    instance = new SingletonClass();
}
return instance;
```

这没有任何问题，但这与其说是革命性的，不如说是明显的，它更接近半英寸宽的压缝条（240）的水平。同时，策略模式可以在加入加密器的问题上给出更简洁且更易于扩展的设计，但它不能帮助你解决其他常见的问题。例如，编写代码以调用加密器的人由于不了解 `Encrypt()` 方法的工作方式而产生了编码错误，导致程序崩溃或数据未加密。

但是，创建一种公用语言还是很有用的。说“我将使用单例模式”要比说“我将设计一个方法来检查实例是否存在，如果不存在，则为其分配一个实例”简洁清晰得多。单例模式是最简单的模式，尽管没有简单多少：这些模式最多包含两到三个类。不过，沃尔特·蒂希（Walter Tichy）在他的论文《设计模式的证据》（The Evidence for Design Patterns）中指出，程序员和其他人一样，在短期记忆中可以记住的内容是有限的。使用设计模式的名称可以将一组类折叠成一个模式，这为其他想法留出了更多的大脑空间。[7]根据蒂希的论文，设计模式最明显的好处是关于代码细节的文档和沟通，而非更好的设计。

“四人帮”阐述了在所有模式中都存在的好的面向对象设计的两个原则：“多用对象组合，少用类继承”和“针对接口编程，而非针对实现编程”。[8]第一个原则的意思是，“不要像我们之前示例中那样让 `Emailer` 直接从 `AESEncrypter` 继承。更好的方法是，将加密器的实例作为类的数据成员之一。”第二个原则的意思是，“你要包含那个加密器吗？将其定义为一个类似于 `IEncrypter` 的接口，而不是类似于 `AESEncrypter` 的具体类。”这将帮助你在修改你使用的加密器的内部细节或者让 `Emailer` 改用其他加密器时，获得最大程度的灵活性。

设计模式是有用的，但将它们当成解决所有设计问题的万金油则是轻率的。埃里希·伽玛（Erich Gamma）是“四人帮”中的一员，他在讨论“更多的模式总是使系统变得更好”的错误观念时写道，“模式使系统容易变得更复杂。它们通过引入间接级别来实现灵活性和可变性，这会使设计复杂化。最好从简设计，根据需要进行设计改进。”[9]设计模式的核心是好的，但标准化是建立在统一了木工用的螺母和螺钉尺寸的基础上的。这种标准化有非常大的好处，尽管没有人会声称它完全解决了建造一座永不倒塌的建筑的问题。策略模式很优雅，但真正的设计问题——那些决定了软件是否崩溃、是否运行流畅或是否会被攻击——是离设计模式很远的。值得一提的是，这些设计模式是以事实的形式呈现的，没有任何研究支持它们的好处。尽管如此，时间证明了设计模式的确是针对它们所解决问题的简洁解决方案，任何花时间将错误混合的“有一个”基类和派生类分离的人都可以证明这一点。

另外，我非常喜欢设计模式的这一点：它们是通过工业界和学术界之间的富有成效的合作开发出来的。“四人帮”包括一名IBM研究员、一名瑞士程序员、一名咨询顾问和一名伊利诺伊大学的教授。设计模式起源于“四人帮”之一（瑞士程序员伽玛）的博士论文，这一理念在20世纪90年代初的各种OOPSLA会议上被孵化了出来。这正是工业界和学术界互动的生动展示。不幸的是，这是过去三十多年来仅有的闪光例子。而设计模式之所以能够成为一个工业界和学术界的合作的结果，正是因为它们并不那么复杂，它们涉及的范围仍然处于教授们能够参与和理解代码的层面上。

关于模式还有一件事要注意。回顾我们在第3章中的讨论，即关于程序员在对未来可能的更改做出多少计划与解决当前的问题之间做出抉择的精神痛苦：设计模式的许多优点与未来的可扩展性有关。如果你的电子邮件程序只用一个加密器，那么不论是通过包含对象来使用加密器还是通过对接口的完全继承来使用解密器，关于这个问题的讨论在某种程度上来说都没有意义了。无论你是否遵循策略模式，你编写的代码在复杂性或规模上都不会有太大的差异（如果说二者有差别的话，则使用策略模式的版本会稍微复杂一些）。当你想在将来修改代码时，设计模式就很重要了，这表现在修改和替换代码的工作量上。要想让模式有回报，你需要"第二个东西"——第二种加密。

幸运的是，在模式出现的同时，另一个好主意渗入了程序设计世界，确保在所有代码中都需要第二个东西，这就是*单元测试*。

如今使用的单元测试概念来源不明，因为这个术语已经流传一段时间了，问题在于在所讨论的单元测试中的单元有多大。单元测试的现代含义无疑出现在 1989 年肯特·贝克（Kent Beck）撰写的一篇论文《简单的 Smalltalk 测试：使用模式》（Simple Smalltalk Testing: With Patterns）中。这篇论文着眼于测试对象中单个方法的调用（因为论文关注的核心是 Smalltalk，所以这实际上是测试发送给对象的单个消息），这比当时很多所谓的单元测试更局部化。[10] *自动测试*的思路是编写一个单独的程序，其唯一目的是测试发送给客户的程序。这一思路已经存在一段时间了。这些自动测试通常运行在软件的用户界面上，模拟按键和鼠标单击，并验证程序是否按预期响应。它们在功能上与人类测试员相同，但具有易于重复的优点。其问题与人类进行测试时发生的问题是相同的：软件的用户界面被堆叠在许多层方法调用之上，因此，如果软件在顶层的行为不正确，那么很难在所有这些层之间隔离错误。

假设你的程序有一个对一组数字排序的方法。这个方法不能被用户直接访问，而是深藏起来供中间代码使用。在传统的基于用户界面的测试中，我们很难直接测试这段代码。尽管如此，你还是想要确信你的排序程序正常工作。单元测试代码（这段测试代码不会发送给用户）将直接调用排序方法，给排序方法传递一个未排序的数组，然后在排序结束后检查数组是否有序。单元测试不会随机生成一个未排序的数组，它将给排序方法传递一个已知的数组，该数组的有序版本也是已知的，排序完成后，它会将排序结果与已知的有序数组进行比较。

排序程序中的 bug 可能只在某些特定输入的情况下表现出来。也许只有当数组中的第一个元素需要移动到数组中的其他位置时，排序程序才会发生排序错误。幸运的是，你可以为同一个方法编写多个单元测试。单元测试的输入可以是一个已经有序的数组、一个按相反顺序排列的数组、一个没有元素在正确位置的数组、一个所有元素都相等的数组，或者任何你认为帮助可以找出 bug 的其他输入。我们的目标是单元测试尽可能多，且每个单元测试尽可能快，正如单元测试倡导者迈克尔·费德斯（Michael Feathers）所言："一个需要消耗 1/10 秒的单元测试是一个缓慢的单元测试。"[11]

历史上一些有名的 bug 体现了单元测试的重要性。回忆一下我们在第 5 章所讨论的，在闰年的最后一天，微软的 Zune 媒体播放器出现的错误。这种错误恰恰属于单元测试可以检查出来的类型。在测试整个 Zune 播放器时，测试人员可能没有将时间设置为闰年的最后一天，因为他们都没有意识到那天代码会运行异常。但是编写 ConvertDays() 函数的开发人员知道闰年是代码需要处理的一种特殊情况，他们应该编写一个单元测试，检查代码对闰年最后一天的情况是否处理正确。

这种方法是很容易测试的，因为它是独立的，只依赖于一个传入的参数值，代码完成的任务都是基于输入参数的计算。如果你想要进行单元测试的方法本身依赖于其他方法，甚至所依赖的方法还依赖于其他的方法，那么要怎么做单元测试呢？更糟糕的是，如果这些方法的运行会产生一些副作用，而在测试时你不希望副作用发生该怎么办呢？你可能正在编写一个单元测试来验证一段格式化数据并将其发送到打印机的代码。你不希望在单元测试过程中打印任何东西，因为打印需要消耗时间和浪费纸张，还要求你连接和打开打印机，而且，如果使用了打印机，你的单元测试如何能保证在 1/10 秒内执行完毕？

最简单的方法是编写一个虚拟打印机对象，这一对象与真正的打印机一样，支持相同的方法。你以某种方式告诉代码，你正在测试一份需要使用打印机的代码，那么代码应该使用虚拟打印机。在不应用设计模式的情况下，打印机方法的每个调用可能都需要几行代码打包一下，比如：

```
if (runningTests) {
    fakePrinter.Print();
} else {
    realPrinter.Print();
}
```

这几行代码需要在任何调用打印机的地方出现。这可能会让你联想到上面选择加密器的未定模式代码，是的，这不是巧合。策略模式（标准的设计模式）适用于这种场景，即使策略这个名称在这种场景下有些用词不当，请将其视为“我想确定后续可能修改的代码，并将这部分代码封装在接口后面”的模式。你定义一个打印机接口，真正的打印机类继承这个接口并进行实现，此外，编写一个继承同一接口的虚拟打印机类。虚拟打印机收集所有需要它“打印”的内容，并包含一些额外的方法，这些方法允许你验证发送的内容看上去是正确的（这些方法只存在于虚拟打印机类中，真实打印机类不包含这些方法）。

大约在《设计模式》一书第一版出版十年后，阿兰·沙络维（Alan Shalloway）和詹姆斯·特罗特（James Trott）写了一本名为《设计模式解析》（Design Patterns Explained）的书，书中添加了一条新规则，该规则隐含在最初的设计模式中：“将使用对象的代码与创建对象的代码分开。”[12] 这条规则与你可能还不是很理解的问题有关。在上面的例子中，

```
Emailer(IEncrypter enc) {
   e = enc;
}
```

我们令 `Emailer` 的构造函数把 `IEncrypter` 接口作为参数，并将其保存下来以备后用，这是一种良好的抽象，但是这个 `IEncrypter` 对象参数是从哪里来的呢？答案是提供一个单独的类，这个类被称为`工厂`（factory），它知道如何创建一个具体的加密器类。于是，任何需要构造 `Emailer` 的代码都可以调用

加密器工厂来获取加密器对象，并将其传递给 `Emailer` 构造函数。这使得创建真正的 `Emailer` 对象变得更容易。此外，这种方式还可以在对 `Emailer` 对象运行单元测试时，提供使用虚拟 `IEncrypter` 对象构造 `Emailer` 对象的能力。

你可以在前面的打印机示例中使用类似的方法，使用虚拟打印机设置单元测试，而不需要对测试的代码做任何修改。传入你的代码的打印机接口实际上是虚拟打印机，单元测试是这一事实的唯一知情人，也是唯一调用虚拟打印机支持的额外验证方法的代码。

在这个模型中，单元测试所需的虚拟对象（通常被称为*模拟*（mock））成为了代码需要调用的“第二个东西”，因此，即使真正的代码只使用一个打印机类，单元测试也将要求它使用第二个打印机类。设计模式的初衷不是复杂化，而是简单化。

注意，单元测试并不完美。为一个方法编写了一个单元测试并不能保证这个方法在所有情况下都能工作。你可以为一个排序方法编写一个单元测试，传给排序方法的输入是有序的数组，那么无论这个排序算法是否正确，单元测试都可能通过。评估单元测试的完全程度的一个指标是*代码覆盖率*，即运行所有的单元测试时你的产品代码中被执行部分所占的百分比。理想情况下，代码覆盖率可以达到 100%，但即使这样也不能保证代码完全正确。Zune 程序 bug 是由于某些代码被完全忽略了（`IF` 语句中的 `ELSE` 分支），因此一组具有 100% 代码覆盖率的单元测试可能仍然没能覆盖到某个程序 bug。

虽然代码覆盖率不能保证代码没有缺陷，但是单元测试是防止代码变糟的一种好办法。正如我们所见，软件的使用场景常常会被扩展到超出最初的设想，为了适应这种趋势，代码必须根据场景重新修订。有些更改是直接加入新的代码，这种更改风险比较小，尤其是当设计模式允许这样做的时候——例如，添加一种新的加密器。但大多数情况下，这些更改是更复杂的，发生意外错误的风险也很大。设计一套好的单元测试，保证对修改后的代码测试覆盖率继续达到100%，是尽快捕获错误的好方法。如果你回顾我在树突（Dendrite）公司工作时，那个无意中引入的关于医生地址的bug，则这正是单元测试在代码被更改时可能找出的错误类型，但由于发生错误的功能并不是在那次更改时引入的，因此开发人员的常规抽查没能找出这个错误。

此外，单元测试可以防止软件过时。软件开发的一个不幸事实是，即使完全不修改代码，程序仍然可能会失效。其他公司代码库的新版本、你使用的编译器的更新或者运行程序的操作系统的补丁，都可能以某些不可预料的方式造成你的软件失效，尽管你的代码并没有任何错误。这一事实的存在让开发者倾向于保守，将程序基于的底层技术锁定在旧版本，且要求用户持续运行旧版技术。读者之中有多少人的牙医仍在使用旧版的Windows操作系统，且在超过十年的时间里从未升级？一组强大的单元测试可以让你在软件迁移到新的系统时不必过于担心产生意外的后果。

单元测试是一个很棒的主意，可以说，作为程序员，不编写单元测试是不称职的。如果你想让软件不那么脆弱，那么单元测试无疑是值得的。如果我们考虑如何将软件开发变成一个真正的工程学科，那么忽略单元测试就像建筑师希望设计一座稳定的桥却不事先做好计算工作一样。对单元测试的要求是强调开发人员对代码质量负责的最好手段，是对过去盛行的“把它扔给隔壁的测试者”这种态度的否定。

单元测试的最大障碍是许多软件在编写的时候都没有考虑到它们。如果你已经编写了一个模拟打印机类，并且使用打印机的代码通过一个接口访问它，且正确地分离了类的创建和使用，那么再编写一个单元测试就相当简单了。如果没有这些支持，你需要编写整个模拟打印机类，将所有硬编码打印机调用替换为对接口的调用，并找出一种方法将接口传递给使用它的代码，那么编写第一个单元测试将成为一座需要攀登的高山，而且你需要冒着破坏代码的风险使代码重新可用且支持所有的单元测试（一个真正具有讽刺意味的结果）。

2004 年，费德斯（Feathers）出版了《修改代码的艺术》（Working Effectively with Legacy Code）——该书讲述了程序员需要面对的一个巨大挑战：需要修复一个大型旧软件中的缺陷，而你对软件的实现细节缺乏足够的了解（假设你对软件实现细节有基本的了解），无法保证修改后的代码是否会触发新的错误（另一本书《软件驱魔》（Software Exorcism）同样讨论了这个问题）。[13] 尽管**旧代码**通常用于表示“我不理解的旧代码”，但费德斯的书直截了当地将其定义为“未经测试的代码”，且该书可以被总结为“在修改任何代码之前，你需要准备好单元测试”。[14] 例如，如果你需要修复 Zune 时钟驱动程序代码中的“闰年最后一天”bug，那么你当然需要验证它在这种特定情况下能否正常工作，但你的修改可能会无意中引入新的 bug——可能是在闰年的第一天、正常年份的最后一天，或者鬼知道在哪一天——如果没有现成的单元测试，那么第一个决定编写单元测试的人需要做大量的工作，这可能是修复程序 bug 工作量的数百倍。考虑到程序员是一类仅为了少打几个键就导致在 C 代码中引入了整个安全错误类的人，则可以理解为什么人们都不愿意成为第一个引入单元测试的人了。

这里还有一些其他东西是值得讨论的。虽然单元测试的一般概念已经存在一段时间了，但是“单元测试是程序员交付内容的核心部分”这一概念在过去的大约十年之间才得以强化。没有了解这个概念的经理本能地给出的估计（编写一个软件花费的时间）完全不符合编写高质量代码的现实。在编写代码和编写单元测试之间平均分配时间是一个合理的指导原则，但是对于比较老派的经理来说，这个原则听起来是错误的。

如果结构化程序设计的追求最终归结为“不要使用 GOTO 语句”，那么这仍然是一个有价值的结果。如果设计模式的主要贡献是使代码易于进行单元测试，那么这也是值得的：单元测试消息已经超越了所有自学的知识，并将自己嵌入到程序员的脑袋中，这是一项相当大的成就。然而，它也带来了一个问题：如果设计模式和单元测试只对小型的设计和测试有帮助，那么什么对更广泛的大型软件系统的设计有帮助呢？自从个人计算机软件行业在经历了许多磨难后重新吸取了你不能“测试”质量的教训，“设计”质量的理念得到了人们的重视。那么谁能提供关于设计的专业知识呢？

如果你仔细阅读程序员的职业清单，那么你可能会看到一个名为“软件架构师”的职业。在大学里，我听到有人谈论他们在暑期实习（我认为是在银行工作）期间设计的软件，他们轻蔑地说，“那时我把它交给了一个程序员。”不管暑期实习生是否可以把工作交给其他人，这确实反映了软件架构师的基本概念：正如一个“真正的”架构师（建筑学中的架构师）提出设计，然后把它交给其他人来构建一样，软件架构师提出软件设计，然后把它交给其他人来实现。

这没问题，但是架构师在学校学习建筑，他们不是工作了一段时间而且没有过失记录的建筑工人，但这是你成为一名软件架构师的途径。建筑师可以向建筑商证明他们的设计是正确的，因为他们是基于判断事物是否有效的业内共识来设计的，这些共识基于实验和数学的成果——亚历山大和他的合著者编写的《建筑模式语言》一书所探讨的内容。软件架构师和所有的程序员一样，都依赖于“我用这种方式试过一次，结果还不错”的方法。架构师们各自积累的知识，只在设计模式所涵盖的基本要素范围内有交集。架构师都不会屈尊于给出你的代码如何调用加密算法这样的具体细节，他们最多只会告诉你如何使用某个工具，就像建筑架构师可能会告诉建筑工人如何使用射钉枪。

周思博（Joel Spolsky）是一位著名的软件博客作者，他写了一篇关于“架构宇航员”的文章：软件架构师喜欢思考更高层次的抽象。他对工作中的架构宇航员的描述很典型：

当伟大的思想家思考问题时，他们开始寻找模式。他们研究了人们互相发送文字处理器文件的问题和互相发送电子表格的问题，接着他们意识到这两个问题都有一个一般的模式：发送文件。这种描述已经处于抽象的层次了。然后他们又上升了一个层次：

人们发送文件，但是Web浏览器也“发送”网页请求。经过思考，他们觉得，在一个对象上调用一个方法就像给一个对象发送一条消息！这也是同一回事！这些都是发送操作，因此这些聪明的思想家发明了一种新的、更高的、更广泛的抽象概念，称为消息传递，但现在这个描述变得非常宽泛了，没有人真正知道这个描述具体在说什么。[15]

周思博警告说：“这是你被一个架构宇航员袭击的确切情报：难以置信的夸大其词、英雄般的乌托邦式的浮夸、自夸、完全脱离现实。但人们都买账！商业媒体也疯狂！”[16]

对于那些只关心架构的软件架构师来说，常用的矫正方法是要求他们编写交付给客户的产品代码，从而使他们更接地气，并确保他们的架构设计是符合客户需求的。这种方法是否发挥了架构师们工作时间的价值是微软内部的一个争论话题，就像很多其他争论一样。有一次，我和公司里的人进行了一系列的讨论，试图回答“怎样才能成为一个好的架构师”，而这些讨论都是源自上面提到的分歧。然而，当前的偏见更多的是针对“偶尔编程”的架构师，而不是“自以为是”的架构师。架构师需要深入到他们团队当前的项目中，在这个时候，接地气的软件架构师被认为比高高在上的架构师更好，但这也反映了软件工程没有足够的公认知识和术语。软件架构师应该能够利用先例抽象地设计一个解决方案，并且能够用足够清晰和标准化的语言将其传达给所有程序设计团队，使团队能够重新认识设计的价值，并且能够相信这种设计会得到贯彻。尽管人们可能会抱怨建筑设计师的设计，但从来没听说过只是为了确保他们的建筑是正常的，就偶尔让他们吊装石棉水泥板。

软件架构师这一角色存在的基础是设计有“好的”和“差的”之分的理念，而架构师则会选择“好的”设计而非“差的”设计。这里说的是软件的底层设计——用户看不见的部分（用户界面设计是另一个完整的领域，不在本书讨论范围之内）。有一种观念认为好的设计会以某种方式向用户展示出来，但我没有找到任何证据表明，用户知道或关心加密算法是如何嵌入到他们的代码中的。

在设计模式以外，好的设计是什么样的呢？由于缺少严格的理论支持，这是一个模糊的领域。安东尼·唐（Antony Tang）、阿尔德塔·阿尔提（Aldeida Aleti）、珍妮特·伯吉（Janet Burge）和汉斯·范佛利特（Hans van Vliet）的针对软件设计的一项研究是这样说的：

> 软件设计具有与其他工程设计学科不同的特点。首先，设计师通常必须探索他们以前没有经验的新应用和新技术领域。因此，他们的设计成果的质量可能并不稳定，即使是拥有多年设计经验的设计师也是如此。其次，设计是一个抽象的模型，通常，在实现之前，都不容易客观地判断它是否真的能工作。[17]

有一些书用《简洁的代码》和《务实的程序员》这样的标题来解释好的设计，它们提供了各种完全合理的建议，但是却没有提供一种具体的软件工程方法。[18] 它们更多地像是一份注意事项列表：不要忘了考虑代码的本地化（这意味着它可以被翻译成其他语言）、经常检查以确保代码编译成功，等等。

内科医生兼作家阿图尔·葛文德（Atul Gawande）写了一本书，名为《清单宣言》（The Checklist Manifesto），讲述了如何通过使用清单提高药物的安全性。[19] 他的一个发现是，清单不需要非常具体就可以起到帮助的作用。例如，列出一个清单问题（如“医生是否与麻醉医师讨论了麻醉方案”）比列出一份包含所有步骤的复杂清单（如麻醉医师要做的所有步骤）更有用。你不需要写下所有的步骤，因为麻醉医师已经读过医学院，并且在麻醉学方面接受过高级培训。与缺乏医学知识相比，问题更可能由病情沟通引起。如果我们能将这种方法应用到软件中就太棒了。类似地，我们可以提出诸如“开发人员是否与测试人员讨论了测试计划？”的问题。目前为止，对于这个计划我们没有足够的共识。相反，在所有包含软件清单的书中，你在清单中看到的是一长串待办的具体事情，这使得清单在实践中难以应用。

1971 年，在《程序开发心理学》(The Psychology of Computer Programming）一书中，杰拉尔德·温伯格（Gerald Weinberg）写道：“我们将因无法以绝对尺度衡量程序的好坏而受到阻碍。但是我们可以用相对的尺度来衡量它们吗？我们能否说程序 A 比程序 B 好还是坏？不幸的是，由于某些原因，我们通常也无法做到这一点。首先，什么时候有过可以与之比较的另一个程序？”[20] 这一点很重要。由于程序每次都是“从头开始”设计的，所以我们很容易理解为什么新程序与现有程序略有不同，两个程序也因此无法直接比较。当然，由于无法衡量程序的优劣，我们很难衡量程序员的优劣，尤其是难以衡量这两个领域中的任何一个的进展，而这正是这些年来我们所希望软件工程能取得的进展。

在我供职于微软的职业生涯中，我曾在一个有点过于自信的小组“卓越工程团队”中工作，这个小组负责内部培训和咨询。

为了响应需求，我们为软件开发人员创建了一个关于如何设计软件的课程。我们为课程想出的标题是“开发者的实用设计”。我们为这个课程感到非常自豪。这门课会略去所有的胡言乱语，只为开发者提供他们真正需要的知识！有很多人参加了这门课的培训，所以我们相信许多人都认为开发人员对这些信息很感兴趣。但是没过多久，我们意识到，我们越来越怀疑这门课存在的意义。当你从软件设计中去掉那些胡说八道的东西时，就只剩下了设计模式，而几乎没有其他内容了。

好的设计还有另一个真相：它常常与高性能的设计背道而驰。考虑到当今许多程序员对性能的关注，人们很难做出好的设计。

温伯格写到了费舍尔基本定理，这是由统计学家和生物学家费舍尔（R.A.Fisher）推导出来的：“在我们继续讨论效率问题之前，请注意下面这句话。适应性不是免费的。……费舍尔基本定理表明（用与当前环境相适应的术语表达）系统越适合特定环境，它对新环境的适应性越差。稍微扩展我们的想象力，我们可以看到这一定理是怎样应用于计算机程序以及蜗牛、果蝇和乌龟的。”[21] 换句话说，针对性能的优化越多，今后想要通过修改程序来添加额外的功能就越难。

计算机科学家早就认识到，随着计算机的运行速度越来越快，挤出每一盎司（约 30 毫升）的性能不再是首要目标。在 1972 年的《结构化程序设计》一书中，戴斯特写道：

过去我们认为程序设计的主要问题是成本和性能比值的最小化，我的结论是，我们应该纠正这种看法，这已变得非常紧迫了。我们现在应该认识到，程序设计是很大的智力挑战：程序设计的艺术是组织复杂性的艺术，也是掌握各种组件但尽可能高效地避免混乱的艺术。

我拒绝把追求效率作为程序员最关心的问题，但这并不意味着我忽视了它。……然而，我的观点是，要在保持程序足够的可管理性的前提下进行优化（无论优化的目标是什么）。[22]

回想一下本特利在《编写高效程序》中发出的类似警告，即为了使程序运行速度更快而进行的更改“常常会降低程序的清晰度、模块性和健壮性”。[23]高德纳在1974年的一篇文章最后引用了这样的名言：

毫无疑问，效率的圣杯会导致滥用。程序员浪费大量的时间去思考或担心他们程序中非关键部分的速度，而在考虑调试和维护时，这些提高效率的尝试实际上会产生很大的负面影响。我们应该忘记小效率，比如将运行时间缩短至97%：过早优化是万恶之源。[24]

遗憾的是，这种智慧在新一代程序员身上消失了，他们在个人计算机上自学程序设计，严格的资源限制迫使他们远离了良好的设计。他们自己学到了一代人之前戴斯特和本特利与之努力斗争的重运行效率和反设计智慧。这对程序员个体来说并不奇怪：性能问题可以在任何规模的程序中观察到，任何改进都可以被衡量，从而对心理产生积极的影响。另一方面，当你参与到涉及更多人、工作更长时间的更大型的项目中时，好的设计才显得更重要——这种情况不会出现在只有一个人参与的小项目中。即使是老派的程序员（理论上来说他们应该更好地理解好设计的重要性）也将把他们对“那些年轻的孩子”的抱怨集中在忽视了性能的问题上，而非忽视了好的设计的问题上。性能问题更明显，因而更容易引起关注。

一些最著名的软件问题便是由性能与设计的权衡引起的。千年虫问题并不是因为没有人真正认识到只存储最后两年的数据会使得 1900 年与 2000 年无法区分。之所以出现这种情况，是因为存储两位数日期的效率稍微高一点，与 2000 年时软件仍然被人们使用的可能性相比，当前的性能节约被认为是值得的。

信不信由你，类似的情况正在重演——2038 年问题。[25] 在许多 UNIX 系统中，时间被存储为自 1970 年 1 月 1 日起的秒数（更准确地说，是自该日期的 00:00:00 起，或是新年之始）。使用带符号的 32 位数来保存日期，会在 2038 年 1 月 19 日的 03:14:07 达到存储允许的最大值，恰好是 1970 年 1 月 1 日之后的 2 147 483 647 秒。由于带符号数的工作方式，在那一刻的 1 秒钟后，时间将被解释为 1970 年 1 月 1 日前的 2 147 483 648 秒，即 1901 年 12 月 13 日的 20:45:52——也就是说，时间回到了一个周五的日子。[26] 同样地，UNIX 的设计者也没有考虑到这一点。他们当时面临着使用 64 位数（或另一种避免 2038 年问题的解决方法）和考虑 UNIX 在 2038 年仍然存在之间的权衡。早在 UNIX 被发明的时候，操作系统并不独立于硬件平台，人们倾向于购买硬件和操作系统的商品组合。可以预见，当下一代硬件到来时，一个新的操作系统也会随之出现，取代 UNIX 系统。从这个意义上说，那些程序员会对低估 UNIX 当前的地位感到愧疚。UNIX 已经在程序员心目中占据了重要地位，独立的软件产业基于 UNIX 出现并发展，这也反哺了 UNIX 的发展，确保其持续存在。（值得一提的是，如果你对我们物种的长期生存持乐观态度，而千年虫问题的许多修复方法都是用4位数替换2位数，那么现在我们可能会遇到一个渐渐浮现的10000年问题。不过这个问题就留待后人处理了。)

非技术人员可能认为简单的设计会带来更快的速度。不知何故，这似乎是正确的。因为工作量更少了，是吗？其实并非如此。代码少并不意味着你的软件运行得更快。事实上，情况恰恰相反。

考虑一个现实世界的例子：一家24小时营业的快递公司，想为美国所有地区提供送货服务。它在全国各地主要机场附近都设有办公室，每个办公室都有卡车和司机，能够及时收集需要发送的包裹，并在晚上8点前将包裹及时送到机场。如果从其他地区送来的包裹在早上8点前到达机场，那么第二天就可以将这些包裹送达。

最简单的算法是从所有机场中选择一个中心机场，从中心机场前往其他机场的航程都在可接受的范围内（假设是不超过4小时的航程）并在中心机场建立一个分拣中心。每天各地的办事处都会收集包裹，并在当天晚上8点前将它们送到机场。飞机在晚上8点出发，并在午夜前到达分拣中心。午夜到凌晨4点之间，所有的包裹都被分类并预先准备好，以便装载到各自的飞机上。接着，这些飞机飞回当地机场，在早上8点前抵达。各地办事处白天配送这些包裹，同时收集新的包裹，如此往复。

从本地办事处需要如何处理包裹这个角度来看，该算法非常简单：

```
void routePackage(package) {
   package.SendViaPlane(centralHub);
}
```

这段算法就通过抽象去除了许多复杂性。算法涉及很多移动的对象，例如卡车和飞机，还有人员，而且分拣中心的工作可能相当复杂。算法还要具备跟踪和支付等功能，因此，调用 `SendViaPlane()` 方法时会涉及其底下的许多层。但是这个算法（因为这里只讨论算法，所以暂时忽略地面进行的许多实际事务）也有优雅之处：所有包裹都在晚上 8 点前被装载到飞机上，然后在早上 8 点从飞机上卸载。分拣中心的工作很复杂，但是这些复杂的工作都被封装在分拣中心中，就像一个设计良好的类中封装了其内容一样——其他人不必知道它是如何工作的，只要外部接口是相同的，内部如何变化都不影响调用。如果你决定让某个城市由附近的其他机场来提供更好的服务，那么你必须告诉该城市办事处的人（这样他们就知道去哪里寄送和取回包裹了）以及负责这条航线飞行任务的飞行员。除他们以外，其他人都不需要知道这一信息。

这个算法可以将包裹配送到正确的位置，但是它可能会造成资源的极大浪费。例如，我寄给隔壁邻居的包裹会被一直送到分拣中心，花几个小时在卡车和飞机上，然后原路返回。无论是对于快递商还是我而言，这都将造成不必要的开销。如果这项服务向我收取了全部费用，那么我可能会抱怨并转而使用他们竞争对手的可能更便宜的送货服务。如果因为距离不远而收费便宜，那么他们将用自己的钱把我的包裹送来送去，结果这项服务的利润率就会很低。

这些问题激励了快递商进一步优化他们的服务。例如，它可能会告诉当地办事处，如果它看到一个包裹的目的地仍然是当地办事处，那么将这个包裹放在一边，并与第二天早上要配送的包裹合并处理，从而避免将包裹送到分拣中心然后又送回来。于是算法变成：

```
void routePackage(package) {
   if package.Destination == thisOffice) {
      package.Store(thisOffice);
   } else {
      package.SendViaPlane(centralHub);
   }
}
```

这一算法提高了整体效率，但是算法也变得更复杂了。当地办事处必须检查所有的包裹，而不是直接把它们扔到飞机上。这一算法增加了他们的工作量，提高了对他们专业知识的要求。

现在假设你决定不把所有包裹集中到分拣中心，要进一步优化快递服务。你知道洛杉矶和旧金山之间交通是非常发达的，换句话说，在这两个城市之间设置直达航班更合算。还有，从纽约到波士顿，也许用卡车运送比用飞机运送更合算，因此你还需要考虑这一选项：

```
void routePackage(package) {
   if package.Destination == thisOffice) {
      package.Store(thisOffice);
   } else {
      if (TruckAvailable(package.Destination)) {
         package.SendViaTruck(package.Destination);
      } else if PlaneAvailable(package.Destination)) {
         package.SendViaPlane(package.Destination);
      } else {
         package.SendViaPlane(centralHub);
      }
```

```
    }
}
```

很快，你就拥有了一个安排每个办事处如何处理包裹的复杂算法。看看上面这段代码，你能否说服自己不存在算法不做任何事情的情况（想必是糟糕的情况）？——它总是会调用package.Store()、package.SendViaTruck()或者package.SendViaPlane()。根据算法的书写方式，它总是要对每个包裹做一种处理，但是我们可能需要一点思考（或者一组完整的单元测试）来确信这一点，确保每个IF语句都有一个ELSE语句匹配，并且无论算法如何安排包裹的流向，包裹最终都会到达某个地方。此外，每个办事处现在都需要知道哪些卡车和飞机在哪里，何时发出或者到达，这使得今后算法的修改变得更加困难。

我不是说24小时送货服务去做这些改进是错误的。我的观点是，优化算法的性能通常会使它更复杂，而不是更简单。程序员认为设计和性能是相互关联的，因此更好的设计可以带来更快的运行速度。然而在现实中，它们通常是逆相关的：更简洁、更优雅的设计运行得更慢，而且你将利用特殊情况的复杂设计来提高性能。

为什么会这样？软件设计实际上是抽象层的设计，令人赏心悦目的设计有漂亮、简洁的抽象层。具有简洁抽象层的配送算法是我提出的第一个版本：每个发出的包裹都被飞机运送到分拣中心，每个送回的包裹都从分拣中心用飞机载到各地。它很简洁，也很简单，任何人都很容易理解。复杂性发生在你试图优化它的过程中。而且，考虑到程序员总是有提高效率的倾向，他们往往会使事情复杂化。无论是在程序设计之前考虑性能优化的时候被修改，还是在部署软件之后在实际应用中渐渐演化，简洁的设计总是很少能留存下来。

关于性能和简洁设计之间的争论，最基本的问题之一是如何处理错误——这又是另一个很长的故事了。

## 注释

1. 在某些语言里，通过*私有继承*，`Emailer`类可以避免将`AESEncrypter`类暴露给其他调用者，但是`Emailer`类中的代码仍然可以访问`AESEncrypter`类的成员，并且一般来说，这样做的耦合程度往往会超出其所需要的范围（高耦合意味着当`AESEncrypter`类修改了内部代码时，程序很可能会出错），而`Emailer`类所需要的仅仅是得到加密功能。

2. 不要对密码学有过高的期待。随着计算机计算能力不断变强，许多被认为是安全的加密算法都失效了。

3. Bertrand Meyer, *Object-Oriented Software Construction* (New York: Prentice Hall,1988), 242. 作者给出了一些例子以证明多重继承是一个好主意，但那些例子都不具有说服力。

4. Erich Gamma, Richard Helm, Ralph Johnson, and John Vlissides, *Design Patterns: Elements of Reusable Object-Oriented Software* (Boston: Addison-Wesley, 1995).

5. Christopher Alexander, Sara Ishikawa, and Murray Silverstein, with Max Jacobson, Ingrid Fiksdahl-King, and Shlomo Angel, *A Pattern Language: Towns · Building · Construction* (New York: Oxford University Press, 1977).

6. 同上，xix ~ xxxiv. 这是一个模式的列表。该书用超过 1000 页的篇幅对每一种模式进行了详细的讨论。

7. Walter Tichy, " The Evidence for Design Patterns, " in *Making Software: What Really Works, and Why We Believe It*, ed. Andy Oram and Greg Wilson (Sebastopol, CA: O'Reilly, 2011), 393–414.

8. Gamma et al., *Design Patterns*, 20, 18.

9. Erich Gamma, " Design Patterns—Ten Years Later, " in *Software Pioneers: Contributions to Software Engineering*, ed. Manfred Broy and Ernst Denert (Berlin: Springer, 2002), 692.

10. Kent Beck, " Simple Smalltalk Testing: With Patterns," accessed January 8, 2018, http://swing.fit.cvut.cz/projects/stx/doc/online/english/tools/misc/testfram.htm.

11. Michael C. Feathers, *Working Effectively with Legacy Code* (Upper Saddle River, NJ: Prentice Hall, 2004), 13.

12. Alan Shalloway and James R. Trott, *Design Patterns Explained: A New Perspective on Object-Oriented Design*, 2nd ed. (Boston: Addison-Wesley, 2005), 352–353, 400.

13. Bill Blunden, *Software Exorcism: A Handbook for Debugging and Optimizing Legacy Code* (Berkeley, CA: Apress, 2003).

14. Feathers, *Working Effectively with Legacy Code*, xvi.

15. Joel Spolsky, " Don't Let Architecture Astronauts Scare You, " *Joel on Software blog*, April 21, 2001, accessed January 8, 2018, https://www.joelonsoftware.com/2001/04/21/dont-let-architecture-astronauts-scare-you/.

16. 同上。

17. Antony Tang, Aldeida Aleti, Janet Burge, and Hans van Vliet, " What Makes Software Design Effective, " in *Software Designers in Action: A Human-Centric Look at Design Work*, ed. André van der Hoek

and Marian Petre (Boca Raton, FL: CRC Press, 2014), 134.

18. Robert Martin, ed., *Clean Code: A Handbook of Agile Software Craftmanship* (Upper Saddle River, NJ: Prentice Hall, 2009); Andrew Hunt and David Thomas, *The Pragmatic Programmer: From Journeyman to Master* (Boston: Addison-Wesley, 2000).

19. Atul Gawande, *The Checklist Manifesto: How to Get Things Right* (New York: Metropolitan Books, 1999).

20. Gerald M. Weinberg, *The Psychology of Computer Programming*, silver anniversary ed. (New York: Dorset House, 1998), 16.

21. 同上，21 页。

22. Ole-Johan Dahl, Edsger W. Dijkstra, and C. A. R. Hoare, *Structured Programming* (London: Academic Press, 1972), 6.

23. Jon Bentley, *Writing Efficient Programs* (Englewood Cliffs, NJ: Prentice-Hall, 1982), xii.

24. Donald E. Knuth, "Structured Programming with Go To Statements," *Computing Surveys* 6, no. 4 (December 1974): 268.

25. Wikipedia, "Year 2038 Problem," accessed January 9, 2018, https://en.wikipedia.org/wiki/Year_2038_problem.

26. William Porquet, "The Project 2038 Frequently Asked Questions (FAQ)," August 15, 2007, accessed January 9, 2018, http://maul.deepsky.com/~merovech/2038.html. 该 FAQ 说明了时钟过了这一秒后的影响，还列出了哪些操作系统提前解决了这个问题。

# 第8章

## 你最喜爱的程序设计语言

让我们回到计算机蠕虫的故事。我们在前面提到，1988 年莫里斯（Morris）在互联网发展初期发布了莫里斯蠕虫。在随后的几十年里，随着计算机的互联互通，特别是随着 Windows 系统成为主要的操作平台，蠕虫繁殖的机会不断增加。蠕虫的渗透路径通常只存在于单一操作系统中。对于蠕虫作者而言，Windows 系统是一个诱人的目标，他们会集中火力编写针对 Windows 系统的蠕虫。

Windows 系统的核心内部程序，即操作系统的**内核**（kernel），是用 C 语言编写的。C 语言是唯一存在缓冲区溢出错误隐患的语言——利用这种漏洞，蠕虫作者可以将攻击注入计算机（Linux 系统和苹果的 Mac OS 系统目前是 Windows 系统的两个主要竞争对手，也都包含了用 C 语言编写的内核）。1999 年我在微软的 Windows 团队担任工程师时，我们接受了有关缓冲区溢出问题的培训。这是我第一次了解到远程攻击的潜在风险，以及在 C 语言中犯缓冲区溢出的错误有多容易。我们试图通过仔细审阅来清除代码中的错误，但却并没有发现任何问题。2001 年 7 月，一种名为“红色代码”（Code Red）的蠕虫攻击了运行 Windows 系统的计算机。这种蠕虫就像莫里斯蠕虫一样利用了缓冲区溢出的漏洞。它除了通过反复传输自己而使得整个互联网陷入困境之外，还用消息轰炸了白宫网站，造成网站崩溃（一旦一个攻击获得了控制权，那么唯一限制攻击破坏程度的只有蠕虫作者的想象力了）。[1]

在大众广泛知晓之前，蠕虫通常会被报告给拥有该代码的公司，这些报告会提供代码缺陷的详细信息（尽管攻击者可能无法访问源代码，但是攻击者对编译后的机器代码非常熟悉，他们可以通过机器代码准确推测出原始源代码的大致内容，从而构建攻击）。漏洞的修复通常非常简单，因为大多数缓冲区溢出是由错误计算缓冲区长度或错误估计复制到缓冲区的内容的长度造成的。公司可以发布补丁（patch），用修复后的版本替换有缺陷的代码。对于红色代码蠕虫的情况，在其出现前一个月微软就已经提供了对应的补丁，但不幸的是，许多用户还没有安装这份补丁。[2] 在修复了足够多的机器之后，人们松了一口气——直到 2001 年 9 月，又出现了一种名为“尼姆达”（Nimda）的蠕虫（这次情况也差不多，在尼姆达蠕虫散布开来之前，针对性的补丁已经可用了）。[2]

尼姆达蠕虫出现后的第二年十分平静。负责 Windows 系统的集团副总裁吉姆·阿尔钦（Jim Allchin）说，“我们已经检查过了全部代码，并以自动化的方式找到了可能存在缓冲区溢出错误的地方，这些错误已经在（2001 年底发布的）Windows XP 系统中被移除了。”[3] 唉，可惜事实并非如此。2003 年出现了“蠕虫王”（Slammer）和“导火线”（Blaster）两种蠕虫，2004 年出现了“冲击波”（Sasser）蠕虫，2005 年则是“佐托布”（Zotob）蠕虫的“表演时刻”。[4] 值得称道的是，微软持续不断地投入研发自动检测易被攻击代码的工具，尤其是自动检测那些最明显的错误，即复制过多的数据到栈上分配的缓冲区一类的错误。[5]

攻击者开始瞄准应用程序的漏洞，例如对于微软办公套件（Microsoft Office），通过创建文档、电子表格和演示文稿来攻击应用程序。这些文档、电子表格和演示文稿都经过精心设计，在加载时会导致应用程序中的缓冲区溢出。这类攻击被视为病毒，而非蠕虫，因为用户必须打开文件才能会使攻击生效，不过攻击者会要一些小聪明来诱导用户这样做。通常，漏洞代码会通过电子邮件将受感染的文档作为附件发送给用户的所有联系人，邮件主题可能是“震惊！只有看到邮件你才敢相信……”（结果是，“用户打开了从朋友那里收到的附件……接下来发生的事情令人震惊！”）如今，蠕虫和病毒带来的破坏不再是即时性的。与其迅速传播并造成破坏（这种情况下相关机构会快速检测错误并修复漏洞），不如躲在后台，将被攻击的计算机出租给其他用户用来在非工作时间挖比特币、攻击网站等。尽管我了解远程蠕虫是如何攻击操作系统的，但意识到查看受病毒感染的 JPEG 图像也可能导致你的计算机被接管时——因此微软办公套件也可能是另一个攻击目标——我的反应仍然是“等等，什么？这也可以？！”

最近的这些漏洞都不涉及调用本质上并不安全的 API，不像莫里斯蠕虫利用 `gets()` 函数的攻击方式，但是，有些漏洞确实与信任网络数据的错误有关，包括 2014 年出现的心血漏洞（Heartbleed），这个攻击正是利用了安全套接层（SSL）协议实现中的一个漏洞。[6]

用于加密 Web 流量的 SSL 协议支持所谓的*心跳*（heartbeat）数据包，这种数据包是用于验证连接是否仍处于活动状态的。对心跳数据包的正确响应是复制传入数据包中的数据并将其发回。问题是，除了包含要回传的数据外，传入数据包中还包含一个 2 字节字段，该字段指示数据的长度，并且一些 SSL 协议的实现信任该长度字段，而不检查数据包的实际长度（SSL 协议接收数据包调用的 API 可以返回实际长度）。两个字节可以保存一个高达 65535 的值，因此，如果传入数据包声称有 65535 字节的数据，但实际上只有 1 个字节，那么有缺陷的代码将尝试把 65535 字节复制到回传的数据包中，该数据包的内容将由来自传入数据包的正确的 1 字节以及内存堆中的 65534 字节组成。由于 SSL 协议的代码通常会运行在 Web 服务器上，因此这部分内存很可能会包含密码、信用卡号码和其他易于识别的数据。心血漏洞攻击不会接管电脑，但它仍然会泄露敏感信息。

然而，一些 Windows 系统漏洞是典型的“初衷是好，使用却糟”的案例。由于程序员没有真正理解他们所调用的 API，初衷好的 API 设计反而可能会成为漏洞。这些细节的解释需要一点背景介绍。

回想一下，在内存中存储字符串时，需要先对它们进行编码，因为实际上计算机存储的是数字，因此，我们需要设定一个将存储的数字翻译成实际字符的标准。在 UNIX/MS-DOS 时代，最常见的编码是 ASCII 编码，其中可打印字符的值介于 32 和 126 之间。这种编码方式为小写字母、大写字母、数字和常用标点符号留出了空间。一个 ASCII 字符占用 1 字节，由于 1 字节可以表示的最大值是 255，因此我们还有一个扩展的 ASCII 字符集，用 128 到 255 之间的值表示其他有用的符号。然而，这仍然没能容纳所有字母表中的所有字符，因此，实际上存在许多扩展的 ASCII 字符集（也称为*代码页*（code pages）），每个字符集用 128 到 255 之间的值表示自己独特的符号集合。默认代码页"Latin US"包含特定的通用货币符号、希腊字母，还有一组包含重音符号、波浪符号、变音符号、分音符号等的符号集合。[7] 它还提供了一套完整的单线和双线绘图字符[⊖]，以便程序可以仅使用字符在屏幕上直观地构建表格。这一类字符对于早期根本不支持图形界面的 IBM PC 而言十分重要。[8] 此外，还有一系列独立代码页用于支持各种文字系统，包括阿拉伯语、希腊语、西里尔语、希伯来语、葡萄牙语和土耳其语（土耳其语文字系统包含了我们的老朋友，带点的大写字符 İ 和不带点的小写字符 ı，在代码页中它们的值分别是 152 和 141）。[9]

图 8.1 是默认代码页，每行显示 10 个字符。[10] 同时，图 8.2 是土耳其语代码页。请注意，它们在 32 到 127 的范围内是相同的，并且在 128 到 255 的范围内只有大约 50 个字符是不同的。

一旦用户将其计算机配置为使用正确的代码页，文本将按预期将字符显示在屏幕上。他们也可以打开一个根据其他代码页编写的文档，然后看到屏幕上有趣的乱码。在每个代码页中，从 32 到 127 的区间内字符都保持不变，因此无论计算机使用的是什么代码页，英文字母的显示都是相同的。[11] 因此，大多数使用英语的微软程序员都不会经历选择了错误代码页带来的困惑。

---

⊖ 也称为制表符。——译者注

| | | | | | | | | | | |
|---|---|---|---|---|---|---|---|---|---|---|
| 32- 39 | | | | ! | " | # | $ | % | & | ' |
| 40- 49 | ( | ) | * | + | , | - | . | / | 0 | 1 |
| 50- 59 | 2 | 3 | 4 | 5 | 6 | 7 | 8 | 9 | : | ; |
| 60- 69 | < | = | > | ? | @ | A | B | C | D | E |
| 70- 79 | F | G | H | I | J | K | L | M | N | O |
| 80- 89 | P | Q | R | S | T | U | V | W | X | Y |
| 90- 99 | Z | [ | \ | ] | ^ | _ | ` | a | b | c |
| 100-109 | d | e | f | g | h | i | j | k | l | m |
| 110-119 | n | o | p | q | r | s | t | u | v | w |
| 120-129 | x | y | z | { | ¦ | } | ~ | ⌂ | Ç | ü |
| 130-139 | é | â | ä | à | å | ç | ê | ë | è | ï |
| 140-149 | î | ì | Ä | Å | É | æ | Æ | ô | ö | ò |
| 150-159 | û | ù | ÿ | Ö | Ü | ¢ | £ | ¥ | ₧ | ƒ |
| 160-169 | á | í | ó | ú | ñ | Ñ | ª | º | ¿ | ⌐ |
| 170-179 | ¬ | ½ | ¼ | ¡ | « | » | ░ | ▒ | ▓ | │ |
| 180-189 | ┤ | ╡ | ╢ | ╖ | ╕ | ╣ | ║ | ╗ | ╝ | ╜ |
| 190-199 | ╛ | ┐ | └ | ┴ | ┬ | ├ | ─ | ┼ | ╞ | ╟ |
| 200-209 | ╚ | ╔ | ╩ | ╦ | ╠ | ═ | ╬ | ╧ | ╨ | ╤ |
| 210-219 | ╥ | ╙ | ╘ | ╒ | ╓ | ╫ | ╪ | ┘ | ┌ | █ |
| 220-229 | ▄ | ▌ | ▐ | ▀ | α | ß | Γ | π | Σ | σ |
| 230-239 | µ | τ | Φ | Θ | Ω | δ | ∞ | φ | ε | ∩ |
| 240-249 | ≡ | ± | ≥ | ≤ | ⌠ | ⌡ | ÷ | ≈ | ° | ∙ |
| 250-255 | · | √ | ⁿ | ² | ■ | | | | | |

图 8.1　MS-DOS 拉丁美洲代码页

| | | | | | | | | | | |
|---|---|---|---|---|---|---|---|---|---|---|
| 32- 39 | | | | ! | " | # | $ | % | & | ' |
| 40- 49 | ( | ) | * | + | , | - | . | / | 0 | 1 |
| 50- 59 | 2 | 3 | 4 | 5 | 6 | 7 | 8 | 9 | : | ; |
| 60- 69 | < | = | > | ? | @ | A | B | C | D | E |
| 70- 79 | F | G | H | I | J | K | L | M | N | O |
| 80- 89 | P | Q | R | S | T | U | V | W | X | Y |
| 90- 99 | Z | [ | \ | ] | ^ | _ | ` | a | b | c |
| 100-109 | d | e | f | g | h | i | j | k | l | m |
| 110-119 | n | o | p | q | r | s | t | u | v | w |
| 120-129 | x | y | z | { | ¦ | } | ~ | ⌂ | Ç | ü |
| 130-139 | é | â | ä | à | å | ç | ê | ë | è | ï |
| 140-149 | î | ı | Ä | Å | É | æ | Æ | ô | ö | ò |
| 150-159 | û | ù | İ | Ö | Ü | ø | £ | Ø | Ş | ş |
| 160-169 | á | í | ó | ú | ñ | Ñ | Ğ | ğ | ¿ | ® |
| 170-179 | ¬ | ½ | ¼ | ¡ | « | » | ░ | ▒ | ▓ | │ |
| 180-189 | ┤ | Á | Â | À | © | ╣ | ║ | ╗ | ╝ | ¢ |
| 190-199 | ¥ | ┐ | └ | ┴ | ┬ | ├ | ─ | ┼ | ã | Ã |
| 200-209 | ╚ | ╔ | ╩ | ╦ | ╠ | ═ | ╬ | ¤ | º | ª |
| 210-219 | Ê | Ë | È | | Í | Î | Ï | ┘ | ┌ | █ |
| 220-229 | ▄ | ¦ | Ì | ▀ | Ó | ß | Ô | Ò | õ | Õ |
| 230-239 | µ | | × | Ú | Û | Ù | ì | ÿ | ¯ | ´ |
| 240-249 | - | ± | | ¾ | ¶ | § | ÷ | ¸ | ° | ¨ |
| 250-255 | · | ¹ | ³ | ² | ■ | | | | | |

图 8.2　MS-DOS 土耳其语代码页

当微软 Windows 系统在 20 世纪 80 年代中期面世时，它包含了自己的代码页，这些代码页涵盖了相同的基础字符，但其具体的编码方式略有不同（例如，由于 Windows 系统总是以图形界面运行的，因此不再需要制表符了）。[12] 和以前一样，如果你想让系统正确地显示值大于 128 的字符，需要选择正确的代码页，此外，和以前一样，使用英语的人都不必关心这个选择代码页的细节。

代码页在大多数情况没有问题，但对于表意字符，例如包含了数千个字符的日文汉字来说，它却无能为力。为了解决这个问题，人们决定在 1993 年发布的第一版 Windows NT 系统中使用一个名为 Unicode 的编码系统。

Unicode 不使用代码页，它将所有字符都用总共两个字节存储，从而可以存储差不多 65536 个不同的字符。为了实现存储更多字符的目标，实际情况要略微复杂一些，不过这一细节在这里并不重要。[13] 得益于 Unicode 更大的字符容量，像中文和日文这一类的表意字符（表意字符是最常见的一类字符集。目前这一类字符集包含超过 100 000 个字符，在最新的版本中还包含了 2500 多个 emoji（颜文字）字符），可以与包含重音符号的拉丁字母表和平共处，同时还能继续容纳西里尔语字符、希伯来语字符、韩文字符等。这种机制使用了 2 字节的存储空间来存储字符，显然，这会带来性能上的一点损失，字符串将占用更多的内存空间，在复制字符串时也会消耗更多的时间，但是与其带来的好处相比，这是一个值得的选择。

总的来说，Unicode 是一个巨大的改进，但也有一个不幸的副作用：对于那些习惯性地认为 1 个字符占用 1 个字节空间的程序员而言，他们必须改变自己对于字符存储的理解了。[15] Unicode 为程序员犯“字符数等于字节数”的错误打开了一扇门，这一错误可能会导致程序员将字符串复制到仅能容纳其一半的缓冲区中——这种错误会造成缓冲区溢出。10 个 Unicode 字符会占用 20 字节的缓冲区空间，如果你尝试将 10 个 Unicode 字符复制到 10 字节长度的缓冲区，那么缓冲区将会溢出 10 个字节。对于习惯使用单字节字符的程序员而言，这是未曾预料的，他们会认为 10 个字符只占用 10 字节空间。

当 Unicode 字符编码被加入 Windows 系统时，C 语言对字符串进行操作的 API 都需要扩展。回想一下，C 语言中的字符串是一个存储了多个 8 比特值的数组，数组最后一个元素是 0。Unicode 编码的字符串被定义为一个存储了多个 16 比特值的数组，数组最后一个元素是 0——一个占 16 比特空间的 0 值。API `strlen()` 函数通过扫描 0 值来计算一个单字节字符串的长度，API `wcslen()` 则通过扫描一个 16 比特的 0 值来计算 Unicode 字符串的长度（这个函数名的前三个字母 wcs 是 wide character string 的缩写，这是一种匈牙利前缀的记法）。

问题在于函数 wcslen() 应该返回什么：它应该返回占用的字节数还是包含的 Unicode 字符数？对于单字节版的 strlen() 而言，这两者是相等的，因此我们没有先例可循。我们决定 wcslen() 应该返回字符数，实际上它正是这么做的。这并没有错——这是最合乎逻辑的选择[16]——但在这种情况下，你必须了解一个 API 是如何工作的，否则你可能会犯错。尽管函数 `wcslen()` 使用了匈牙利前缀记法，但是这里并没有明显的信息提示它“返回字节计数”还是“返回字符计数”。

使用 C 语言在栈上分配缓冲区时，得到所分配空间大小的最简单方法是调用一个名为 sizeof() 的 API（它实际上并不是一个 API，但简单起见我们将其视为 API），这个 API 会告诉你一个变量占用多少内存空间。考虑以下代码（wchar_t 是一个单宽字符，即 16 位 Unicode 字符，相当于单字节字符串中的 char 类型。关于为什么名字里有一个额外的 _t，这里不影响对代码的理解，不再赘述）：[17]

```
wchar_t my_buffer[10];
```

这一语句将在栈上分配包含 10 个 Unicode 字符的数组。此时，sizeof(my_buffer) 将返回 20（10 个字符，每个字符占 2 字节空间）。

当程序员试图弄明白他们正在处理的 Unicode 字符串是否适合栈缓冲区空间时，问题就出现了。在单字节字符的例子里，我们可以混合使用 strlen() 和 sizeof()，就像下面这段代码一样（注意代码中的 -1，你仍然需要考虑字符串最后的 0 值）：[18]

```
char sb_buffer[10];
if (strlen(other_sb_buffer) <= (sizeof(sb_buffer) - 1)) {
    // sb_buffer 可以容纳 other_sb_buffer
}
```

但在 Unicode 编码机制下，如果我们仅将单字节代码替换为 Unicode 字符串等价的代码，就像下面这段代码一样，那么程序将会出错：

```
wchar_t wc_buffer[10];
if (wcslen(other_wc_buffer) <= (sizeof(wc_buffer) - 1)) {
    // wc_buffer 可以容纳 other_wc_buffer - 错误！
}
```

因为 sizeof(wc_buffer) 的值是 20，所以你可能尝试复制一个包含 19 个字符的字符串——但是，19 个 Unicode 字符会占用 38 字节空间，并会导致 wc_buffer 溢出。

当然，程序员可以很容易地避免这种错误。他们只需要记住 sizeof() 返回一个以字节为单位的值，然后像下面这样对其进行适当的除法（如果阅读这段代码让你对匹配左括号和右括号感到头疼，那么你并不是唯一有这种感受的人。这很烦人，但是括号位置错误可能会导致难以发现的 bug）：

```
if (wcslen(other_wc_buffer) <=
      ((sizeof(wc_buffer) / sizeof(wchar_t)) - 1)) {
```

这一段代码将 wcslen() 的输出与 9（而不是 19）进行比较。[19] 不幸的是，如果你习惯了单字节字符处理，那么你可能很容易忘记这个操作。虽然不是每一次这样的疏忽都会造成漏洞——大部分情况下会造成程序崩溃（由于溢出），但某些时候可能并不会造成任何问题，因为堆栈上的缓冲区足够大，可以容纳更多的字符串——但问题是确实存在的。我们常开玩笑说，输入下面这 16 个字符

```
/ sizeof(wchar_t)
```

的价值与某些漏洞造成的损失相比，可以说明程序员没有获得应得的报酬。

并不是说软件注定会有这种（关于编码机制的）bug，而是 C 语言的设计使这种 bug 的出现变成了可能，这是因为 C 语言处理字符串的机制，以及 Unicode 的编码机制，还有将字符计算和字节计数搞混，这些因素叠加在一起才造成了出错的可能。我要澄清的是，如果你愿意，你可以用 C 语言编写一组自己的例程，以

安全的方式处理所有字符串操作。你可以定义一个结构，我们可以称之为 safestring，它可以保存字符串的字符，同时包含了字符串的长度，然后你可以编写一组函数来创建 safestring、操作 safestring，并从 safestring 中提取基础字符串数据（传递给使用原始 C 字符串的 API）。接着你将签署一个庄严的承诺，保证当你的代码要对字符串进行任何操作时，都只调用这些函数。

你可以这样做，但是这样编写的代码运行得更慢，并且需要程序员编写更多的代码。[20] 人们喜欢 C 语言的一个主要原因是你可以快速且简洁地处理原始字符串缓冲区。但是，尽管 C 语言有无数的魅力，但它并不是一种可以安全地直接处理网络消息的语言。你希望使用的语言可以避免蠕虫通过缓冲区溢出漏洞进行攻击，也就是说，在这种语言中，无论程序员做什么，复制内容到缓冲区时都会提前检查缓冲区的实际长度。

那么哪种语言是安全的呢？

面向对象的语言有能力将字符串长度计算的权利从个人程序员手中夺走。C++ 在 1998 年的更新添加了一个新的内置类，名为 string，用于操作字符串（实际上它被称为 std::string，但是我在此处忽略了 std:: 部分）。string 类的一个特点是它重载了 +（加号）运算符，以表示字符串的连接操作。你可以编写

```
c = d + e;
```

当 c、d 和 e 都是 string 类型时，这个语句仍然可以正常运行。C++ 运算符重载允许一个新的类（如 string）提供它自己的 +(加号）运算符，并按照自己的定义方式进行该运算。[21] 字符串处理的

细节被封装在 string 类的实现中，可以认为这些操作已经经过了仔细的验证，可以正常工作，每次使用 string 类都可以不再考虑这些处理的细节（Unicode 字符串的处理也有类似的类，名为 wstring 类）。这就像上面提到的 C 语言的 safestring 类，不同的只是，当你将变量声明为 C++ string 类型时，你便只能使用 string 类型提供的函数了，而且你可以直接使用重载的运算符而不需要额外的代码。

使用 string 类型可能会存在一些小问题：当你的代码执行某些操作时，程序可能会出现内存分配错误。更准确地说，string 类内部所有处理字符串操作细节的代码都可能会出现内存分配错误。那么，这种错误信息是如何传导给调用 API 的程序，以便程序代码对此做出反应的呢？在 C 语言中，内存分配是显而易见的，因为你通过调用 malloc() 函数显式地分配了内存，但是 C++ 封装了内存分配的细节。事实上，即使在最早的 C++ 版本里，如果为某个对象的实例分配内存失败，那么构造函数将返回 0 值而非一个新对象，但是大多数程序员编写的代码都没有检查这个细节，就像大部分时候这些代码都没有仔细检查可能导致堆栈溢出的错误数学运算。

为了理解一种语言是如何清晰可靠地处理这个问题的，让我们后退一步，讨论一下程序是如何确定是否出错的。

代码每次调用 API 时，API 都可能会报告操作不成功。尽管大部分时候程序都不会出错，但是代码仍然要具备处理错误的能力。

回到 1996 年，假如你是一名程序员，在微软 Windows 系统上用 C 语言编写代码。今天你的程序设计任务是创建一个文件，向文件写入 1000 个字节，然后保存并关闭文件。你编写的代码可能类似于下面的代码片段。第一行代码是简化过的版本，因为实际上 CreateFile() 函数除了给定的文件名以外，还需要接受另外六个参数（这部分参数指明了创建文件的精确细节），这些参数的典型取值依次为 GENERIC_WRITE、0、NULL、CREATE_NEW、FILE_ATTRIBUTE_NORMAL 和 NULL。我们忽略了这些参数，以便代码看起来更容易理解：[22]

```
handle = CreateFile("foo.txt");
WriteFile(handle, buffer, 1000, &written, NULL);
CloseHandle(handle);
```

这段代码的每一行都使用特定的参数调用了 API：首先创建一个名为 foo.txt 的文件，然后将数据写入该文件，最后关闭该文件。我们可以用在文件柜中存放一张纸来做类比：首先打开文件柜，然后放入一张纸，最后关闭文件柜。在计算机科学的语境中用**文件**（file）一词来表示文档并不是偶然的，这样的表达可以通过类比帮助用户更好地理解计算机。同样地，有的人可能倾向于用计算机存储解释文件柜，而不是反过来。

你会注意到变量 handle 出现在每一行中，它是 CreateFile() 函数的返回值，该值随后成为 WriteFile() 和 CloseHandle() 的参数，以便它们可以对选定的文件执行操作。[23] 这是非面向对象语言加入少量面向对象式松耦合的典型方式，因为 handle 是调用方传递的一个不透明的值。WriteFile() 和 CloseHandle() 的内部代码知道如何解释 handle 以获取有关该文件的更多详细信息

（通常情况下 handle 实际上是指向内部数据结构的指针），但是这些实现细节可以在不影响调用代码的情况下进行更改。[23]

如果一切顺利，那么这段代码是可以正常工作的，通常情况下这段代码不会遇到问题。代码将成功创建并保存一个包含 1000 字节数据的文件。但实际上这段代码可能仍然遇到问题。例如，在文件创建过程中，磁盘可能会耗尽空间；可能在这段代码运行之前，硬盘只剩 500 字节的可用空间，因此代码无法找到足够大的可用空间来写入 1000 字节数据。当今硬盘的存储容量可能高达若干 TB，因此这种情况发生的概率很小，不过它还是有可能出现的。

这里最可能遇到的问题是文件夹里已经存在同名的文件了。对于 CreateFile() 函数，尽管函数名称的含义是创建文件，但是，如果 CreateFile() 找到了与给定文件名同名的文件，那么它也可以打开这份文件。在这种情况下，由于我们指定了 CREATE_NEW 参数（这个参数是我们省略的六个参数中的其中之一，其含义是"仅当给定文件名的文件不存在时，创建新文件"[24]），如果具有给定文件名的文件已经存在，那么创建新文件的操作将会失败。

上面展示的三行代码完全忽略了这些可能情况。对 WriteFile() 的调用假定了输入的 handle 是有效的，但只有当 CreateFile() 创建文件成功时才满足这一假设，依此类推，CloseHandle() 函数也有同样的问题。尽管如此，这段代码依然是完全合法的。你正在使用的计算机应用程序可能也是这样编写的。直到程序在运行时遇到异常错误而且没能得到正确处理之前，你不会知道错误的存在。假设代码添加了第四行，前三行保持不变（与 CreateFile() 一样，在调用 MessageBox() 时，我忽略了某些不相关的参数，从而简化了代码）：

```
handle = CreateFile("foo.txt");
WriteFile(handle, buffer, 1000, &written, NULL);
CloseHandle(handle);
MessageBox("File written OK", MB_ICONINFORMATION);
```

最后一行（调用 MessageBox()）告诉操作系统弹出一个窗口。C 语言的 MessageBox() API 相当于 C# 语言中的方法 MessageBox.Show()。窗口显示的消息是“File Written OK”（文件写入成功），显示的图标将是信息符号（在当前版本的 Windows 系统中，这个图片是一个包含小写字母 i 的蓝色圆圈）。

如果你看到了这个弹出窗口，自然会认为文件已写入成功。毕竟，消息窗口是这样告诉你的！但是，如果实际代码和上面的示例代码一样，那么即使有窗口弹出，也不能保证文件写入成功。对 CreateFile() 的调用可能会失败，这也会相应地导致 WriteFile() 和 CloseHandle() 操作失败，此时代码不会将任何内容写入硬盘。然而，这种情况下这段代码仍然会显示消息窗口。

即使这种低质量的代码可以通过编译器的编译，从软件工程的角度来看，这种代码仍然是不可接受的。有责任心的程序员可以添加代码，从而在出现问题时向用户发出警告：

```
handle = CreateFile("foo.txt");
if (handle == INVALID_HANDLE_VALUE) {
    MessageBox("Couldn't open file", MB_ICONERROR);
} else {
```

```
    b = WriteFile(handle, buffer, 1000, &written, NULL);
    if (b == FALSE) {
        MessageBox("Couldn't write to file",
        MB_ICONERROR);
        CloseHandle(handle);
    } else {
       b = CloseHandle(handle);
       if (b == FALSE) {
          MessageBox("Couldn't close file",
          MB_ICONERROR);
       } else {
          MessageBox("File written OK",
          MB_ICONINFORMATION);
       }
    }
}
```

由于 IF 和 ELSE 语句的存在，这段代码更加复杂。根据 C 语言的语法规定，如果 IF 后面括号中的测试为真，则执行第一对花括号（字符 { 和 }）之间的代码；如果 IF 测试为假，则执行 ELSE 后面的花括号之间的代码（如前所述，在本书中，我将语言关键字大写，如 IF 和 ELSE，但实际上我指的是出现在上面代码中的关键字，即 if 和 else）。判断语句 handle == INVALID_HANDLE_VALUE 被解释为“handle 的值是否等于 INVALID_HANDLE_VALUE 的值”，其中 INVALID_HANDLE_VALUE 是 CreateFile() 在创建文件失败时返回的值。其他两个 API，WriteFile() 和 ClosehHandle()，则返回布尔值（true/false），表示它们操作成功或操作失败（如果传入这两个 API 的 handle 值为 INVALID_HANDLE_VALUE，那么它们也将操作失败）。

这段代码避免了告知用户操作成功而实际上操作失败的问题。

但是，新的代码段有 13 行或者说 16 行代码（此处引出了一个哲学问题，“只含一个花括号的行算一行代码吗？”，这个问题是程序员之间流传的另一个争议问题），而不像之前的代码只有 4 行代码。尽管如此，这只是一个小小的改进。如果程序出了什么问题，弹出窗口会起到警示作用，不过，这对错误恢复没有任何帮助。用户没有将数据写入硬盘，他们的工作可能会被搞丢。要正确地解决这个问题，我们需要添加更多的代码，程序需要告诉用户发生了什么并给他们一次重试的机会等。这会增加错误恢复部分代码在代码总量中的占比，而主逻辑代码的占比则会降低。最后我们可能会写出 25 到 30 行代码，但实际功能部分仍然只有最初的 4 行代码——代码的信噪比非常糟糕。

此外，错误检查代码与主逻辑代码正好混合在一起，使人难以理解其中的逻辑。错误检查代码就像一个烦人的孩子看着你的尝试，一次又一次地重复着，“这样不行！”直到有一天代码真的没有正确工作，然后他们会说，“我早就告诉过你会这样了。”

还有另一件似乎微不足道的事。当你在代码中调用更多需要检查错误的 API 时，每次检查都涉及一个 `IF` 语句，其中 `IF` 和 `ELSE` 块中的代码通常会缩进一个级别以提高可读性，你可以在上面调用三个 API 的示例中观察到这一点。使用更多的 API 调用，代码的缩进量通常会更大，直到代码看起来碰到了编辑器显示范围的右边缘。在任何现代语言中，你都可以自由地将一行代码拆分成多行，但拆分以后的多行代码段也要保持同样的缩进，而且看起来这样的缩进对齐键入操作是不必要的——程序员希望尽量减少键入操作。如果你没有正确地缩进代码，并且将代码块错误地与某一个 IF 或 ELSE 的条件相关联，那么缩进代码的错误可能会导致真正的代码缺陷。[25]

这一问题在程序设计界早已广为人知。针对这个问题，人们很早就提出了一个解决方案：编写关注异常（exception）而非错误（error）的程序。

我们在上面的代码中展示的便是关注错误的方法：代码在调用 API 后立即检查 API 是否操作失败。检查的方法是查看 API 用于指示是否操作成功的记录——可以是返回无效的句柄、返回布尔值、返回特定的错误代码或其他与 API 正常操作结果不一致的内容。套用托尔斯泰（Tolstoy）的话来说，成功的 API 调用总是相似的，失败的 API 调用则各有各的失败方式。正确的检测依赖于软件对错误的逐层准确检查，其中许多层的代码对程序员都是不可见的。除了可能忽略错误之外，代码还可能会报告不正确的错误信息。如果 API 的调用者正在检查“ERROR_ACCESS_DENIED”（拒绝访问错误），但却得到错误“ERROR_INVALID_ACCESS”（无效访问错误），那么代码不能捕获到真正的错误。许多错误看起来是相似的。在 Windows 系统中，有“ERROR_FILE_NOT_FOUND”（文件未找到错误）和“ERROR_PATH_NOT_FOUND”（路径未找到错误），“ERROR_WRITE_PROTECT”（写保护错误）和“ERROR_WRITE_FAULT”（写故障错误），还有“ERROR_INVALID_FUNCTION”（无效函数错误）和“ERROR_NOT_SUPPORTED”（不支持错误），等等。当然还有一个奇妙的错误 ERROR_ARENA_TRASHED，这个错误像马尾一样坚韧，很难处理，是系统错误列表里的错误 #7（在一个系统中，错误通常是按错误编号显示的，这里说的“系统”是 DOS 1.00，因为这些低序号的错误代码是在那个时代定义的）。[26] 代码可以尝试对“任何错误”进行一般性的检查，但这样会降低它从特定错误中恢复的概率，相反，你无法借助调用链跟踪错误，这样的结果是当程序出错时，用户会得到一个神秘的错误消息。

针对这些问题，完全摆脱错误的解决方案是使用所谓的异常。

异常就像是应对工作危机的应急电话列表：首先致电负责的员工，如果他们不接听，则致电他们的老板，根据组织结构图的关系以此类推。确定发生了实际错误的代码**抛出**（throw）了一个异常（在当前语境中用抛出表示发生了异常）。调用这段代码的代码可以指示它是否知道如何处理该异常，如果知道（被称为**捕获**（catch）异常），那么它会提供在发生异常时运行的代码（例如，向用户显示一个对话框）。如果调用抛出异常的代码没有捕捉到异常，那么调用这段代码的代码就有机会捕捉到异常，如此类推。

异常甚至比对象还要管用，因为面向对象的语言定义了当一个对象**超出作用域**时——这意味着它声明的方法遇到了返回（return）关键字或者它的声明所在的代码块到达了终点——它会调用一个被称为**析构函数**（destructor）的特殊类方法来自动销毁本身，而析构函数正是为此目的设计的。精心编写的析构函数会将错误处理代码的“错误清除”部分也考虑进去，这样一来，程序员便不需要在使用对象的方法中编写额外的错误处理代码了。如下面的代码片段所示，`CreateFile()` 函数的面向对象版本返回一个对象，而不是一个句柄（handle），当对象超出作用域时，如有必要，它会自动保存并关闭文件（尽管你可能看不到其内部代码，但是如果析构函数的实现是正确的（但愿如此），它会自动保存并关闭文件）。异常按有序的方式处理：异常沿着调用链被逐层向上抛出直到找出一段代码来处理这个异常，随着异常被逐层传递，对象也会随之被销毁。

捕获异常的代码（我将用 C# 语言编写这一段代码）如下所示，使用关键字 TRY 来指示将要被检查是否抛出异常的代码段（如果这段代码在 TRY 块之外运行，那么这段代码抛出的任何异常都会被自动传回给其调用者）。下面这段代码的主要逻辑布局清晰，没有混入用于处理错误的代码：

```
try {
    using (FileStream fs = File.Open("foo.txt",
                CreateNew)) {
        fs.Write(buffer, 0, 1000);
    }
} catch (Exception e) {
    // 在此处处理异常
}
```

File.Open() 返回的 FileStream 对象与 C 语言示例中 CreateFile() 返回的句柄（**handle**）等价。需要 USING 语法来确保代码块在出现异常时能够正确清理 FileStream。不要担心这一点，我们应该关注的是 CATCH 的使用，你可以在 CATCH 代码块里处理调用链中任何位置抛出的异常。[27]

对于一个通常使用错误检查方式编程的程序员来说，依赖异常机制可能是危险的，因为通常指导他们的过往的程序设计经验在这里不起作用了。错误检查会让你想起这样的一个场景：一群着晚礼服的人手握装有白兰地的酒杯，轻声讨论 CreateFile()

给出的最新报告。而异常机制让人感觉更像是为了预防雪崩而精细控制的爆炸。大家都相信这样的爆炸能被控制住吗？但是，这里的比喻将代码过度拟人化了。事实上，如果所使用的程序设计语言支持异常机制，那么异常能被可靠地捕获。

还有一种观点认为，让析构函数清理对象（当对象超出作用域时析构函数会被自动调用）隐藏了清理行为的详细信息，这可能会导致某些未知的错误。最好让使用对象的代码显式地进行清理，这样程序员可以清楚地看到代码的行为。问题是，如果让每个人都编写自己的清理代码，那么除了会以重复的清理逻辑阻塞每个程序之外，还增大了清理代码发生错误的概率。诚然，析构函数是一个 API，它需要被类的使用者很好地记录和理解（现在的情况经常不是这样的），但是记录析构函数的行为好过记录所有调用者重新实现自己的预期行为。

异常机制并不完美，它无法保证在捕获异常后运行的代码（CATCH 代码块）会做正确的事情。最极端的例子是捕获所有异常但在异常处理程序中什么也不做的代码，这实际上与忽略错误没什么不同（像前面展示的示例代码那样，因为在那段代码里面，CATCH 代码块中只有一条注释“在此处处理异常”）。使用异常机制，你必须努力处理错误的情况，而使用错误检查机制，你必须努力做正确的事情。如果你编写的代码认为每个 API 都能操作成功，那么在基于错误修正机制的代码中，你会默默地错过所有错误，而在基于异常机制的代码中，任何一个错误都会导致你的程序崩溃（因为如果一个异常逐层向上传播到程序的顶层却一直没被捕获，那么程序将会崩溃）。异常使程序员避免了因为马虎编程而导致输出错误的情况："我们向用户报告了执行成功的消息，但实际上出错了。"

最后，回到我们的问题：string 类能够可靠地报告内存分配错误，这让你在使用它处理字符串缓冲区时有信心。利用异常机制，如果 string 类中的代码分配内存失败，那么它将抛出异常。如果调用 string 类的代码没有注意到这种操作失败的情况，那么异常将向上传递，而不是像之前我们显式检查错误的代码中那样被直接丢弃。这使得代码可以将所有处理字符串的操作细节（包括对字符串类的内存分配）交给 string 类，从而避免使用 C 语言时的风险：每次重新实现字符串上的处理，都要考虑缓冲区溢出的问题。

另一个例子是整数溢出。由于历史的原因，整数溢出问题被程序员忽略了。在基于错误修正机制的系统中，就像将字符串拼接起来时会遇到内存分配错误检测问题一样，整数的运行也有同样的问题。如果错误发生时，代码没有正确检测出错误，那么任何错误都可能会被忽略。通过异常机制，进行整数计算的代码可以在检测到溢出时抛出异常，从而保证错误不会被忽略。C++ 语言并不支持这一功能，但是 C# 语言对单个代码块或整个程序都支持这一功能。不过令人失望的是，默认情况下，这一功能处于关闭状态，这可能是为程序员奉行的代码效率至上主义而做出的让步。微软对此给出了脆弱的辩解，"因为检查溢出需要耗费时间，所以在没有溢出危险的情况默认不检查溢出可以提高运行性能。"（诚然，默认情况下启用此功能也会暴露现有代码中不会导致失败的溢出问题，在这种情况下忽略溢出可以使代码将就运行，但是，问题如果确实存在，那么早发现难道不是比晚发现要更好吗？）[28]

虽然 1998 年 C++ 中新增了支持异常抛出的 string 类的改进是向前迈进了一大步，但由于不可避免的历史原因，该语言的地位十分平庸。在程序设计圈内，错误与异常的争论是长期存在的。C++ 的第一个版本根本不支持异常。斯特劳斯特鲁普（Stroustrup）考虑过异常机制，但他觉得自己没有足够的时间想出一个好的设计。C++ 2.0 版添加了多重继承和其他功能，但它也没有支持异常机制。1990 年，斯特劳斯特鲁普，连同玛格丽特·埃利斯（Margaret Ellis），出版了《注释的 C++ 参考手册》（The Annotated C++ Reference Manual）一书，书中阐述了他设想的 C++ 语言，其中包括异常机制。而支持这个设计的 C++ 编译器则是几年后才出现的。[29]

到 1998 年 `string` 类被标准化时，异常机制已经成为 C++ 语言的一部分，因此 `string` 类可以在内存分配失败时抛出异常了。然而，在 `string` 类被标准化之前的几年里，人们需要手动编写自己的代码以支持那些漂亮的新特性，比如用于字符串连接的重载 +（加号）。使用两种不同自定义字符串实现的模块在处理错误的方式上也可能有所不同，这使得人们编写的代码很难同时使用它们。C++ 继续支持老式的“0 终止字符数组”的字符串模式（这种字符串被称为 C++ 中的 C 字符串）。斯特劳斯特鲁普后来反思道，回顾整个 C++ 的发展历史，“在我看来，‘最坏的错误’这个头衔只有一个竞争者。1.0 发行版和我个人开发的第一版应该延迟发布，一个更大的库应该被包含在发行版内……一个简单的字符串类也应该被包含在内。这些库的缺失导致了每个人都在重新发明轮子，以至于最基础的类也有不必要的多种版本。”[30]

至关重要的是，我们要强调斯特劳斯特鲁普在普及 C++ 过程中所面临的艰难的战斗，他尝试让 C++ 吸引那些追求性能的极客，而这些极客的大多认为 C 语言是唯一的真正的计算机语言（同时他还要吸引那些追求面向对象的纯粹主义者，这些人认为任何与 C 语言相似的功能都是不可接受的妥协）。[31] 异常不是一个新概念。在 20 世纪 60 年代，PL/I 能够通过“ON 条件”来指定代码块（如 ON OVERFLOW 或者 ON ZERODIVIDE），当某一种异常被检测出来时，特定的代码块将会被调用。到了 20 世纪 70 年代中期，约翰·古迪纳夫（John Goodenough）在 ACM 会议和一些出版物中提出了结构化异常处理的基础概念。[32] 但是异常机制总是会被执行缓慢和内存占用的批评所困扰，特别是跟踪异常处理的开销总是存在的（即使没有任何错误发生，编译器仍然会跟踪程序的运行，以防突然出现异常）。而基于错误修正的方法只有在发生错误时才会产生开销。

斯特劳斯特鲁普必须勇敢地确保 C++ 的运行速度没有任何不必要的降低。他担忧支持多继承的代价是增加一些额外的机器语言指令，由此增加调用一个函数的成本。[33] 他成功地让 C 语言程序员对 C++ 产生了兴趣，这简直就是奇迹。与恺撒的妻子一样，他必须避免出现任何不必要的性能损失，并且从一开始就使用异常机制——标准 API 使用了异常机制，就像其在 C# 语言中所做的那样，从而迫使每个人都使用异常机制。这可能是造成他的目标受众不满的主要原因。

C++ 现在由一个标准委员会定义，它每隔三到五年发布一次更新，并且异常机制已经被完全集成到 C++ 的现代版本中了。但是目前仍有很多在运行的 C++ 代码是在异常机制出现之前编写的，更重要的是，还有很多 C++ 程序员学习语言的时期是在异常机制的广泛应用之前。直到今天，仍然有一些关于使用 C++ 中的异常是否一个好主意的争论。反对它的论据包括已知的运行开销（异常机制的支持者声称这部分的开销被过度夸大了），并且事实上，现在还有一些代码库是完全不使用异常机制的，这是一个令人头疼的问题（这类似于有些代码偶尔使用断言（assertion）而非单元测试）。结果是，作为开发语言链中的一个关键环节，C++ 既非鱼类也非禽类，它支持的方式是介于错误和异常之间的。当我在 2017 年初离开微软时，即使在微软办公套件的开发团队中，这场争论仍在进行。这导致团队编写的代码时而是拥抱异常机制的，时而是回避异常机制的。

斯特劳斯特鲁普曾经说过，“世上只有两种语言：人们抱怨的语言和没人使用的语言。”[34] 当然，没有人会把 C++ 称为没人使用的语言，所以你可以猜出 C++ 是哪一类。彼得・赛贝尔（Peter Seibel）2009 年出版的《编程人生》（Coders at Work）收集了对十五位软件专家的采访，这些专家对于 C++ 的评价并不友好。他们的评论包括“C++ 是毛茸茸的”（布兰登・艾希（Brandon Eich））、“我无法做到精确地操控 C++”和“C++ 的发展远远超出它的复杂性阈值”（约书亚・布洛赫（Joshua Bloch）），以及“我几乎不会阅读或编写 C++。我不喜欢 C++，我感觉它并不正确。它太复杂了”（乔・阿姆斯特朗（Joe Armstrong））。[35] 以上这些是比较温和的评论。真正不喜欢它的人会说，“C++ 只是一个令人讨厌的东西。它的每一个方面都是错误的”（杰米·扎温斯基（Jamie Zawinski））、“语法糟糕而且完全不一致”（布拉德·菲茨帕特里克（Brad Fitzpatrick））、“它当然有优点，但总的来说，我认为它是一种糟糕的语言。它做了很多半好半坏的事情，但这只是一堆相互排斥的思想的堆积”（肯·汤普森（Ken Thompson））。[36]

他们对 C++ 表示不屑。但斯特劳斯鲁普没有什么可以感到羞愧的，考虑到 C++ 诞生的时代背景，他所完成的工作是卓越非凡的。C++ 不是第一个面向对象的语言，但它普及了面向对象，它使设计模式和单元测试成为主流。刚刚提到的那些人，声称他们不会与 C++ 为伍，但他们也在利用斯特劳斯鲁普的基础工作编写更好的面向对象语言。

这给我们带来了一个棘手的问题。如今，程序员有比以往任何时候都要多的语言可以选择，但是对于何时选择一门语言而不是另一门语言，却没有太多的指导。因此，他们倾向于继续使用以前使用过的语言，即使这门语言远不是最佳的选择。除了我已经讨论过的领域之外，各种语言在处理某些程序设计挑战的难易程度上也有所不同，例如缓冲区溢出的敏感性。结果自然是，在处理相同的程序设计挑战时，它们出现 bug 的程度是不同的。尽管*语言*这个术语隐含着一定的信息，但是学习一门新的程序设计语言比学习一门新的自然语言要容易得多。对于工业界通常编写的程序而言，采用不适合的语言带来的长期负面影响很快会超过使用一门熟悉的语言带来的短期好处。

在过去数十年里，人们创造了许多新的语言，但它们常常与特定的操作系统绑定在一起。其必然结果是，即使是在某个时期内被广泛采用的语言，也会变得过时，特别是当它们运行的系统变得过时的时候。尽管在过去大量的代码是用 Fortran（自 1957 年）、Algol（1960 年）、COBOL（1962 年）或 PL/I（1965 年）这些语言编写的，但现在很少有人愿意使用它们，除了在维护旧系统以避免如千年虫问题的时候。在我上大学的时候，这些语言已经被发明了 20 到 30 年了，那时它们已经明显衰落了。1986 年，我做了一份暑期工作，修改了一个已经过时的 Fortran 程序，当时我用 C 语言重写这个程序的意愿十分强烈。

最近流行的程序设计语言都倾向于保持不变，C 语言已经诞生接近五十周年了，但它仍然很受欢迎，有三十多年历史的 C++ 也很受欢迎，还有发明于 20 世纪 90 年代早期的 Java。另一个相关的事实是，最流行的操作系统，包括 Windows 系统和各种 UNIX 系统的衍生版本，已经存在并流行了很长一段时间，这是它们诞生之初人们未曾想到的。因此，很多旧程序，包括编译器和相关的一些工具，都可以持续运行很长时间。MS-DOS 最早出现于 1981 年，但在 Windows 95 系统发布 15 年后就被认为是过时的了。当前 Windows 内核的开发工作始于 1988 年，但目前还没有替代产品（Linux 系统和 Mac OS 系统的开发也始于同一时期）。其结果是，一旦程序员学会并精通了一门语言，他们便可以在职业生涯中一直使用它，不管它是否适合当前工作。被心脏流血（Heartbleed）蠕虫攻击的代码是用 C 语言编写的，正如前面所讨论的，对于这种类型的代码来说，使用 C 语言编写是一个危险的选择。即使在 20 世纪 90 年代末，当人们开始尝试实现后来被攻击的 SSL 时，选择 C 语言进行实现本可以被视为是有风险的。而从今天的角度来看，我们当然十分确定风险的存在。但是，由于 C 语言（和 UNIX 系统）仍然存在，并且仍在某些系统上运行，因此人们没有动力去替换它，程序员也继续基于这些工具编写代码，包括在 2012 年的时候，人们意外地添加了某些错误代码，触发了被心脏流血蠕虫攻击的漏洞。[37]

如果看一下计算机科学系的课程目录，你会发现，其通常不会花时间比较不同语言之间的区别以及为某一项任务选择合适的语言。[38] ACM 和 IEEE 计算机协会定期为大学提出课程建议，最近一次是在 2013 年。[39] 虽然其提出了全面的建议，涵盖了计算机科学课程涉及的各个领域，但在程序设计语言部分，大多数课程都是关于如何编写编译器的（编译器是一个有趣且相当成熟的领域，我在 20 世纪 80 年代便参加了一个关于编写编译器的大学课程。但是，除非你将来需要亲自动手编写一个编译器，否则这门课并没有太大价值），而不是关于程序设计语言选择的（针对不同类型的程序设计问题，分析不同程序设计语言的优缺点）。

报告还列出了不同领域的各种示范课程的细节，仔细阅读这些课程的细节，你会发现我们前面讨论的异常机制。卡内基－梅隆大学有一门“程序设计语言原理”课程，由罗伯特·哈珀（Robert Harper）授课，并以他编写的《程序设计语言的实用基础》（Practical Foundations for Programming Languages）一书为教材。[40] 该课程在（由哈珀撰写的）报告中有一段总结，下面引用的内容准确地表达了我的观点：

程序设计语言设计通常被认为，在很大程度上、甚至完全是一个见仁见智的问题。在这一问题的研究上，很少（如果有的话）

有统一的组织原则，也没有公认的事实。学术界和工业界每天都在使用几十种语言，每种语言都有其支持者和批评者。对于语言的相对优缺点，人们一直争论不休，但似乎总是争论不出一个结果。有些人甚至认为所有语言都是等价的，唯一的区别在于开发者的个人品位。然而，程序设计语言显然是很重要的！

如今我们真的可以说 Java 比 C++“更好”（或“更差”）吗？……我们是否希望对这些问题给予实质性的回答？或者我们是否应该简单地把它们作为深夜喝啤酒时的闲谈内容？……程序设计语言理论将我们从个人喜好的焦油坑中解放出来，并把我们（关于程序设计语言）的讨论提升到体面的学术范畴。[41]

这门课程的其中一个成果是让程序员们成为程序设计语言市场上有鉴别能力的消费者。哈珀告诉我，他的一位学生在工业界工作了一段时间后跟他说：“我的同事对程序设计语言理论知之甚少，我甚至无法向他解释明白为什么 Python（一种流行的程序设计语言）是一门可憎的语言。”[42] 不幸的是，在课程建议的描述中，这门课显得与众不同。除了这门课程以外，有一些课程也涉及了比较不同语言的内容（学习某些基本概念以便更快地掌握新语言），然而，除这门课程以外的其他课程都没有指出这部分内容的紧迫性。

学会使用合适的程序设计语言能像软件的其他领域一样带来相同的净效果。自学的程序员认为他们所掌握的知识足够好，而不会去尝试学习其他新知识。如果他们基于过去经验找到了一门最喜欢的语言，那么他们将一直使用它，因为他们看不到任何主动改变的理由。虽然 C++ 确实存在问题，但在上述反 C++ 的言论中有一个暗流："我不喜欢 C++，因为它不同于我最喜欢的语言。" C++ 有许多缺陷，它不太可能是最好的选择，然而，人们对于许多新出现的语言（即使与他们准备采用的语言相比，这些新语言确实对程序设计更友好、bug 更少）也抱有相同的态度。

罗布·派克（Rob Pike）是 UNIX 团队最初的几名成员之一，在一次关于" UNIX 遗产"的演讲中，他将 C 语言描述为"荒岛语言"——意思是，如果你只能为所有程序设计任务选择一种语言，那么你会选择 C 语言。C 语言很可能是当今最通用的语言，它拥有最广泛的编译器和适配任何语言的 API 平台。但这并不意味着我每天都想用它。我确信如果我被困在一个荒岛上，那么我会吃能得到的任何东西，但在家里我更喜欢多样化的饮食。派克说，" C 语言虽然已经是一门诞生很久的语言了，但它仍然出人意料地优雅。"一种古老的语言仍然具有鲜活的生命力，这确实是令人惊叹的。然而，工业界需要理解，C 语言能获得当今的地位是源于一个偶然的事件：当那些自学成才、追求性能的程序员离开大学以后，他们恰好发现了 C 语言，然后再也没有重新评估过他们一直使用的 C 语言是否适合所有任务。

"程序设计风格是在一系列约束下编写程序的结果，"克里斯蒂娜·洛佩斯（Cristina Lopes）在她的《编程风格》（Exercises in Programming Style）一书中指出，"约束可以是来自外部的，也可以是自我强加的。它们可以反映来自环境的真正挑战，也可以是人工的产物；它们可以来自过往的经验以及可测量的数据，也可以来自个人喜好。" [44]

正如亚历山大（Alexander）和他的公司出版的关于建筑模

式的书启发了“四人帮”关于设计模式的著作，洛佩斯的书受到了法国作家雷蒙德·昆诺（Raymond Queneau）的《风格练习》（Exercises in Style）一书的启发。昆诺在书中用 99 种不同的风格（其中有一些风格被认为不太可读，例如按照某种模式重新排列字母，或者按词性对单词进行排序）讲述了相同的小故事。[45] 洛佩斯按照同样的思路，用 33 种不同的风格编写了针对同一个程序设计问题的程序，展示了不同的约束是如何影响程序设计的——不仅包括常见的约束（例如最小化内存使用或最小化程序长度），还包括了使用对象的约束或代码层次的约束。学生们，尤其是从高中开始自学程序设计的学生，可能没有意识到他们早期程序设计环境的约束是如何影响他们的程序设计风格的，即使这些约束已经不再存在了（他们仍然保持了早先的程序设计风格）。正如我之前的导师亨利·贝尔德（Henry Baird）教授所说的，“很难让一个人明白，自己下厨做饭之前要先吃过一千顿饭。”[46]

哈珀在 ACM/IEEE 课程建议的程序设计语言理论部分中继续说道：

“小语言”经常出现在软件系统中——命令语言、脚本语言、配置文件、标记语言，等等。程序设计语言的基本原则在这些语言的设计中常常被忽略，这些语言被广泛采用以后的结果我们也都很熟悉了。毕竟有人认为，这些都“只是”脚本语言，或者“只是”标记语言，为什么要为它们操心呢？关于这个问题的其中一个回答是，因为很多语言刚面世时“只是”一门“小语言”，它后来可能会发展成一门“大语言”。[47]

他提到的脚本语言最近被人们大量使用。它们是 UNIX 命令行环境中使用的语言的后代，通常关注如何轻松地处理字符串。这类语言的最初用途是帮助人们快速地为某些小操作（例如以特定方式重命名文件）编写程序。在编写这类脚本时，平滑数据差异非常有用。例如，Perl 是最著名的脚本语言之一，它认为字符串“0”和数字 0 是等价的，而在大多数语言中这种等价是不成立的（必须先将字符串显式转换为数字）。同样，在 Perl 中，如果使用无效索引在数组中查找值，它不会像大多数语言那样崩溃，而是返回一个特殊的值 `undef`。这些操作都很方便，它们避免了编写一行或两行额外的代码（将字符串转换为数字，或者首先检查数组索引是否有效），而这正是程序员极力避免的。

这种设计很好，在小脚本中也能正常工作，而通过这些脚本，你可以很容易地验证程序是否按预期执行，但是当你开始编写更长的 Perl 程序时，这些聪明的想法便可能导致 bug。假设编写代码来检查某个元素是否在数组中（类似于下面的语句），

```
if ($arr[$index]) {
```

如果 `$arr` 中没有 `$index` 元素，那么 `IF` 判断将为假，但是，如果存在这个元素，并且其值为数字 0，`IF` 判断也将为假——甚至当存在这个元素且值为字符串“0”时，`IF` 判断仍然是假。如果你小心翼翼地编写代码，那么这些问题都可以被避免并解决，但是如果在大型程序中忽视了这些细节，那么仅仅因为一个字符串恰好包含值“0”，可能就会导致棘手的 bug。某些时候，聪明反被聪明误。

当然，Perl 的爱好者也会编写很长的 Perl 程序。随着时间的推移，这门语言已经发展成为一种完整的通用语言，并支持对象。

一位作者将其称为“脚本语言中的瑞士军刀”，这个比喻相当准确地反映了该语言的力量和危险，以及一个重要的事实——它可能并不适合所有情况。[48]

在语言选择的问题上，大学通常保持沉默。如果他们让学生接触 Perl，那么他们的目的是让学生们使用 Perl 以完成大学课程中典型的小项目。在这种小项目中，Perl 的缺点不会被暴露出来。结果是，学校没能让学生感受到 Perl 的局限性，相反，学生可能会认为 Perl 是解决所有程序设计问题的完美工具。

Pascal 的发明者沃斯（Wirth）在 2008 年的“软件工程简史”回顾中总结道：

（学术界）一直是怠惰且自满的。不仅语言和设计方法论的研究失去了它的魅力和吸引力，更糟的是，工业中常见的工具被人们悄然接受而学术界对其没有任何争论和批评。对于工业界而言，当前的这些语言可能是不可避免的，但对于教学而言，对于一个有序的、结构化的、系统化的、有根据的语言介绍来说，这些选择完全是错误的、过时的。

这明显符合 21 世纪的趋势：我们只教授、学习和执行学生要求的、立即有利可图的东西。简而言之：我们关注的是什么好卖。在传统上，大学不受这种商业气息的干扰。大学是期待人们思考长远问题的地方。大学是精神上和智力上的领导者，它们展示了通往未来的道路。在我们的计算领域，恐怕大学已经成为温顺的追随者。他们似乎已经屈服于对持续创新的时髦渴望，并且已经失去了对严谨工艺的追求。

如果我们能从过去学到什么，那就是计算机科学本质上是一门方法论学科。它应该发展(可教授的)知识和技术，这些知识和技术通常是有益于广泛的应用的。但这并不意味着计算机科学应该陷入这些不同的应用中而失去它原本的身份。软件工程行业应该是有规则程序设计专业教育的主要受益者。在所有程序设计工具中，程序设计语言是第一位的。一个拥有合理概念和结构而且基于清晰抽象的语言，能够指导艺术品的构建。在专业教育中，学习这样的语言应该是强制性的。自制的、人工的复杂性在其中没有一席之地。最后：使用这些语言工作一定是一种乐趣，因为它们能让我们创造出乐于展示且感到自豪的艺术品。[49]

我之前讨论过，语言设计的工作从学术界转移到企业研究院的趋势目前仍然没有改变，而且语言设计接着还将从企业研究院转移到企业业务部门，通过为其他程序员定义一个平台，这已经明确成为公司战略的一部分。太阳（Sun）公司开发了 Java（虽然 Java 现在已经由一个企业 / 用户联合的委员会所拥有），微软发明了 C#，苹果公司通过一些收购最终拥有了 Objective-C（它最近演变成一门叫作 Swift 的语言）。这样做的好处是：当语言由对相关工具的商品化并不特别感兴趣的教授设计时，它们通常具有许多不同的风格，分别支持不同的功能和语法，例如《BASIC 计算机游戏》一书不得不包含的多种版本的代码，每个版本都基于某一版的 BASIC 语言。让一家公司单独提供编译器的参考版本并推动语言向前发展，的确可以避免多版本的问题。但它也使学术界在这个关键领域与工业界脱节。

鉴于学术界不再倾向于参与语言设计，其对比较语言的兴趣也不如以前了，也许这并不奇怪。显然大学与学生互动的时间有限，而且有许多东西要教给学生。学校在语言教学上的草率是没有道理的。在最新的一批语言被教授给学生之前，它们应该被观察一段时间，用时间去证明自己。然而，令人失望的是，正如沃斯所说，在这一重要领域，学校只是一个追随者。

与此同时，近年来，工业界对语言进行了大量的思考。但是它对另一个问题做了更多的思考：如何管理软件项目。这便是下一章的主题。

## 注释

1. Wikipedia, " Code Red (Computer Worm), " accessed January 9, 2018, https://en.wikipedia.org/wiki/Code_Red_(computer_worm).

2. 蠕虫的编写者会经常浏览代码补丁对源代码的修改之处，以定位可利用的代码，因为并不是所有人都在第一时间安装补丁。

3. eWeek Editors, " Microsoft: XP Dramatically More Secure, " October 22, 2001, accessed January 9, 2018, http://www.eweek.com/news/microsoft-xp-dramatically-more-secure.

4. Wikipedia, " Timeline of Computer Viruses and Worms, " accessed January 9, 2018, https://en.wikipedia.org/wiki/Timeline_of_computer_viruses_and_worms.

5. 复制的数据总量通常用一个变量来表示，在代码运行之前，编译器不知道这个变量的值是多少，但是，通过一些聪明的分析，你常常可以提前猜到这个变量的值大概在哪个范围之内。这种分析的主要工具是结构化标记语言（Structured Annotation Language），现在已经被集成到了微软的编译器产品中。原谅我，我并不是在打广告。这个工具值得一试，它不仅可以解决微软的代码问题，还适用于其他所有人的代码问题。

6. Eric Limer, "How Heartbleed Works: The Code behind the Internet's Security Nightmare," accessed January 9, 2018, http://gizmodo.com/how-heartbleed-works-the-code-behind-the-internets-se-1561341209.

7. Nadine Kano, *Developing International Software for Windows 95 and Windows NT* (Redmond, WA: Microsoft Press, 1995), 488.

8. 显示字符要比显示图形界面更快。有这样一个有趣的事实：如果你的系统支持图形显示，那么 MS-DOS 存储的高位 128 个字符，即实际表示的图像字符都被存储在内存中，而且可以被其他程序所覆盖，因此，处于 128 到 255 范围的字符都可以在 8×8 的网格中任意地安排点的位置(从而显示任意图形)。《微软十项全能运动员》(Microsoft Decathlon) 游戏发布于 1982 年，它利用这一小技巧用字符（而非图像）画出了运动员的图形，它将运动员躯体的各个部分用高位的 128 个字符存储。

9. Kano, *Developing International Software*, 496.

10. 我编写了一个 BASIC 程序来绘制这个表格还有接下来的另一个表格，使用的编译器是罗布·哈格曼斯（Rob Hagemans）编写的令人赞叹的 PC-BASIC 编译器。"PC-BASIC," accessed January 9, 2018, http://www.pc-basic.org.

11. Kano, *Developing International Software*. 除了深入地介绍了背后的工作原理，该书还花了好几页展示供读者欣赏的华丽的字符图形。

12. 同上，464 页。这是 MS-DOS 拉丁美洲编码页在 Windows 系统下的等价物，我们称之为拉丁 1 或 ANSI。它将制表符和希腊字母都移除了，但另外添加了一些新的符号(例如，单引号和双引号，在 MS-DOS 系统里并没有包含这组符号，因此，MS-DOS 的程序只能使用标准 ASCII 表中的原生单引号和双引号)，还包含了重音字符的完整集合。不过它依然没有包含土耳其字符 I，所以我们还是需要土耳其语编码页。

13. Unicode 编码也有不同的编码机制。尽管 Windows NT 的早期版本对所有字符都只支持 2 字节的编码方式（这种编码被称为 UCS-2），Unicode 最终还是包含了 65 536 个字符，每个字符甚至要占用 16 位。因此 Windows 系统后来改用名为 UTF-16 的新编码方式，在这种编码方式下，大多数字符用 2 字节编码，但某些特定字符要用 4 字节编码。我在书中忽略了这个细节，假定每个字符都只占用 2 字节，我们讨论的代码中也采用了这个假设。特别地，在 UTF-16 编码方式下，如果设置所有字符都用 4 字节编码，那么这两个 2 字节编码（被称为高代理和低代理）都不是有效的 2 字节字符——因此由于我们讨论的代码主要功能是复制字符串，或者偶尔搜索一下常用字符，例如搜索在 ASCII 表的下半部分的句号或反斜杠符号（这两个符号的编码在 UTF-16 中等价于 ASCII 表的 16 位版本，因此这两个符号的编码都只占用 2 字节，而非 4 字节），所以所有代码可以正常工作，而不必关心 UCS-2 和 UTF-16 之间的区别（`wcslen()` 也是这样的）。

14. Unicode, Inc., " Full Emoji List v5.0, " accessed January 10, 2018, https://unicode. org/emoji/charts/full-emoji-list.html. 既然你问了，那我就告诉你，“大便”表情符号的值是 1F4A9（这是一个 16 进制制数，对应的 10 进制数是 128 169）。C# 只支持 Unicode（它使用 UTF-16 编码），因此我们在第 3 章讨论的“土耳其字符 I”问题可以被轻松解决。带有大小写字符串的土耳其字符 I 问题与能否被 Unicode 字符集涵盖无关，只与大小写转换算法有关。在使用 ASCII 编码的日子里，26 个英文字母的大小写之间存在映射关系，所有小写字母对应的值减 32 便可以得到对应的大写字母的值（例如，大写字母 A 的值是 65，小写字母 a 的值是 97）通过简单的数学运算便可以实现大小写转换。如果使用编码页或 Unicode 编码，那么我们必须要有一个映射表，显式地映射每个字符。你所使用的表格，取决于当前电脑的设置。对于小写转大写而言，英文映射会将字母 i 映射到 I，土耳其语则将 i 映射到 İ 。

15. 然而，有些人认为将它集成到 Windows 系统上的 C/C++ 的方式完成得并不好，因为，它与我们这里讨论底层的编码关系不大，但是对于用户界面（UI）程序设计而言，UTF-16 用 4 字节还是 2 字节编码一个字符是非常重要的。参见 " UTF-8 Everywhere, " accessed January 10, 2018,

http://utf8everywhere.org/ for details.

16. 尤其考虑到编码系统中**多字节字符**（另一种用于编码表意字符的编码系统）的存在，在这种系统中，字符可能会用 1 字节、2 字节或 3 字节编码。对于某一个字符串，这种系统已经定义好了对应的 API `mbslen()` 是用于返回包含的字符数，而非字节数。多字节字符在一个简化版的子集里被称为双字节字符。多字节字符是臭名昭著的微软面试程序设计问题“汉字退格”问题的来源。这个问题的解答已经出版了，但是这并没有阻止微软的面试官持续的提问。Kano, *Developing International Software*, 70.

17. 这并不值得具体解释，因为我实际上并不确定为什么它会在这里，尽管它的存在与那段时间的风尚有关（那段时间流行在与类型关联的函数后面附上 `_t`）。在写作这条注释时，我同意这个互联网理论：“如果你想要一个问题的答案，那么首先公开地给出一个错误的答案”。同样地，在某些系统里，`wchar_t` 是 32 位的，而非 16 位的——这个事实与我们此处的讨论并不相关。

18. 你也可以写成 `strlen(other_sb_buffer) < sizeof(sb_buffer)`，这也是人们常用的写法，因为避免减 1 的使用可以稍微加快一点程序运行的速度。但我认为这样写会在概念上带来一些理解的难度。如今的编译器很可能会注意到 `<=` 和 `-1` 之间的组合，它们可以在编译阶段将其重组成性能更好的代码。

19. 从技术上来说，除以 `sizeof(wc_buffer[0])` 要比除以 `sizeof(wchar_t)` 看起来更清晰，因为类型可能会被改变。但是在这个例子里，这个细节无关紧要。对于单字节字符和双字节字符（尽管在 Windows 系统内部它们都被实现为双字节），通过某些小技巧，让代码先通过编译是更重要的事情。微软的 C 语言编译器也有一个叫作 `_countof()` 的伪 API，这个 API 可以正确地对数组元素计数，但是在其他版本的 C 语言编译器里并不存在这个 API。

20. 微软确实定义了这样的一个类型，名字叫 `BSTR`，但这个类型使用起来非常困难，而且因为大部分 API 都期待以 0 值结束的字符串，所以这个类型很难与这些 API 交互。“BSTR,” accessed January 10, 2018, https://msdn.microsoft.com/en-us/library/windows/desktop/ms221069(v=vs.85).aspx.

21. 这个例子同样要求对 =（等号）运算符进行重载。运算符重载最初出现于程序设计语言 Algol 68 中，这种机制允许运算符被命名为任意的字母和符号组合。设计 Algol 68 的委员会中的一部分成员，包括戴斯特（Dijkstra）和霍尔（Hoare），对这个机制提出了反对意见，他们认为这样使语言复杂化，虽然我不知道运算符重载是否是压死骆驼的最后一根稻草。Edsger W. Dijkstra, Fraser Duncan, Jan Garwick, C. A. R. Hoare, Brian Randell, Gerhard Seegmueller, Wlad Turski, and Michael Woodger, “Minority Report,” accessed January 5, 2018, http://archive.computerhistory.org/resources/text/algol/algol_bulletin/A31/P111.HTM.

22. 它们分别指定了存取方式、共享方式、安全属性、创建配置（如果文件不存在该如何操作）、标记和属性（包含多个选项，例如关于文件是否被加密或是否只读）和模板文件（另一个属性会被重用的文件）。Microsoft, “CreateFile Function,” accessed January 10, 2018, https://msdn.microsoft.com/en-us/library/windows/desktop/aa363858(v=vs.85).aspx.

23. 对于想从我的例子中学习 Windows 程序设计的读者，下面给出几个要点。第一点，这个操作被拆分成三步：打开文件、写入文件和关闭文件，另一种方案是让 `WriteFile()` 将文件名作为参数输入，然后在 API 内部实现所有操作，两者差别在于性能。因为打开文件一次，然后多次写这个文件，（与每次写文件都要先打开文件相比）是更快的。例如，如果你要向某个文件夹里插入多页，那么更简单的方法是在文件柜里一次性找出文件夹，然后将文件夹放在书桌上，往文件夹里插页，而不是每次插入一页，都需要找出文件夹（`CreateFile()` 函数），插入完成后又将文件夹放回文件柜（`CloseHandle()` 函数）。第二点，`CloseHandle()` 函数在这里并不是必需的，因为 Windows 系统会在程序退出时自动关闭文件，但是这里使用它的好处是，关闭文件后该文件对于其他程序都是可用的。不使用关闭函数就像你将当天使用的文件放在书桌上，在你将要下班离开时将文件放回原位，但是如果有人在你放回之前去文件柜里找文件，那么他将无法找到你正在使用的文件。

24. Microsoft, "CreateFile Function."

25. 在大多数现代程序设计语言中，缩进并不会影响编译器理解代码，但是也有例外，典型的代表语言是 Python。

26. `ERROR_ARENA_TRASHED` 在我的旧 DOS 手册里没有相关解释。如果你在互联网上搜索这个错误，那么你会发现它的解释是模糊的："存储控制块被销毁"。我和一些微软老员工在脸书的私人讨论中得到的结论是，当程序访问了不属于它的内存时，DOS 系统会返回这个错误（虽然没有就选择这个名字是因为它听起来很有趣达成共识）。如果你按照我在第 3 章中的指引安装了 Visual Studio 社区版，那么你可以在文件 `Error.h`（这个文件包含了 DOS 的各类错误代码）中标记 "These are the 2.0 error codes" 的部分找到这个潜伏"在丛林中"的错误（在 `ERROR_INVALID_HANDLE` 和 `ERROR_NOT_ENOUGH_MEMORY` 之间）。Microsoft Corporation, "Error.h," installed at `C:\Program Files (x86)\Microsoft SDKs\Windows\v7.1A\Include\Error.h`.

27. 是的，我跳过了一些关于 `FileStream` 对象被销毁的细节。

28. Microsoft, "Unchecked (C# Reference)," accessed January 10, 2018, https://msdn.microsoft.com/en-us/library/a569z7k8.aspx.

29. Bjarne Stroustrup, *Design and Evolution of C++* (Reading, MA: Addison-Wesley, 1994), 383, 126, 128.

30. Bjarne Stroustrup, "A History of C++: 1979–1991," *ACM SIGPLAN Notices* 28, no. 3 (March 1993): 271–297.

31. "将面向对象概念强制应用到 C 语言会导致不一致构造的危险，这会损害软件的开发流程和开发产品的质量。混合的方法会导致混合的质量。这也是为什么对 C 语言（还有 C++ 语言）的面向对象扩展会招致严肃的保留意见。" Bertrand Meyer, *Object-Oriented Software Construction*

(New York: Prentice Hall, 1988), 382.

32. IBM, "PL/I Condition Handling Semantics," accessed January 11, 2018, https://www.ibm.com/support/knowledgecenter/SSLTBW_2.1.0/com.ibm.zos.v2r1.ceea200/pliax.htm; John Goodenough, "Structured Exception Handling" (paper presented at Principles of Programming Languages 1975, Palo Alto, California, January 20–22, 1975).

33. Stroustrup, *Design and Evolution of C++*, 270.

34. "Bjarne Stroustrup's FAQ," accessed January 11, 2018, http://www.stroustrup.com/bs_faq.html. He confirms this quote in the "Did You Really Say That?" section of his FAQ; he also says he doubts he came up with the quote originally.

35. Peter Seibel, *Coders at Work: Reflections on the Craft of Programming* (New York: Apress, 2009), 163, 170, 193, 224.

36. 同上，10、63、475 页。

37. Robert Merkel, "How the Heartbleed Bug Reveals a Flaw in Online Security," *The Conversation*, April 11, 2014, accessed January 28, 2018, https://theconversation.com/how-the-heartbleed-bug-reveals-a-flaw-in-online-security-25536.

38 我根据网络排名找到排名前十的系：Carnegie Mellon University, http://coursecatalog.web.cmu.edu/schoolofcomputerscience/; University of California at Berkeley, http://guide.berkeley.edu/departments/electrical-engineering-computer-sciences/#computer-science; Princeton University, https://www.cs.princeton.edu/courses/catalog; Stanford University, https://cs.stanford.edu/academics/courses; Massachusetts Institute of Technology, http://catalog.mit.edu/degree-charts/computer-science-engineering-course-6-3/; University of Illinois at Urbana-Champaign, http://cs.illinois.edu/academics/courses; Cornell University, https://www.cs.cornell.edu/courseinfo/ListofCSCourses/; University of Washington, http://www.

cs.washington.edu/education/courses/; Georgia Tech, http://www.cc.gatech.edu/three-year-course-outline; University of Texas at Austin, https://login.cs.utexas.edu/undergraduate-program/academics/curriculum/courses. 加州大学伯克利分校有关于 C 语言、Scheme、C++、Java 和 Python 的专业课程。斯坦福大学教授 Python 和 JavaScript。麻省理工学院以 Python 作为入门课程。康奈尔大学教授 Python 和 C++。德州大学奥斯汀分校教授 C++。

39. The Joint Task Force on Computing Curricula, " Computer Science Curricula 2013," accessed January 11, 2018, http://cs2013.org.

40. Robert Harper, *Practical Foundations for Programming Languages*, 2nd ed. (New York: Cambridge University Press, 2016).

41. Joint Task Force on Computing Curricula, " Computer Science Curricula 2013," 380.

42. Robert Harper, interview with the author, May 16, 2017.

43. Rob Pike, " The Good, the Bad, and the Ugly: The Unix ™ Legacy" (presentation at uptime(1) conference, Copenhagen, September 8–9, 2001), accessed January 14, 2018, http://www.herpolhode.com/rob/ugly.pdf.

44. Cristina Videira Lopes, *Exercises in Programming Style* (Boca Raton, FL: CRC Press, 2014), xii.

45. Raymond Queneau, *Exercises in Style*, trans. Barbara Wright (New York: New Directions, 1981).

46. 作者对 Henry Baird 的采访，2017 年 8 月 7 日。

47. Joint Task Force on Computing Curricula, " Computer Science Curricula 2013," 381.

48. Doug Sheppard, " Beginner's Introduction to Perl, " October 16, 2000, accessed January 11, 2018, https://www.perl.com/pub/2000/10/begperl1.html.

49. Niklaus Wirth, " A Brief History of Software Engineering, " *IEEE Annals of the History of Computing* 30, no. 3 (July–September 2008): 38–39.

# 第9章

## 敏捷开发

数百万年前，犹他州北部强大的地质力量汇聚在一起，推起了瓦萨奇岭，形成一条长达160英里（约257千米）的南北走向的山脉。这条山脉正是如今的盐湖城背靠的大山。[1]

2001年2月，各方力量再一次汇聚该地区，这一次则是17个人在雪鸟度假村会面，讨论如何面对他们共同的敌人。[2]

他们是谁？他们来自世界各地，有美国人、加拿大人、英国人，还有一位荷兰人。这群人包括：戴夫·托马斯（Dave Thomas），1999年著名的《程序员修炼之道》（The Pragmatic Programmer）的作者之一；阿利斯泰尔·科伯恩（Alistair Cockburn），《编写有效用例》（Writing Effective Use Cases）的作者；马丁·福勒（Martin Fowler），《UML精粹》（UML Distilled）的作者；肯特·贝克（Kent Beck），极限编程（和单元测试）的发明者；沃德·坎宁安（Ward Cunningham），维基百科的创始人。这些著作和发明涉及的软件技术都是轻量级的（维基除外，不过它非常酷）。

他们共同的敌人是软件开发方法论，这一领域的技术有统一软件开发过程（Rational Unified Process）和软件能力成熟度集成模型（Capability Maturity Model）。由于没有任何反对意见，这些方法论吸引了越来越多的目光，并被认为是软件开发潜在的最佳实践（或者至少是管理软件开发的最佳实践）。这些方法论可以被称为是重量级的技术——它们包含许多预先编写的规范，并且定义了在开发过程中要检查的特定里程碑。尽管它们名声显赫，但是事实上它们并没有提升软件开发过程的可预测性。

微软在过去的十几年里一直受到开发进度拖延的困扰。我在1990年加入公司后参与的工作是Windows NT系统第一个版本的开发，它的开发最初预估要花两年半的时间完成，但实际上最终却花了接近五年时间。[3] 1995年8月交付到客户手中的Windows 95系统，按最初计划其实是Windows 93系统。

在犹他州开会的十七个人都有各自认为更好的主意，但其想法却有异。他们曾经相互交流过，并且许多人在过去有过多次合作，然而，他们努力推进的却不是同一个思想。其中，有的在讨论更好地给出软件规格说明的方法，有的在讨论更好地估计软件开发时间的方法，有的在讨论更好地设计软件的方法，有的在讨论更好地编写软件的方法，还有一些人在讨论更好地协调开发工作的方法。他们认识到，作为十七个独立的前哨，他们在与重量级开发过程的战斗中都没有取得太大进展，因此他们决定通过联合个人的力量来提升他们在这场战斗中的影响力。

在2001年犹他州的会议上，会议小组采用了“敏捷”（agile）一词来统一他们所做出的努力。这个词来源于福勒（Fowler），并且听起来还不错。敏捷听起来比任何缓慢、沉闷之类的消极的术语都更好，当然，这个词也要比轻量级（lightweight）好得多。在电影《空手道小子》(The Karate Kid）中，拉尔夫·麦奇奥（Raplh Macchio）一开始是一名轻量级选手，但最终他却变得很敏捷，战胜了那些欺负他的地痞流氓。

这一次在雪鸟度假村的会议，主要成果是“敏捷软件开发宣言”(Manifesto for Agile Software Development）⊖：

我们一直在实践中探寻更好的软件开发方法，身体力行的同时也帮助他人。由此我们建立了如下价值观：

个体和互动 高于 流程和工具

工作的软件 高于 详尽的文档

客户合作 高于 合同谈判

响应变化 高于 遵循计划

也就是说，尽管右项有其价值，但我们更重视左项的价值。[4]

敏捷开发比任何单一的方法都更像是一个品牌化的口号，所以一个自称“敏捷”的软件开发团队可能并没有什么独特的地方，这个口号主要意味着团队要与不断进步的软件开发框架保持一致。敏捷已经渗透到软件工程之外的领域了。我的弟弟和妹妹在过去的十年里一直在学习敏捷方法论以及了解敏捷可以如何帮助他们，然而，他们工作的领域其实是古老的、受人尊敬且历史悠久的领域（分别是运输工程和科学出版）。

敏捷领域中最著名的技术是Scrum技术。这个词借鉴了橄榄

⊖ 该段敏捷开发宣言的中文翻译来自敏捷软件开发宣言中文官网（https://agilemanifesto.org/iso/zhchs/manifesto.html）。——译者注

球运动的并列争球动作（scrum，读作“斯卦慕”）。并列争球指的是两个队在比赛开始时，手臂互相碰触，冲向对方，奋力争球（重点是“手臂互相接触”的动作，而不是“冲向对方”）。Scrum 一词在编写敏捷宣言之前已经活跃了大约十年了，这个词最早出现在肯·施瓦伯（Ken Schwaber）和杰夫·萨瑟兰（Jeff Sutherland）在 1995 年 OOPSLA 会议上发表的论文中。[5]

Scrum 的核心是映射到软件项目管理上的敏捷宣言。Scrum 团队的程序员们每天都会简短地会面，以沟通各自的开发进度并在需要的时候寻求他人帮助，这一过程的存在使得团队不再需要正式的系统来跟踪他们工作之间的依赖关系（“个体和互动高于流程和工具”）。Scrum 的目标是不断地以小增量的形式渐进式地交付新特性，而不是等全部代码都完成后才交付能正常工作的特性（“工作的软件高于详尽的文档”）。它依靠客户对交付特性的反馈来确定下一步要做什么，而不是预先规划一个更大的交付目标（“客户合作高于合同谈判”）。同时它了解客户动态变化的需求，并将此视为客户在使用产品时的积极反馈，而非对产品的抱怨（“响应变化高于遵循计划”）。

Scrum 是关于如何管理软件项目的，而不是关于如何编写代码的。这并不是一个秘密。“Scrum 指南”网站指出，“Scrum 是一套流程框架，从 20 世纪 90 年代初开始就被用于管理复杂的产品开发工作。Scrum 不是一个用于构建产品的流程或技术，而是一个可以填充各种流程和技术的框架。”[6] Scrum 背后隐含的事实是没有用于开发软件的可靠流程或技术，但是，这并不是什么大问题。正如福勒所写的，“即使无法定义一个流程，这个流程仍然可以被控制。”[7] 这固然与上一辈的米尔斯（Mills）所写的相反：“关于软件开发方法，我的方案是在管理方面的研究，这种管理面对的是一个非常困难和具有创造性的流程。要管理这个流程，这个方案的第一步是要找出什么是可以教授的。如果流程不能被教授，那么人们就不能把它作为一个有组织、可协调的活动来管理。”[8]

人们常说，Scrum 取代了一个被称为*瀑布*（waterfall）模型的软件开发过程。布鲁克斯（Brooks）在他著名的文章《人月神话》（The Mythical Man-Month）中关于如何划分项目的开发时间给出了如下建议：“1/3 用于计划、1/6 用于编码、1/4 用于组件测试和早期系统测试、1/4 用于系统测试（当所有组件都开发完成时）。”这个建议的目标是促使管理者规划更多的时间用于测试（较少的时间用于计划）：“在检查常规安排的项目时，我发现很少有人会规划一半的时间用于测试，但实际上大多数人确实为此花费了一半的时间。除了系统测试以外，开发过程中的大部分步骤都在人们的规划之中。”[9] 换句话说，无论你是否为测试留出了足够的时间，测试都必然会占用相当一部分时间。但如果你在实际开发中并没有在项目测试上花时间，那么项目很可能会失败。

这个建议隐含了单向开发模型：首先计划，然后编码，接着测试每个组件，最后测试整个系统。这就是“瀑布”一词的由来，因为这个过程就像水从高处流下一样。在编码开始之后，你不会重新回到计划这一步，也不会在计划完成之前开始编码。在达到“代码完成”之前，你不会开始测试（修复测试中发现的错误可能涉及修改某些代码，但这里的修改仅仅是为了修复错误，而不是对代码进行增强。在高德纳（Knuth）的区分框架中，你应该对代码一直保持内疚感，永远不要得意）。布鲁克斯主张改变不同阶段的时间划分，但并不改变阶段之间的单向传输流。

1995年，布鲁克斯出版了二十周年纪念版的《人月神话》，其中包含了同名文章《人月神话》。他还写了一篇题为《20年后的人月神话》的文章，文章指出，“瀑布模型是错误的。”[10]布鲁克斯直接回应了他自己的原创文章《计划舍弃一个版本》（Plan to Throw One Away），这篇文章声称任何系统的第一个版本都会很糟糕，“它可能太慢、太大、难以使用，或者三者兼有。”文章还指出，“唯一的问题是，是否需要提前计划建造一个必然会被舍弃的系统，还是承诺向客户交付这个应该被舍弃的系统”（正如他所说的，“答案显而易见”）。[11]布鲁克斯最初主张建立一个“试验系统”（糟糕的第一版的系统），但从不向客户和机构交付这个试验系统。他认为你应该根据编写第一版系统所积累的经验，重新编写一个新的系统。

我从不喜欢这个建议，构建第一版就可用的软件是工程师的职责。布鲁克斯确实说过，化工工厂是这样建造的：用一个较小的工厂来测试一套生产工艺，但是，对于某套特定的化工生产工艺，这样的测试只做一次，而不是在每个使用相同工艺的工厂都重新测试一遍。长桥的设计是基于建造短桥时收集到的信息的，但并非建造每座长桥时都需要先建一座特定的短桥来证明真正的长桥不会倒塌。

因此，我很高兴地看到，布鲁克斯在20年后的思考中改变了在《计划舍弃一个版本》中的看法（这是多年后反思的喜悦。和大多数程序员一样，我在20世纪90年代没有读过他的书，在那段时期微软漫不经心地使用一个瀑布式的方法)。布鲁克斯抱怨道，他早先的建议默认了使用瀑布模型的事实："第 11 章《计划舍弃一个版本》并不是唯一受顺序瀑布模型影响的文章。瀑布模型的思想从第 2 章《人月神话》中的规划建议开始，就贯穿了整本书。"[12]

"瀑布模型的基本谬误在于它假设一个项目只经历一次开发过程，"布鲁克斯继续说道，

架构优秀且易于使用，实现设计合理，并且随着测试的进行，实现是可以修正的。换句话说，瀑布模型假定所有的错误都在实现的过程中，因此错误的修复可以顺畅地穿插在组件测试和系统测试中间。

《计划舍弃一个版本》确实攻击了这个谬论。错误的不是诊断，而是治疗的方法。……瀑布模型将系统测试（因此还有用户测试）放在构建过程的末尾。因此，只有完成了整个项目之后，才能发现用户不可能遇到的尴尬情况、不可接受的性能，或者对用户错误或恶意操作危险的易感染性。[13]

与其说瀑布模型是在模仿瀑布上流畅的水流，不如说这个模型是在一条瀑布上骑着一个漂流的木桶：在令人恐惧的直流上飞落片刻，随即撞入瀑布的漩涡中。

布鲁克斯在书中还提到，瀑布模型被应用在美国国防部所有军事软件的开发规范中。回到付费用户的领域，他建议，"代码的实现者可以尝试先构建产品的某一个垂直切片，这个垂直切片完整地实现了非常有限的几个功能，以便让可能潜伏的性能问题及早暴露出来。"[14] 不仅仅是性能问题，用户可能遇到的任何问题都容易潜伏并难以察觉。如果你知道你的软件将需要一个数据库层，

那么你首先要做的不是实现最终需要的所有功能，而是应该编写一个小数据库，这个小数据库需要能够为单个用户提供基本的可见功能，以及为其他层提供所需的基本支持，并将结果呈现给客户。这就是你确定数据库设计是否正确的最终方法。然后，你便可以回去研究下一个特性了：（就像洗发露说明写的那样）起泡、冲洗、重复。

这个建议不仅关乎那些喜欢垂直切片功能的用户，还有关乎程序员。布鲁克斯分享了他在北卡罗来纳大学任职期间的一个故事，“我后来转向了增量式开发的教学。我常常被第一个可运行系统和屏幕上第一幅图案对团队士气的激励效应所震惊。”[15]

Scrum的目标是尽可能频繁地向用户提供新的功能。交付的时间表被称为*冲刺*（sprint），每次冲刺通常持续两到四周。在冲刺时，Scrum有一些配合的工具，包括*产品交付表*（product backlog，一个包含了将来的冲刺工作的列表）和*燃尽图*（burndown chart，用于跟踪本次冲刺剩余工作量，当冲刺顺利结束时将降至零——但要注意的是，只有完全完成的工作项才能被划掉）。在每个冲刺的开始，团队选择它认为是正确的产品待办项目（正确的术语是“接下来客户想要什么”和“我们认为在一个冲刺中适合做什么”），然后将冲刺的剩余时间用于交付这些项目。“冲刺”这个词经常被误解为令人筋疲力尽的疯狂的活动，但实际上冲刺的意义在于团队在完成一次冲刺之后可以不间断地继续进行冲刺。一次冲刺应该更像是马拉松长跑中的一英里（约1.6千米）路线，而不是在临近终点线时疯狂猛冲。

在布鲁克斯提到用增量式垂直切片交付替代瀑布模型的同年，

Scrum 出现在了 OOPSLA 会议上。这一时间点上的巧合容易让人认为，施瓦伯对 Scrum 的描述代表了一个已经出现的关于如何从瀑布模型迁移到其他开发框架的共识。实际上，Scrum 是一种更激进的想法。

施瓦伯的论文是在大型 OOPSLA 会议中的“业务对象设计和实现”研讨会上发表的，这里的“业务对象”指一个可重用的软件组件，它可以与其他业务对象结合在一起以创建应用程序，这也是我们熟知的面向对象的梦想。Scrum 论文与这些内容没有任何特定的联系。业务对象研讨会的总结指出，“新系统将要求使用紧密耦合的开发方法构建松耦合、可重用、即插即用的组件，该方法结合了业务流程重建、分析、设计、实现和可重用的组件市场交付系统，类似于当今的定制 IC 芯片行业。”它还包括以下对 Scrum 论文的总结：“系统开发的公认理念是，系统开发过程是一种可以被计划、估计和成功完成的方法。然而，这是错误的理念。”[16] 实质上，施瓦伯说，研讨会其余部分的前提是错误的，过去没有“紧密耦合的开发方法”，现在也不会有这样的方法。

总结继续写道，

> Scrum 指出，系统开发是一个不可预测的、复杂的过程，并只能被粗略地描述为一个整体过程。Scrum 将系统开发过程定义为一组松散的活动，这些活动将结合已知的、可操作的工具与技术和开发团队为构建系统而设计的最佳工具和技术。由于这些活动比较松散，所以人们需要某些控制措施来管理开发过程和固有风险。[17]

20 世纪 90 年代中期，在布鲁克斯更新他的文章时，Scrum 技术开始普及，此时《微软的秘密》（Microsoft Secrets）也出版了。根据微软员工的报告，该书列出了公司管理开发的各种原则，包括“并行工作，但每天都要进行同步和调试”、“随时随地有一款在理论上可以提交的产品”和“在构建产品的过程中持续不断地测试产品”。[18] 这听起来非常敏捷，但是在20世纪90年代初我接触一个大型微软产品的经历告诉我，公司使用的技术与Scrum倡导的技术大相径庭。布鲁克斯在1995年的新版《人月神话》中表示对微软每晚构建和测试其软件的消息印象深刻。[19] 事实是，虽然我们确实确保了每晚构建软件（只是生成了一个在编译时没有出现任何错误的程序）并且每天只做最少的测试，但这个“理论上可提交”的产品是“理论上”这个词在最理论上的意义。我们的软件是在每个*里程碑周期*中开发的，每个里程碑周期持续6到9个月。尽管我们在每个里程碑周期中没有遵循严格的瀑布模型开发过程，但我们确实在不断地测试软件，并且只有在任何规划的里程碑周期结束时，软件才足够可靠并能达到对外发布的要求。实际上，我们“冲刺”的持续时间以及我们交付的“切片”的时间线是6到9个月，比Scrum建议的2到4周要长得多。即使将里程碑周期看成“长距离冲刺”也是错误的，因为Scrum明确地反对“小瀑布”冲刺方法（在“小瀑布”冲刺方法中，你可以将四周划分成一周的计划、两周的编码和一周的测试）。在冲刺过程中交付的每一个特性都应该准备好在它完成的当天发送给客户。

因此，在许多公司已经从纯粹的瀑布模型转向了更具迭代性的模型（有些公司甚至从未使用过纯粹的瀑布模型）的时候，Scrum大大加速了这一轮开发框架转向运动。

更引人注目的是排在第二位的敏捷方法，极限编程（Extreme Programming，XP）。XP 方法由贝克（Beck，他创设了现在的单元测试）发明，基于一套围绕软件规划、管理、设计、编码和测试的规则。[20] 其中，规划和管理部分与 Scrum 技术类似，包括每天开会、关注频繁更新的小版本，不过 XP 方法在某些特殊情况下更加规范。设计、编码、测试阶段的指导涉及软件应该如何工程化的实际细节，而 Scrum 忽略了这些细节。这种方法的关键是编写单元测试，并确保这些单元测试经常运行，还有，在添加新代码或发现某个 bug 躲过了当前单元测试集时，需要编写新的单元测试。

XP 方法还规定了有一点争议的结对编程实践，在这种实践中，两个程序员一直在一起工作，共享同一台计算机，通常一人在编码，另一人在检查。结对编程的理念是，理论上两个大脑思考比一个大脑思考更好。负责检查的程序员对编码的程序员做连续不断的代码审查（让其中一名程序员在一旁检查可以减少不必要的线上沟通时间，因为工作期间的线上沟通无疑会影响工作的效率）。

XP 方法确实试图避免一些关于程序设计的“宗派式”争论。它要求制定并遵守一种编码规范，虽然并没有指明是哪种特定程序设计规范，但是团队关于正确编码规范的争论应至多只发生一次，随后应不再纠缠这些细节（例如，关于选择制表符还是空格的问题，团队只需选择一种方式，然后遵守这个约定）。关于是否需要让代码对未来需求变化保持灵活性的问题，XP 方法有明确的答案：不需要。只应针对当前的功能需求编写代码，如果需求因新功能或用户反馈而发生了改变，就到那时再修改代码。因为代码有良好的单元测试，所以你在未来修改代码时不必担心意外破坏某些东西（因为你已经对代码有了深入理解）。在你得知新的需求之前，你都不会知道要做哪些修改，因此，试图提前准备代码修改是愚蠢的行为。任何与此相反的意见都可以用“你不需要它”（You Ain't Gonna Need It，YAGNI）这样的口头禅来驳回。

Scrum 和 XP 方法都是针对小团队的设计，每天的会议规模不会超过十到十五人，因为程序员与程序员之间相互的沟通会随着与会者人数的增加而减少。施瓦伯和萨瑟兰在 1995 年的 OOPSLA 会议论文以一个公理开篇：“一支由具有竞争力的人才组成的小团队，如果能在某个有限的、他们能掌控的空间范围内一起工作，那么他们的生产效率将远远超过一支大型开发团队。”[21] 如果生产效率是基于“人均交付代码量”这样的标准来评判的，那么这句话是很难被反驳的。通常来说，不只是软件工程，即使是在其他领域，随着项目规模的增长，通信和协调的开销也将增大。尽管如此，认为小团队将比更大规模的大团队产出更多的软件是具有误导性的观点。

贝克写道：“（团队）规模当然很重要。你恐怕不能让一百个程序员共同参与 XP 项目，五十名程序员恐怕也不行，二十名也不行。但是，与十名程序员合作是绝对可行的，”接着他补充道，“如果程序员们在两个不同的楼层办公，那就别想了。如果程序员们在同一层楼，但彼此之间相隔很远，那也别想了。”[22]

另一个问题是，当你在开发软件的第一个版本时，很难保证用户在两到四周内使用你的软件，甚至在几倍于两到四周的时间内可能也无法做到。Windows NT 系统在为期六到九个月的里程碑结束时公开发布，在此之前，它花费了几年时间来创建所有可用的部件，因为即使要运行单个用户的简单请求，也需要实现操作系统的许多内部结构部件。

微软的产品开发曾经是**功能驱动**（feature driven）的，这意味着团队将确定一组计划开发的功能，然后不断推进开发工作，直到所有功能都可用为止，如果功能不能按期实现，则接受延期交付。公司后来转向了**日期驱动**（date driven）的开发，团队将设置一个具体的日期，然后聚焦于能在此日期前完成的功能，随着功能开发的推进，如果某些功能看起来无法按期完成，那么这些功能会被削减。这套机制使得客户更容易预测开发进度。然而，这套机制是一件奢侈品，因为只有当你已经拥有一个现成的产品时，这种机制才是可用的。对于 Windows NT 系统的第一个版本而言，核心功能“操作系统正常工作”是不能被削减的。日期驱动的调度被认为是项目管理机制的一个突破，但从功能驱动到日期驱动的转变发生在所有微软的主要产品（Windows 系统、Office 办公套件、编译器产品、SQL Server 数据库产品和 Exchange 电子邮件服务器）都已建立可用版本的时候并不是巧合，在这些版本中，程序员可以在后续的更新中添加（或不添加）自定义的功能。

事实上，OOPSLA 会议上的原始 Scrum 论文指出，“ Scrum 关注现有产品的管理、增强和维护，同时利用新管理技术和前文所述的公理。Scrum 并不关心全新的系统开发工作或重新设计的系统开发工作。”当施瓦伯第一本关于 Scrum 的书在 2002 年出版时，这个区别消失了，Scrum 被认为同时适用于全新的项目以及正在开发中的项目。[23]

顺便提一下，这篇关于Scrum的OOPSLA论文阐述了另一个公理："面向对象环境中的产品开发需要一个高度灵活的、适应性强的开发流程，"文章补充道，"面向对象技术提供了Scrum方法论的基础。对象或产品特性提供了一个离散且易于管理的环境。面向过程程序设计的代码有许多相互纠缠的接口，它并不适合Scrum方法论。"[24] 我不确定面向对象与Scrum有什么关系，面向过程程序设计同样需要一个高度灵活的、适应性强的开发过程。如果你相信最狂热的面向对象的支持者，那么（你会意识到）面向过程程序设计将需要更灵活的开发流程，因为它缺少了面向对象程序设计提供的特殊"调料"。模糊不清地将"对象"和"产品特性"等同起来，我认为这种做法要么是对OOPSLA社区的一种迎合，要么是反映了早期人们对于面向对象的狂热。值得一提的是，我读过几本关于Scrum的书（包括施瓦伯的书，但他的书中并没有提到这一点），成为了一名认证的Scrum专家，并在微软做了多年的Scrum内部培训，但我从来没有听说Scrum不适合面向过程程序设计，也没有发现面向过程程序设计的团队在应用Scrum会遇到特殊的问题。

米尔斯曾经将程序员可用的课程称为"常识的新名字"，尽管拥有常识比缺乏常识要更好，但Scrum仍然在尝试解决软件中最简单的问题：为单个客户工作的小团队如何对已经运行的软件进行渐进式改进。[25] 这并不是说它没有用。在这种场景下工作的团队都在使用古老的方法（例如使用瀑布模型），他们会在得到客户反馈之前提供完整的解决方案，而Scrum可以帮助他们走上一条更好的道路。

当瀑布模型仔细地计划项目的每一个细节并且试图预测项目完成日期时，Scrum 指出团队将在项目的各个部分勤奋工作（施瓦伯最初的论文中提到"（这是）开发团队能够设计出的最好的（开发框架）"——意思是"相信我们的方案并停止喋喋不休"），并按照正确的顺序、始终在每个冲刺结束时向用户交付可以正常工作的代码。为了防止长期计划的失败，敏捷方法的方案是避免做出长期计划。正如施瓦伯和他的合著者迈克·比德尔（Mike Beedle）所解释的，"有研究发现，大约三分之二的项目完成时间大大超出了他们的预估的工期"，他们用来解决"预估失准和计划不周的风险"的方法是："Scrum 总是通过短期的估计来管理这种风险。……在冲刺周期内，Scrum 可以容忍并非所有冲刺目标都能被完成的事实。"[26] 贝克（Beck）谈到"计划失败——当交付的日子来临时，你却只能告诉客户，软件在接下来六个月内都还不能正常使用"，并解释说，"XP 方法要求多个短发布周期，每个周期最长只有几个月，所以任何计划失败的影响都是有限的。"[27]

换句话说，这些方法论并不能改变软件工程师不擅长估计开发进度的事实。他们只会尽量缩短估计，因此，即使开发进度延后了，按照百分比来看也不像从日历上看到的那样差。公平地说，他们强调要提高向客户交付可用代码的频率（这使得项目开发可以在客户驱动下不断推进，而且可以鼓励团队成员优先完成更重要的工作），这是朝着正确方向迈出的一步（如果没有这一推动，他们可能会倾向于优先解决最有趣的技术问题）。敏捷的支持者准确地指出，如果一个团队团结在一起，并从事类似的工作，那么它在开发进度估计方面会做得更好——不过，这不是什么新闻，也不是敏捷所独有的优点。

柏拉图的《道歉》中引用的苏格拉底的话这样说道："我比这个人更聪明。很可能我们两个人都是无知的，但他无知却自认为有知，而我无知时不认为自己有知。所以，从我认为自己确实不懂我不懂得的东西这个意义上说，我可能比他更聪明。"从这个意义上讲，认为软件项目本质上是不可控的 Scrum 比瀑布模型更聪明，而瀑布模型却在不知道如何控制它们的情况下提出控制它们。尽管 Scrum 的支持者可能希望听取苏格拉底后续的见解："优秀的工匠似乎和诗人犯了同样的错误：诗人和工匠，由于自己艺技的成功，都认为自己无所不能，这种狂妄反而掩盖了他们的智慧。"[28]

瀑布模型并不是敏捷开发的真正对立的方法，部分原因是，当敏捷开发出现时，真正的瀑布模型还没有被广泛采用。如果你想找出一种与敏捷开发最对立的方法，那么这种方法应该是由软件工程研究所（Software Engineering Institute，SEI）开发的个人软件过程（Personal Software Process，PSP）和团队软件过程（Team Software Process，TSP）。SEI 是位于卡内基 - 梅隆大学的软件智库，领导者是 IBM 的资深软件开发经理沃兹 · 汉弗莱（Watts Humphrey）。

汉弗莱于 1995 年出版的《软件工程规范》（A Discipline for Software Engineering）的前言中对 PSP 方法的阐述如下：

当今社会的生产实践离不开软件产品。软件产品开发需要能根据规范熟练操作的工程师。要做到这一点，他们必须接受规范的教育，并在正式的教育中拥有实践和完善这些规范的机会。

如今，学生的程序设计学习通常始于程序设计语言。他们通过一些简单的练习不断提升个人技能和技术，从而达到轻松解决这些简单练习的水平。……然而，这些解决小规模问题的程序设计技能本质上是不够的。[29]

PSP 解决方案是实践大规模软件开发（在 IBM 公司，汉弗莱管理着他那个时代一些规模最大的软件开发项目）并将项目规模缩小到适用于单人开发的程序。程序员将 PSP 技术应用到小程序的开发上，这将帮助他们为适当的大规模软件开发做好准备（大规模软件开发会在汉弗莱计划的第二阶段 TSP 方案中解决）。按照这种方法，PSP 的思路与敏捷的思路恰好相反：它将适用于小型团队的最优方法应用于大型团队，并认为这些方法也适用于大型团队。

汉弗莱意识到，PSP 方法听起来很像是在劝说人们吃蔬菜，于是他换了一种说法，让 PSP 方法听起来更有挑战性：“PSP 方法是一个自我提高的过程。掌握它需要研究、学习并进行大量的工作。但 PSP 方法并不适合所有人。回想一下，PSP 是为帮助你成为一名更好的软件工程师而设计的。有些人能够积极面对工作中的挑战。如果你渴望为个人成就而奋斗，并乐于面对具有挑战性的问题，那么 PSP 就是为你设计的。”书中还有一章是关于如何坚持使用 PSP 方法的：当你是团队中唯一使用 PSP 的人，当你的经理和同事都在揶揄你时，你应如何做。[30]

PSP 方法在很大程度上依赖于三个方面的估算，即代码行数、代码缺陷和可用时间，并且基于这些变量，通过各种数学运算来预测未来。它利用了正式的代码审查——一种由 IBM 公司的迈克尔·费根（Michael Fagan）于 1976 年首次提出的小组活动。[31] 正式审查与我们在第3章中提到的个人代码检查有许多重要的不同点：审查人员在会议前有充足的时间阅读代码，用于指导检查重点的参考手册是持续更新的，有一名正式的领导来主持会议，会议检查的结果（每行代码发现的缺陷数量）被持续跟踪和分析。[32]

我在微软公司第一次参与正式代码审查是在1993年，当时我在研究Windows NT系统的底层网络代码。正式代码审查时，一群人坐在会议室，开始浏览我的代码打印件。那天是1月20日，比尔·克林顿总统就职典礼的当天。这一天一场风暴席卷了西雅图地区，损坏了微软的电力供应。然而，代码审查没有受到恶劣天气的影响，我们聚精会神地围坐在会议室的窗前，竟然不知道一棵树倒在我们大楼外的一辆餐车上，餐车上的比萨饼随后被免费分发给大楼里的人们，只有我们在昏暗的光线下专心做代码审查，完全错过了免费的比萨。

除了错失免费比萨外，回想起来，我意识到这次检查并不是真正严格的正式代码审查。没有人提前读过代码，检查的结果也没有被持续跟踪。这更像是一次只能找出表面错误的并行进行的个人代码评审。在汤姆·吉伯（Tom Gilb）和桃乐丝·格雷汉姆（Dorothy Graham）再版的一本书中，这些个人的、临时的代码审查被描述为“所有缺陷消除技术中最无用但却最常用的技术。”[33]与此同时，软件工程研究所（以及吉伯和格雷汉姆，就此而言）的研究表明，代码检查对代码的真实改进有作用。

另外，和敏捷开发一样，PSP方法对于如何编写代码没有太多说明——例如，如何将B行放置在A行之后。与实际软件设计最相关的内容是提到自上向下和自下而上的设计在不同的情况下都是有用的，从中间开始的设计同样如此，把设计重点放在垂直切片上是一个好主意，而把整个系统分层构建起来也是一个好主意。[34] 在 PSP 方法下，你需要花时间提前考虑你的设计思路，同时还要在代码完成之后考虑这一设计是否有效，这比盲目地使用与上次相同的设计更好，但是，PSP 没有为如何探索新的问题提供太多的指导。Scrum 至少为你提供了具体的指导，使你专注于垂直切片，虽然这些指导在某些情况下可能不是好的建议，但至少可以避免不必要的纠结——鉴于大多数项目都是一次性的，我们很难知道其他设计思路是否会有更好的效果。

在微软卓越工程团队工作之前，我没有接触过 PSP 方法。我们在课程中只教授了一些与 PSP 相关的概念，但我明白为什么程序员在面对 PSP 时会本能地退缩。想一想所有代码都要被追踪（只是为了我个人的进步），就已经足够让我头疼了。一想到 PSP 的书，我就开始感到手臂肌肉酸痛，这本书有 750 多页，它是我所知道的篇幅最长的软件工程书籍（TSP 书的篇幅相对短一些，大约有 450 页）。[35] 这本书花了整整 30 页的篇幅来讨论如何计算代码行数（这个问题是程序设计界公认的具有争议性的话题）。根据 PSP 一书，你应该将编译器捕获的每一个语法错误都作为缺陷记录下来，以备将来分析。修复编译错误是一项机械的、烦人的任务，但它不会花费很长的时间，而将这些机械的、烦人的任务记录下来让我感到不寒而栗（而且你还应该将这些错误分类，其中错误类型大约有 20 个）。[36]

甚至在 PSP 的圈子里，人们仍在争论在第一次编译代码之前进行代码审查是否有意义，直觉上这种行为似乎是在浪费时间。

为什么要花时间查找编译器在几秒钟内便可以捕获的错误呢？PSP数据表明，在程序员期望编译器指出的错误中，大约有10%的错误是没能被发现的，因为这些错误可能恰好在语法上是正确的，而这些错误通常是后续亟待解决的非常隐蔽的错误。[37] 在编译之前通过代码审查找出所有的错误，可以使代码的修改成为一个更具针对性的问题，这对后续的代码审查更有益处，使其更可能受到人们的重视。

这一切都有一定的意义。按类型对编译错误进行分类可能需要很大的工作量，但是如果我意识到我犯的某类错误更多，那么我可以集中精力避免这些错误，并提高效率。……我不认为自己是那种“只是满足于完成工作”（汉弗莱指责的术语）的人，但我完全理解为什么在卓越工程团队，我们的Scrum课程比基于PSP的评估和检查课程更有吸引力（我觉得这两门课程在微软内部比Scrum训练更有用）。当你达到了自学成才的水平时，接受一种类似Scrum的方法论便容易多了。Scrum方法论认为，即使你被一定数量的代码追踪不必要地牵扯了精力，那也比像PSP这样的方法要求你做这做那要好得多。

如要把PSP当作事物的自然发展顺序来接受，那么应该在早期将PSP逐渐介绍给人们。但对于许多程序员来说，“早期”指的是高中时期。在这一时期便试图破解一个快速移动应用程序或网站的是一小部分人，如果他们听说过PSP，那么他们可能会开始尝试了解PSP。此外，PSP的思路是为大型项目的工作流程而设计，如果将其缩减规模以面向小程序的开发（然而，在开发小程序时，这些工作流程并非是必需的），那么PSP便成了用于将来面对大项目的培训，这使得PSP很难在程序员之间普及开来。与PSP相关的知识甚至不是卡内基－梅隆大学本科生课程内容的一部分，而软件工程研究所其实是卡内基－梅隆大学的下属机构。

从根本上讲，一般的敏捷开发以及特殊的Scrum都是乐观的：假定开发进展顺利，信任你的团队，并在需要时修复流程。而PSP和其他的命令－控制式技术则是悲观的：除非花了大量的时间来预防问题，否则事情会变得糟糕。作为一名经理，我更喜欢采取乐观的方法，我认为我手下的人们也是一样。但是我们仍然做了很多计划和跟踪，远远超出了任何敏捷方法论所推荐的范围。

敏捷开发正确地认识到，考虑到我们目前的评估技术和软件工程技术，预估软件项目的耗时是一件愚蠢的事情。在Scrum和XP方法为程序员提供一套婉拒的说辞之前，管理者最喜欢的策略是在项目的早期要求程序员给出对项目进度的预估，然后把程序员根据经验给出的估计定下来，但那时程序员们还不太了解项目的细节，因此无法做出一个合理的估计。史蒂夫·迈克康纳（Steve McConnell）在一本关于软件评估的书（副标题是“揭开黑魔法的神秘面纱”（Demystifying the Black Art））中提到了*不确定性之锥*（Cone of Uncertainty）：事实上，软件评估的误差一开始是很大的，但随着你对如何实现做了越来越多的调查，误差将逐渐缩小，并且，在编码开始后，误差将进一步缩小。[38] 要求程序员在不确定性之锥直径最大的部分给出估计值，然后不再修正这一估计，是最糟糕的做法。（他进一步指出，应该让个别程序员提供估计值，而不是尝试“群体智慧”的方法。也就是说，如果要求多人进行估计，即使他们不是从事这个项目的人也要给出估计，那么只会进一步放大估计的误差，无论估计是在不确定性之锥的哪一点上做出的。）[39]

获得普利策奖的《新机器的灵魂》（The Soul of a New Machine）描写了20世纪70年代末一家名为通用数据（Data General）的公司开发一台全新的微型计算机的工程。该书作者特雷西·基德（Tracy Kidder）描述了早期的估计是如何成为板上钉钉的：

> 似乎存在一种神秘的启动仪式，几乎每个团队成员都用某种方式参与了这项仪式。老手用来描述这个仪式的词（韦斯特发明了这个词，不过这个仪式不是由他发明的）是"签约"。签约意味着你同意为项目成功做任何必要的事情。如果必要的话，你同意放弃家庭、爱好和朋友——如果你还拥有它们（如果你签约了很多次，你很可能不再拥有这些了）。从管理者的角度来看，仪式的实用价值是多方面的。劳动不再是强迫性的，而是自愿的。[40]

在2000年的一项针对一家高科技公司的研究中，奥弗·沙龙（Ofer Sharone）提到了这种情况，在这种情况下，员工会自我施加工作压力，而人们通常认为这种压力来自他们的经理。这是他所说的"竞争性自我管理"的一部分。这种压力会"施加在（公司的）工程师身上，让他们对职业竞争力产生强烈的焦虑"。另一部分则是对员工的表现进行严格的评分。我不知道这套机制在通用数据公司是否有效，但在很多软件公司中确实有效。

《新机器的灵魂》是关于硬件开发的，但在我所读过的所有关于在大型"第一版"软件项目中工作的描述中，该书给出了最准确的描述。从零开始打造新计算机（这是通用数据公司的第一台

32 位小型计算机）是一项需要全力以赴的工作，你不能只向客户交付半台计算机。这样的结果便是高强度的压力和长时间的工作，就像这一段由程序员戴夫·爱泼斯坦（Dave Epstein）和老板埃德·拉萨拉（Ed Rasala）之间的“签约”描述的：

几周前，埃德·拉萨拉问爱泼斯坦：“你要花多长时间？”

爱泼斯坦回答说：“大概两个月。”

“两个月？”拉萨拉说，“噢，时间太长了。”

爱泼斯坦答道，“好吧，那就六个星期。”

爱泼斯坦觉得他好像在写自己的卖身契一样。六个星期的时间并不充足，所以他留在这里工作了半个晚上，工作进展比他想象的要更快。这让他非常高兴，过了没多久，他走进大厅，对拉萨拉说：“嘿，埃德，我想我四个星期后就可以完成了。”

“噢，很好，”拉萨拉说。

等回到他的小隔间里，爱泼斯坦才意识到，“我刚刚签约在四周内完成这项工作。”

最好快点，戴夫。[42]

有这样一个关于软件的笑话：“前 90% 的工作需要 90% 的时间。最后 10% 的工作占了另外 90% 的时间。”由于在实现过程中总是会发现新的未曾预料到的工作，对完成时间的估计几乎总是在增长而不是缩短，因此在不确定性之锥直径最大的时候要求程序员进行估计，最终必然会使程序员陷入一个过于激进的工作计划中。然而，经理们可能认为这是正当的，因为他们在进行崇高的工作，而且这是根据程序员自己的估计设置工作日程，而不是根据上级强制指定的日程。

施瓦伯和贝克大概感觉到了这种痛苦。施瓦伯和比德尔都很清楚，估计的时间只能用于计划冲刺，它并不具有约束力。[43]贝克要求，除了少数意外情况，每周应该工作四十小时："XP的规则很简单——你不能再连续加班。加班一周，没问题，我们只是额外工作几个小时。但是，如果你第二周周一的时候说，'为了达到我们的目标，我们必须继续加班'，那么你现在的问题显然是不能通过加班来解决的。"[44]（在我们前面对《新机器的灵魂》的摘录中，爱泼斯坦成功地在四周的时间内完成了他签约的项目，不过他每周的工作时间显然超过了四十个小时。）

我承认，当我读到《新机器的灵魂》时，我没有被那些关于签约工程师疯狂工作的描述吓倒，相反，我想参与这样一个项目。这不仅仅是有关荣耀和骄傲的想法。考虑到交付的紧迫性，这样的一个项目会许诺程序员极大的自由，可以不顾开发过程中的任何规则或惯例。敏捷开发向程序员许诺了同样的自由——只是我们享受这种自由的时间远远超过施瓦伯、比德尔和贝克推荐的时间。最终，我参与了一个类似的项目。从1990年到1994年，我参与了Windows NT系统前两个版本的开发工作。在完成这项工作之后，我便完成了签约，然后开始在微软内部寻找更成熟的项目。尽管像《新机器的灵魂》这样的故事给人留下的印象是：疯狂的工作是一项伟大的事业，但当这样的故事发生在软件开发上时，疯狂的工作只会产出仓促且质量低下的代码，给客户留下一长串bug。特别是，草率处理某些错误案例非常具有诱惑力：那些很少运行、但是在需要时却是最关键的部分的代码。

预估整个项目的完成时间，然后将截止期限印在程序员的额头上，结果整个项目还是走向了失败。只提供短期预估而不让程序员陷入困境的敏捷方法显然比这种长期预估的方法要好得多。然而，如果你退后一步，你就会发现敏捷开发掩盖了一个更加根本的问题。Scrum 并不是一种渐进式的软件项目管理方式，它是对当前软件开发状态的一种逻辑反应，这种反应试图通过避免为客户过度承诺来控制成本。有些瀑布模型版本反映了工程项目的工作方式，这是任何“真正的”工程项目都应该达到的目标，因为在理想情况下，你对项目有足够多的了解，不仅可以预测可能出现的问题并进行相应的预先计划，还能够根据以往在类似项目上的经验准确地安排工作。“响应变化高于遵循计划”是“不要期望我能够提前预测我将要完成什么”的另一种表达，而这是当前的现实，不过，我还是希望这种现实不会永远保持下去。因为虽然有些代码修改是由于客户在使用软件时意识到他们并不喜欢，但大部分情况下是因为你意识到内部实现细节（客户看不到的地方）需要重写——而且你无法提前意识到你正走在错误的道路上。正是这些原因使得软件开发变得不可预测。

你可能读过关于 Scrum、产品交付表和燃尽图的书籍，然后会想，“嘿，虽然我对软件一无所知，但我知道这些事情是有意义的。”这种感觉说明了 Scrum 没有任何对于如何设计实际软件的说明，它专注的是通过快速迭代获得客户反馈。玛丽·肖（Mary Shaw）在 1990 年写过关于所谓的软件工程的文章，“不幸的是，这个术语现在最常用于指生命周期模型、常规方法、成本估算技术、文档框架、配置管理工具、质量保证技术和其他标准化生产过程的技术。这些技术体现了软件工程演化到商业阶段的特征——‘软件管理’可能是一个更合适的术语。”[45] Scrum适合被归到软件管理类别，而不是软件工程类别。

我很欣赏敏捷开发承认了关于程序设计的一个重要事实，而以前的方法大多忽略了这一点：代码会被大量阅读。

阅读代码的意义在文献中并没有被完全忽略。IBM员工的《结构化程序设计》（Structured Programming）中有一章是关于代码阅读的。这一章篇幅很长，其中包括一些案例研究，其开篇写道，“有条理地、准确地阅读程序的能力是程序设计中的一项关键技能。修改和验证他人编写的程序、从文献中选择和调整程序设计以适应自己的问题，以及验证自己程序正确性，这些活动必须建立在程序阅读的基础之上。”[46] 米尔斯的《软件生产力》（Software Productivity）中有一章的标题是“将代码阅读当成一项管理活动”（这本书于1972年出版，早于他的合著《结构化程序设计》）。他预期了“PL/I语言的一种全新可能：程序员可以且应该阅读他人编写的程序，阅读他人编写的程序不是只在紧急情况下才会进行的特殊工作，而是平常程序设计过程中的一项日常活动。”[47] 温伯格的《计算机程序设计心理学》也有一章是关于阅读程序的。[48] 顺便提一句，我在之前出版的《找出bug》（Find the Bug）一书中也谈到了如何阅读代码。[49] 在《微软的秘密》（Microsoft Secrets）中，Excel开发团队的一位工程师称赞匈牙利标记法对代码阅读有非常好的帮助：“匈牙利标记让我们能够直接进入并阅读代码。……精通匈牙利标记就像成为了一位希腊文学者之类的专家。你拿起代码就可以阅读并理解它。”[50] 这段引文的实际内容与现实有所出入，但它确切地表明，阅读代码是程序员们应做和关心的一项活动，并且程序员们试图（在这种情况下是徒劳的）让代码阅读变得更简单。

在经典的瀑布型程序设计中，目标是为整个系统编写代码，并在编写完成后将系统交付给测试。如果测试发现了 bug，程序员便要经历修改代码的痛苦，但是如果再也不去查看它，那也被认为是正常的，甚至是积极的迹象。

敏捷开发的重点是在“你不需要它”（YAGNI）的指导思想下渐进式地交付代码，而且认可代码最终将被修改，那便是当“你确实需要它”的时候。在现有代码的基础上编写垂直分片，而且重新组织整体代码的更好方式是所谓的*重构*（refactoring）。不应该在代码初次完成后就再也不去碰它，事实远非如此。与其将只写一次的代码理解为“我们第一次就做对了”，不如将其理解为“我们可能没有对客户做出回应，而且我们的代码也开始发霉了。”正如贝克所说，“代码没有重构的一天就像没有见到阳光的一天。”[51] 承认代码需要经常被阅读和修改是从旧方法转换到新方法的重要心理转折。

最极端的基于重构的敏捷方法被称为测试驱动开发，它不仅要求为所有代码都编写单元测试，而且要求在代码完成之前先编写单元测试。此外，编写一个测试和编写通过测试的代码这两种活动要严格地交替进行，不能越位进入下一轮！“你不需要它”（YAGNI）是一个咒语，所以如果你正在设计一个保龄球游戏计分程序（这是测试驱动开发的一个标准示例），而你的第一个单元测试是一次击倒了所有球瓶的游戏，那么你在这次测试中的实际产品代码应该是这样的：

```
int ScoreGame(Board b) {
    return 300;
}
```

你看到我做了什么吗？当然，一旦你写了第二个单元测试，而在这次测试中并非所有球瓶都被击倒，那么你将根据传入的Board类型参数来计算实际得分，编写新的代码，而非仅通过硬编码给出满足第一个单元测试的300分。

我对敏捷开发最关心的问题是，它目前主导着程序设计方法论的讨论，却只涵盖了软件工程师可能遇到的一小部分问题。上面那个内部只有一行的方法是这一整章需要的唯一代码示例。尽管如此，敏捷开发仍被高调定位为程序设计项目的救世主。正如施瓦伯和比德尔在他们的书中所述，“我们在本书中提供的案例研究表明，Scrum不会像流程改进那样只提高5% ~ 25%的边际生产率。当我们说Scrum提供了更高的生产力时，我们通常指的是生产力提高了几个数量级，也就是说，要提高了好几个100%。”[52]实际的案例研究并不令人信服（特别是因为它们是人工挑选的，而不是受控的实验），不过，Scrum仍然在热情的程序员中大有市场。

在本书之前的章节中，我讨论了软件思想源头的转变：从早期的大学开始，然后转到企业研究实验室，然后转向企业产品组。敏捷开发是这一趋势的下一代转变。尽管它的发明者最初是一群程序员，他们的业务是编写程序，但他们很快便转变成咨询顾问，而且提供的产品就是敏捷开发知识本身。权当是给程序员的一个建议，敏捷开发并不是建立在任何研究或经验观察的基础之上的。

特别是，学术界与敏捷开发几乎没有任何关系。我们很容易看出其中的原因：凭借其全新的术语和过度夸大的承诺，敏捷开发被视为一种时尚，而大学恰恰希望避免这种时尚。不过这也反过来让大学与敏捷开发实践者（或者在敏捷开发影响下的新大学毕业生）比起来显得步履蹒跚。为了弥补这一差距，学术界需要更多地研究敏捷实践在什么情况下有帮助、在什么情况下没有帮助。在某些情况下，诸如测试驱动开发的方法无疑是有用的，但并不是像它宣称的那样，对每一种情况都适用。从这一点来说，任何争论的双方都有许多工作要做。

2007 年，斯科特·罗森伯格（Scott Rosenberg）出版了《梦断代码》（Dreaming in code）一书，他在书中描述了一支资深的程序员团队（他是其中的一员）试图编写一个应用程序的第一版本：一个名为钱德勒（Chandler）的个人信息管理器。不幸的是，这支团队似乎有点不正常。许多成员都被以前的成功冲昏了头脑，他们无法区分之前取得成功的因素中哪些是不重要的、哪些是错误的。他们的理念各不相同，但他们都相信“如果我们只做这一件事，那么软件开发的常规复杂性理论就不适用了”。

尽管如此，罗森伯格在软件方面有足够的个人经验，他认识到他们团队的行为并不是完全非典型的。在某一时刻，他无奈地举起双手说：“当我跟着钱德勒应用的断断续续的进展，听着这个项目的机器发出噼啪声和咳嗽声时，我不断地回想起我在软件时代积累的经验：*它不能总是这样*。必须有人想出一个对策。”然后，他花了一章的篇幅在本书介绍过的内容之间徘徊，包括设计模式、XP 方法和 PSP。罗森伯格总结道，“我不能说我寻求更好的软件开发方法的努力非常成功，”但有资格说，“我认为方法论的推崇者不是贩卖万金油的推销员。”[53]只是目前提出的解决方案对钱德勒这样一个大型而复杂的项目没有帮助。罗森伯格最终厌倦了等待，他的书比钱德勒应用还早面世。

最新的敏捷方法之一是软件工程方法和理论（Software Engineering Methods and Theory，SEMAT）倡议，它的创建是为了“确定软件工程的共同基础……它表现为对所有软件开发工作都适用的基本元素的核心。”介绍 SEMAT 的书有一个副标题“运用 SEMAT 内核”（Applying the SEMAT Kernel），该书还有一个更具野心的正标题，《软件工程的本质》（The Essence of Software Engineering）。像其他优秀的倡议一样，它也有一个行动号召，其中写道：

当今软件工程被不成熟的实践严重束缚。具体问题包括：

- 时尚的广泛流行更像典型的时装产业而不是典型的工程学科
- 缺乏一个健全的、被广泛接受的理论基础
- 大量的方法和方法的变体，其差别尚未被理解而且被人为夸大了
- 缺乏可靠的实验评估和验证
- 业界实践和学术研究之间的分离[54]

正如我在类似情况下所说的，我们很难反驳这些说辞。那么 SEMAT 打算如何解决这些问题呢？ SEMAT 起初并没有通过实际的实验评估和验证解决问题。在 2013 年 SPLASH 大会的“两种孤独”主题演讲中，格雷格 · 威尔逊（Greg Wilson）以程序员和原大学教授的身份评论道，SEMAT 一书并未引用任何一个实证研

究。[55] 相反，在三页的前言和最后十二页的证言之间，该书试图从各类软件过程管理方法中抽取出共同的核心部分，概括成一种元方法，从而可将其用于帮助读者诊断实际方案中的缺陷。考虑到敏捷方法论已经有些远离软件工程的实际问题了，再后退一步并不能让你更接近软件工程的本质。

然而，它确实提出了一个关于敏捷开发的观点。对于某些人来说，软件的问题与过程管理有关：确保需求是正确的、利益相关者都参与其中，并且建立了合理的团队。软件的实际实现是留给读者的一个练习。对于这些读者来说，像 SEMAT 这样的方法论更接近软件工程的本质。

我并没有看轻这一切的重要性。敏捷技术起源于那些从事合同工作的咨询顾问，他们面对的客户只有在对交付的产品满意时才支付报酬，敏捷开发帮助他们应对这一类客户。这种以客户为中心的做法常常被程序员所忽视，他们把客户的修改请求看成是善变的“外行用户”的证据，而不是一个取悦客户的必要步骤。在微软卓越工程团队，为了分析微软团队，我们研究了一个被称为“人力绩效提升”的领域。人力绩效提升的一个关键原则，是“把一个绩效高的个人安排在一个不良系统中，则该系统将屡战屡胜。”[56] 换句话说，人们从环境中得到的助益对他们的绩效的影响比他们自发的影响更大。要构造一个适合程序员工作的良好环境，合理的需求以及投入的利益相关者都是关键。

但是对于很多软件工程师而言，环境都已经确定：规范已经成文，团队已经就绪，现在要做的就是写代码。当工程项目变得越来越复杂时，敏捷开发往往会渐渐消失。如果你的团队每天都可以在一个房间里见面，那么项目规模就足够小，你们可以通过单元测试来测试大部分代码。如果整个团队在项目开发期间都待在一起，那么你就不会碰到一种被称为“模糊 API”的神秘问题，因为编写 API 的人都在同一个房间里。施瓦伯和比德尔在讨论程序员是否需要学习本团队编写的代码的问题时，提出了一个简单但不切实际的解决方案：“(我们) 制定了以下政策：编写代码的人永远拥有代码。”[57] 我认为从团队的角度来看，如果他们在停止工作后不再会感受到时间的流逝，有点像反向的宇宙大爆炸，那么他们便可以永远拥有代码。[58] 不幸的是，客户并没有那么幸运。

软件的复杂性更容易出现在规模更大、周期更长的项目上。虽然敏捷开发可以使简单的问题变得更容易一点，但它对解决困难的问题无能为力。它对程序员很有吸引力，但是要使软件工程更像一门工程学科，还需要一些其他的东西。

## 注释

1. Mark R. Milligan, “How Was Utah’s Topography Formed?” accessed January 11, 2018, http://geology.utah.gov/surveynotes/gladasked/gladtopoform.htm.

2. Mitch Lacey, “The History of the Agile Manifesto” (undated blog entry), accessed January 11, 2018, http://www.mitchlacey.com/blog/the-history-of-the-agile-mani festo.

3. G. Pascal Zachary, *Showstopper: The Breakneck Race to Create Windows NT and the Next Generation at Microsoft* (New York: Free Press, 1994), 65. 第一个官方计划的截止时间是 1991 年 3 月。到了 1992 年，人

们希望截止时间可以推迟到 1992 年 6 月（同上，177 页）。最终，截止时间被推迟到了 1993 年夏天。在 1988 年末项目启动时，人们最初的估计是项目大约要耗费 18 个月的时间。

4. “ Manifesto for Agile Software Development, ” accessed January 12, 2018, http://agilemanifesto.org/.

5. Jeff Sutherland, “ Business Object Design and Implementation Workshop ” (workshop at OOPSLA 1995, Austin, Texas, October 15–19, 1995). 萨特兰是这次研讨会的主席，尽管原文只把施瓦伯列为了作者 (Ken Schwaber, “ Scrum Development Process, ” accessed January 12, 2018, http://www.jeffsutherland.org/oopsla/schwaber.html), 在后来施瓦伯和萨特兰写的 “ Scrum 指南”（Scrum Guide）中他们澄清了共同合作的事实 (Jeff Sutherland and Ken Schwaber, “ The Scrum Guide, ” accessed January 12, 2018, http://www.scrumguides.org/docs/scrumguide/v2016/2016-Scrum-Guide-US.pdf).

6. Sutherland and Schwaber, “ Scrum Guide. ”

7. Martin Fowler, foreword to *Agile Software Development with Scrum*, by Ken Schwaber and Mike Beedle (Upper Saddle River, NJ: Prentice Hall, 2002), vi.

8. Harlan D. Mills, “ In Retrospect, ” in *Software Productivity* (New York: Dorset House, 1988), 2.

9. Frederick P. Brooks Jr., “ The Mythical Man-Month, ” in *The Mythical Man-Month: Essays on Software Engineering*, anniversary ed. (Boston: Addison-Wesley, 1995), 20.

10. Frederick P. Brooks Jr., “ *The Mythical Man-Month after* 20 Years, ” in *The Mythical Man-Month: Essays on Software Engineering*, anniversary ed. (Boston: Addison-Wesley, 1995), 264.

11. Frederick P. Brooks Jr., “ Plan to Throw One Away, ” in *The Mythical Man-Month: Essays on Software Engineering*, anniversary ed.

(Boston: Addison-Wesley, 1995), 116.

12. Brooks, "*Mythical Man-Month after* 20 Years," 265.

13. 同上，266 页。

14. 同上，266 页。

15. 同上，268 页。

16. Sutherland, "Business Object Design and Implementation Workshop," 170, 174.

17. 同上，174 页。该术语在此阶段被大写。

18. Cusumano and Selby, *Microsoft Secrets*, 263, 276, 294.

19. Brooks, "*Mythical Man-Month after* 20 Years," 270.

20. "The Rules of Extreme Programming," accessed January 12, 2018, http://www.extremeprogramming.org/rules.html.

21. Schwaber, "Scrum Development Process."

22. Kent Beck, *Extreme Programming Explained: Embrace Change* (Boston: Addison-Wesley, 2000), 157, 158.

23. Ken Schwaber and Mike Beedle, *Agile Software Development with Scrum* (Upper Saddle River, NJ: Prentice Hall, 2002), 57–58.

24. Schwaber, "Scrum Development Process."

25. Harlan D. Mills, "Software Engineering Education," in *Software Productivity* (New York: Dorset House, 1988), 253.

26. Schwaber and Beedle, *Agile Software Development with Scrum*, 2, 109.

27. Beck, *Extreme Programming Explained*, 3, 4.

28. Plato, "Apology," in *Plato: Complete Works*, ed. John M. Cooper, trans. G. M. A. Grube (Indianapolis: Hackett Publishing, 1997), 21, 22.

29. Watts S. Humphrey, *A Discipline for Software Engineering* (Boston: Addison-Wesley, 1995), x.

30. Humphrey, *Discipline for Software Engineering*, 8, 471–486.

31. Michael Fagan, " Design and Code Inspections to Reduce Errors in Program Development, " *IBM Systems Journal* 15, no. 3 (1976): 182–211.

32. Tom Gilb and Dorothy Graham, *Software Inspection* (Harlow, UK: Addison-Wesley, 1993), 33–36.

33. Trevor Reese, " Implementing Document Inspection on an Unusually Wide Basis at an Electronics Manufacturer, " in Tom Gilb and Dorothy Graham, *Software Inspection* (Harlow, UK: Addison-Wesley, 1993), 307.

34. Humphrey, *Discipline for Software Engineering*, 365–368.

35. Watts S. Humphrey, *Introduction to the Team Software Process*$^{SM}$ (Reading, MA: Addison-Wesley, 2000).

36. Humphrey, *Discipline for Software Engineering*, 262.

37. 同上，263 ~ 265 页。

38. Steve McConnell, *Software Estimation: Demystifying the Black Art* (Redmond, WA: Microsoft Press, 2006), 35–41.

39. 同上，149 ~ 155 页。

40. Tracy Kidder, *The Soul of a New Machine* (New York: Modern Library, 1981), 82–83.

41. Ofer Sharone, " Engineering Overwork: Bell-Curve Management at a High-Tech Firm," in *Fighting For Time: Shifting Boundaries of Work and Social Life*, ed. Cynthia Fuchs Epstein and Arne L. Kalleberg (New York: Russell Sage Foundation, 2004), 192.

42. Kidder, *Soul of a New Machine*, 152–153.

43. Schwaber and Beedle, *Agile Software Development with Scrum*, 35.

44. Beck, *Extreme Programming Explained*, 60.

45. Mary Shaw, " Prospects for an Engineering Discipline, " *IEEE Software* 7, no. 6 (November 1990): 21.

46. Richard C. Linger, Harlan D. Mills, and Bernard I. Witt, *Structured Programming: Theory and Practice* (Reading, MA: Addison-Wesley, 1979), 147.

47. Harlan D. Mills, " Reading Code as a Management Activity, " in *Software Productivity* (New York: Dorset House, 1988), 179–184; Harlan D. Mills, " The Case against GO TO Statements in PL/I, " in *Software Productivity* (New York: Dorset House, 1988), 27

48. Gerald M. Weinberg, *The Psychology of Computer Programming*, silver anniversary ed. (New York: Dorset House, 1998), 5–14.

49. Adam Barr, *Find the Bug: A Book of Incorrect Programs* (Boston: Addison-Wesley, 2005), 3–32.

50. Michael A. Cusumano and Richard W. Selby, *Microsoft Secrets: How the World's Most Powerful Software Company Creates Technology, Shapes Markets, and Manages People* (New York: Touchstone, 1998), 288.

51. Beck, *Extreme Programming Explained*, 110.

52. Schwaber and Beedle, *Agile Software Development with Scrum*, viii.

53. Scott Rosenberg, *Dreaming in Code: Two Dozen Programmers, Three Years, 4732 Bugs, and One Quest for Transcendent Software* (New York: Crown Publishers, 2007), 239, 264.

54. Ivar Jacobson, Pan-Wei Ng, Paul E. McMahon, Ian Spence, and Svante Lidman, *The Essence of Software Engineering: Applying the SEMAT Kernel* (Upper Saddle River, NJ: Addison-Wesley, 2013), xxix, xxviii.

55. Greg Wilson, "Two Solitudes" (keynote talk at the SPLASH 2013 conference, Indianapolis, October 26–31, 2013).

56. Geary A. Rummler, *Serious Performance Consulting according to Rummler* (San Francisco: Pfeiffer, 2007), xiii.

57. Schwaber and Beedle, *Agile Software Development with Scrum*, 5.

58. “将大爆炸想象成音乐会的开始是很有吸引力的想法。你正坐着摆弄你的程序，突然，在 $t$=0 时，音乐响起。但是这个类比是错误的。……宇宙开始时的奇点不是时间上的事件。相反，它是一个时间边界或边缘。在 $t$=0 ‘之前’没有时间的存在。……正如格伦鲍姆（Grünbaum）喜欢说的那样，即使宇宙在年龄上是有限的，它也是永远存在的，这里说的‘永远’是指在时间的任何时刻。” Jim Holt, *Why Does the World Exist?* (London: W. W. Norton, 2012), 75.

# 第10章

## 黄金时代

如果你像我一样，那么你也会梦想有一天，对软件工程的研究是深思熟虑的、有条理的，而且软件工程理论对程序员的指导是建立在实验结果的基础之上，而非基于虚无的个人经验。也许有了时间机器，我们就有可能去未来旅行，并生活在这样一个世界里。

有趣的是，还有另一种方法可以实现这个梦想。这种方法仍然需要一台时间机器，但是你会把它指向相反的方向，即回到过去。确切地说，回到大约45年前的过去。

回到20世纪70年代初期，找到一家离你最近的计算机书店，你会发现你正处于软件工程研究的繁荣时期。那个年代的书籍深入讨论了我们今天仍然面临的各种软件工程问题，尽管在那个年代几乎所有现在仍在运行的软件都尚未出现。关于UNIX的第一项工作始于1969年，C语言则是1971年发明的。基本上，这之前的所有东西（运行COBOL和Fortran程序的大型计算机系统）现在都已经被取代，千年虫危机为其钉上了棺材板上的最后一个钉子。由于来自那个年代的软件在功能上已经过时了，我们可能认为同一时期的研究也同样过时了，从而忽略这些研究。

然而，这种想法是错误的。如今我们有更快的硬件、更有表现力的程序设计语言和更好的调试工具。但如果你读过以前的那些相关书籍，那么你很容易发现，根本问题并没有改变。人们仍需要学习程序设计，人们编写了很多代码，但代码与代码之间仍然难以集成，调试仍然很困难，新程序员仍然不理解旧代码，等等。那时的软件并不像现在那些超大规模的程序那么复杂，但是那时的程序设计语言和开发工具也更初级，所以开发的难度其实差不多——或许在人类的认知需求上处于大致相同的位置。

不同的是，当时学术界和工业界中有一群人试图采取系统的方法找出软件工程的问题并尝试解决问题。这是北约会议刚刚结束之后的一段时期，**软件工程师**这一术语出现后没多久，而人们依然在用过去其他工程学科的研究方法研究这一学科。

考虑 1971 年出版的《大型系统的调试技术》。[1]这个书名放在今天可能会引起人们的兴趣，因为我们在大型软件系统上工作，而且必须对它们进行调试。该书不是一个人的专著，而是 1970 年夏天纽约大学库朗数学研究所举行的一次会议上收集的论文集，该会议是计划中的年度系列活动中的第一个活动。与会者来自学术界和工业界（IBM 人员在企业代表中占了多数），会议得到了海军研究办公室数学项目的资助。

我保存了一套比较完整的关于调试的现代书籍，这套书籍是我在撰写《找出 bug》（Find the Bug）一书（该书也是我在调试方面的贡献）时整理出来的。但是这些书都不是研讨会的成果，它们都属于“这些是我在编码时发现的一些事情”这类风格，这类书籍在现代软件工程书籍中非常普遍。这并不是说这些话题在过去的几十年里发生了很大的变化。《大型系统的调试技术》包括能够捕获错误的编译器、如何设计软件以减少错误、更好的调试工具、如何测试软件以可靠地发现错误，以及证明程序正确性这种永远不容易理解的内容。

具有讽刺意味的是，当时提出的许多建议在当时比在今天更难应用，因为每个人都在使用运行不兼容的软件的不同计算机系统。这并不是关于你能否从研讨会带回可以立刻使用的工具的问题，问题在于，如果你选择承担这一任务，你就需要考虑如何改进你系统上的工具。尽管如此，为了更好地推进软件工程学科的发展，人们乐于分享知识。

不幸的是，这种分享知识的浓厚氛围并没有持续多久。在1984年我开始上大学的时候，《大型系统的调试技术》仅面世了13年，不知出于什么原因，我从未接触过这本书，除了《C程序设计语言》以外，也没有看到其他与软件工程相关的书籍。

我几乎没听说过当时活跃的软件研究者。我知道一些相关的名言：布鲁克斯（Brooks）曾说过“为进展缓慢的软件项目添加人手只会进一步拖慢项目进度”，戴斯特（Dijkstra）也说过“GOTO语句被认为是有害的”。他们写的关于软件的内容有多少仍然是有用的，而且以后仍然是有用的，我对此毫不知情。那些忽视历史的人，正如他们所说，注定要重蹈覆辙。如果你真的读过我曾多次引用过的布鲁克斯的《人月神话》，你就会记得他写到了文档、通信、团队角色、评估困难、团队的可扩展性、代码注释和代码总量的成本，这些问题都是工业界一直在努力解决的问题。该书出版于 1975 年，也就是微软成立的那一年——但当时我们对它一无所知！

还有米尔斯（Mills），那个时代最好的研究者之一，但我直到开始为本书做调研时才知道他的存在。通过阅读 1968 年至 1981 年期间米尔斯的论文集《软件生产力》(Software Productivity)，你可以了解从那时起几乎所有关于软件的争论：软件中的不同角色、如何设计软件、如何测试软件、如何调试软件、单元测试、文档等。米尔斯还曾是第二次世界大战的一名轰炸机飞行员，并曾创建了第一个国家足球联盟的调度算法。公平地说，他当时被广为传颂，并在 IBM 度过了成功的职业生涯。在他 1996 年去世后，IEEE 设立了 Harlan D.Mills 奖，以表彰他"通过发展和应用健全理论对软件工程实践和研究做出的长期、持久和有影响的贡献"。[2] 然而，我似乎从未听到过有关任何人获得该奖的消息（据记录，帕纳斯（Parnas）和迈耶尔（Meyer）都曾获过该奖）。

许多其他研究人员采用科学的方法研究程序设计和程序员。哈罗德·萨克曼（Harold Sackman）于 1970 年研究了好的程序员与差的程序员之间的差距（以及其他相关问题）。[3] 莫里斯·霍尔斯特德（Maurice Halstead）于 1977 年研究了程序设计问题的难度是否可以在数学意义上被量化的问题。[4] 米尔斯与维克多·巴西利（Victor Basili，文档技术研究先驱之一）撰写了一篇关于程序文档技术的论文，使得程序员们可以通过程序文档快速理解程序。[5]《新手程序员研究》(Studying the Novice Programmer) 一书收集了一系列关于人们如何学习程序设计的研究，包括诸如程序员如何理解变量、循环和 IF 语句的主题，还有与个人相关的主题“高中 BASIC 程序员的错误概念总结”（“学生们显然将人的推理能力归因于计算机，这会导致许多误解”）。[6]

最值得称道的是，这项研究不仅是工业界和学术界之间通力合作的成果，而且其作者实际上告诉了你如何编写软件。不再有关于如何管理软件开发混乱局面的没完没了的清单或理论，这项研究给出了真正的实用建议，比如这样做而不是那样做以使代码更容易调试，以及那样做而不是这样做从而增加代码可读性。

你想解决那些把软件开发搅成浑水的无止境的派别争论吗？既然所有派别都声明了各自的优点，那么为什么不让两组人用不同的风格编写代码，看看它们如何影响对代码的初始理解、修改的难易度和代码的可维护性？为什么不呢！本·斯内德曼（Ben Shneiderman）在 1980 年出版的《软件心理学》（Software Psychology）中就不同的注释风格如何影响同一个 Fortran 程序的可读性的问题，对学生进行了测试。[7] 方便记忆的变量名重要吗？拉里·韦斯曼（Larry Weissman）在 1974 年报告了就此所做的一系列实验。[8] 缩进怎么样？少部分人在 20 世纪 70 年代就开始调查缩进是否有助于可读性，其中包括汤姆·乐福（Tom Love）和斯内德曼（Shneiderman）。GOTO 语句真的有害吗？马克斯·西姆（Max Sime）、托马斯·格林（Thomas Green）和约翰·盖斯特（John Guest）在 1973 年研究了这个问题，亨利·卢卡斯（Henry Lucas）和罗伯特·卡普兰（Robert Kaplan）在 1976 年也研究了这个问题。[10]

流程图之争是关于工程设计准则如何演变的一个罕见的例子。

流程图的方法是让程序员在编码之前将每一个控制逻辑（IF 语句、循环、GOTO 等）都画在同一张图上。流程图可以用于基本决策树。它们是《连线》（Wired）杂志最后一页上关于“我应该做 X”或“我应该买哪种 Y”的图表的前身——所有菱形用于决策点，每个箭头都指向一个选择。甚至视觉语言中盒子的形状也和软件流程图一样。流程图在玛丽莲·波尔（Marilyn Bohl）1971 年的《流程图技术》（Flowcharting Techniques）等书中被提倡，并在很长一段时间内为各种操作手册增色不少。[11]

流程图的问题是，它们对程序理解的复杂部分没有帮助。在阅读 IF 语句时，问题不在于意识到代码中存在 IF 语句，而在于 IF 逻辑是否正确，而对于这一问题，直接阅读代码与阅读流程图是一样的。回忆一下第 1 章的判断“驴子撞到车了吗”的语句：[12]

```
1750 IF CX=DX AND Y+25>=CY THEN 2060
```

你可以将这一语句重新绘制成流程图，如图 10.1 所示。

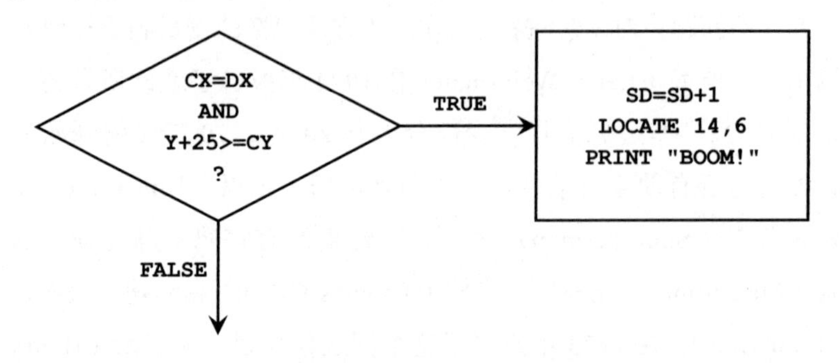


图 10.1　流程图形式的“驴子撞到车了吗”

但流程图并不能帮助我们理解 IF 测试（CX=DX AND Y+25>=CY）是否正确，而这正是可能出错的地方。至于流程图的价值，你不知道一个流程图是否与中途修改过的代码保持同步，所以最后你还是要阅读代码的。

理查德·迈尔（Richard Mayer）和无处不在的斯内德曼等人的研究最终还是揭示了流程图的不足。[13] 幸运的是，这些研究与程序员的经验反馈产生了共鸣，对于比微软面试题以外更大范围的问题，流程图带来的麻烦远远超过了其带来的价值。布鲁克斯（Brooks）在一篇题为“流程图诅咒”的文章中（等一下，文章取了这样的标题，我还需要多说吗？话说回来，我还是会将这篇文章作为另一个例子，说明某些思想应用于小程序时是有效的，而应用于大型程序时却会出问题）注意到“流程图是一种被吹捧得最过分的程序文档。……当流程图能被一页纸容纳下时，它们可以优雅地显示决策结构，但当流程图需要占用多页纸，并用编号的出口和连接线连接在一起时，这种表达方式将会崩溃。”[14]

但是，流程图是我能想到的唯一案例：一种曾经流行一时的程序设计方法基于研究结果而最终退出了舞台——即使是那个时候，我怀疑主要是程序员的懒惰，而非针对性的研究，导致了流程图的消亡（我回忆起当初建议使用流程图，而后来自己判断使用流程图是在浪费时间）。

早期人们关注如何用工程方法从事软件的原因是什么？很难确切知道这个问题的答案，但我可以推测。一个新专业在短时间内诞生时，会出现一种“鸡和蛋”的（矛盾）效应。在计算机科学专业出现之前，第一批计算机科学教授在上大学时是如何接受培训的？答案是他们大多是数学家：高德纳（Knuth）、米尔斯（Mills）和布鲁克斯（Brooks）都拥有数学博士学位。作为一个数学家的儿子，我可以自信地说，尽管数学家有着独立思考深层次问题的名声，但是他们非常富有合作精神，而且会花很多时间交流思想，几乎总是在前人工作的基础之上建立自己的工作。[15]

此外，当软件首次成为一种可以被出售给客户的产品时，编写软件的公司还是硬件公司，早期还没有像微软这样“专门制作软件”的公司。每个公司都在生产自己的硬件，但这些硬件与其他硬件都不兼容，并且需要一个操作系统来运行软件以及一套编译器和工具供其他人编写软件。客户购买计算机不是用于办公室取暖，他们需要软件来解决他们试图解决的特定问题，因此，谁比制造硬件的公司更适合（或者说，还有谁）制造软件呢？IBM 在历史上被认为是一家硬件公司，但为了出售其机器，其不得不编写大量的软件。SABRE 是美国航空公司在 20 世纪 60 年代初推出的基于计算机的航空预订系统，这一系统由 IBM 编写，这是 IBM 与该航空公司进行硬件和软件组合交易的一部分。米尔斯在 IBM 的联邦系统部工作，负责编写为政府客户定制的软件。

在设计硬件时，一家公司是在从事“真正的”工程：电气工程已经积累了关于电路设计、散热和功率以及其他问题的知识，这些问题都不能用“我上次是这样解决的”方法来解决。公司必须同时依靠来自学术界和工业界的科学研究。此外，在硬件设计中，你不能像软件那样轻松地进行后期修改，因此预先设计是值得的。硬件公司可能会用同样严格的方法处理软件问题。

鉴于这一点，可以理解的是，早期的软件工程是由学术界的数学家和工业界的硬件公司共同推动的，并开始沿着其他工程学科所走过的道路发展，你可以在当时的文献中看到这一过程。

1975年的一名观察员有合理的信心认为这一趋势将继续下去，并且在几十年内，问题将得到解决，知识将得到整理，然后可以将这些知识讲授给学生，使其贯穿于职业培训中。

委婉地说，结果不是这样的。到底发生了什么？

在《计算机程序设计心理学》（The Psychology of Computer Programming）中，温伯格（Weinberg）提出了由终端的出现引起的变化的理论（这一理论可以追溯到1971年）。当他谈到终端时，他指的是通过连接到一台大型计算机控制台，可以用交互方式编辑和运行程序，就像我1981年左右从父母房间连接到麦吉尔计算机那样，不同的是这台终端可能带有屏幕显示器而不是打印机。这是在旧系统基础之上的一个重大进步。想要在旧系统中运行一个程序，你必须亲自把程序做成一堆穿孔卡片并提交，然后等待程序被调度和运行，而程序的输出由一个能够访问实际计算机的操作员交给你。书中温伯格说道，程序员把阅读代码作为一种提高自己程序设计水平的方法，并哀叹道，比起过去，现在很少有程序员这样做了：

随着终端的出现，情况越来越糟，因为程序员可能甚至不会去以适合阅读的方式去回顾自己的程序。在过去的日子里（对于计算来说并没有多久之前）我们不太容易接触到机器，也负担不起从实际的机器运行中慢慢学习的时间。周转率通常是如此之差，以至于程序员只好通过阅读彼此的程序来消磨时间。……

但是，唉，时代在变。正如电视把年轻人从阅读书籍的老式乐趣吸引开来一样，终端设备和总体上改进的程序运行方式也使阅读程序无可救药地成为一个老式程序员的标志。进入深夜，满头白发的老前辈在埋头于一个性感的子程序或一个神秘的宏，而年轻人们正忙着和他的终端进行对话。[16]

读过最后一句中的意象，忽略他使用男性人称代词来指代程序员的随意，温伯格的观点是，使用交互式终端程序设计会使程序员远离早期软件开发的那种缓慢方法，因为在早期软件开发中，你需要提前花费更多的时间来确保程序能够正确运行，因为运行程序的时间开销要大得多（并且当你站在一旁等待操作员交付运行结果时，有更多的时间与其他程序设计人员聊天）。这更像是硬件工程，一旦构建了物理硬件，修复问题就变得非常困难。

此时，另一颗正在发芽的种子也影响了软件的发展，并导致事情偏离了预期的方向。1968 年在德国加米什召开的北约会议因“软件工程”一词的诞生以及学术界和工业界之间达成的合作协议而被人们铭记。然而第二年在罗马举行的第二次北约会议，并没有以同样的方式结束。会议编辑约翰 · 巴克斯顿（John Buxton）和布莱恩 · 兰德尔（Brian Randell）写道：

加米什会议以参会者的兴趣范围之广和专业经验之代表性而闻名。事实上，从象牙塔的学者到参与真正大规模软件项目的一线开发人员，参会者覆盖了所有软件工程从业人员。绝大多数与会者对于当时软件开发领域，或者过早地被称为“软件工程”的领域所面临问题的困难程度和严重性达成了广泛的共识。……

罗马会议组织者的意图是，应该对技术问题进行更详细的研究，而不是将加米什会议上广泛关注的管理问题也包括在内。不过，会议再一次有意识地成功吸引了同样广泛的参会者。这次会议与它的前一届相比，几乎没有什么相似之处。……至少在编辑们看来，不同背景的参会者之间缺乏沟通是这次会议的主要特征。最终，这种沟通隔阂的严重性，以及认识到这只是现实世界中情况的一种反映，使这种沟通隔阂本身成为一个主要的讨论话题。正如加米什会议的主要成果是充分认识到软件危机的严重性一样，编辑们认为，认识到沟通隔阂的严重程度是罗马会议最重要的成果。[17]

换言之，一旦人们开始脱离对问题的广泛认识，并深入潜在解决方案的细节，学术界和工业界之间的差距便开始显现出来了。罗根·尼达姆（Roger Needham）和乔尔·阿隆（Joel Aron）在第二次会议的一个报告中讨论了这一差异：

软件工程师想要做一些可以工作的东西，包括满足对需求、成本、交付和鲁棒性的承诺。优雅和一致性却是次要的。以不可预测甚至不合理的方式改变系统必须是容易的——例如，响应管理指令。目前，理论家们还没法跟上这类事情的发展潮流，就像他们的研究无法跟上大型软件系统日益增长的规模和复杂性一样。[18]

该报告还引用了牛津大学计算机科学家克里斯托弗·斯特拉奇（Christopher Strachey）的一段话，这段话来自会议最后一天针对沟通缺失问题而增加的讨论：

我想谈谈理论和实践之间的关系。在我看来，这一直是本次会议的潜台词之一，而且没有得到合适的发声。我饶有兴趣地听了关于大型程序管理方案以及使用这些方案编写的程序的讲述。而且我也注意到了昨晚提到的一种观点，即正在执行这些方案的人认为他们被邀请到这里，却被理论家们像小丑一样看待。我也从一些工作更偏理论的人那里听说，他们同样觉得自己被孤立，他们人在这里，但什么也不允许说。……

我认为我们应该记住某个法则，这个法则告诉我们95%的东西都是垃圾。你不应该以95%的计算科学垃圾来判断计算科学对于软件工程的贡献。你不应该从纯理论的高度来看待软件工程，因为95%的软件工程也是垃圾。让我们试着从另一个角度来看待好的事情，看看我们是否真的不能架起一座沟通的桥梁。[19]

他可能指的是科学作家西奥多·斯特金（Theodore Sturgeon）创造的斯特金定律，该定律假定“90%的东西都是垃圾”。[20]

高德纳（Knuth）曾表示，他认为在20世纪70年代初，专业学者是优秀的程序员，而行业专家则不是。然而，在那十年里，随着软件产业的发展，情况发生了逆转，到了这十年末时，学术界已经偏离了与产业发展同步的方向，他们的程序设计和他们的专长领域都局限于小范围，只编写小程序，因此不能给出对业界有用的建议。[21]巴西利说：“研究人员解决的是可解决的问题，而非真正的问题。”[22]遗憾的是，尽管在某些方面偶尔出现亮点（例如设计模式），但是这种差距至今仍然存在。

但实际上，软件工程的学术研究水平下降是存在明显的原因的。这个原因就是我。

当然，不仅是我。是我和像我这样的人：我们是在20世纪70年代中期个人计算机革命之后长大的，这场革命使我们转向了交互式终端，并把计算加速到光速。温伯格在《计算机程序设计心理学》银装纪念版中对此发表了评论，他观察了20世纪90年代中期他所在的咨询公司的程序员团队：“然而，更有趣的巧合是，他们所有人在学校正式学习程序设计之前都学过程序设计。”这是个人计算机革命带来的重大变化。在我的过去，在我1956年为IBM工作之前，我甚至没有见过一台计算机。”[23]

这不是巧合。从20世纪70年代末开始，访问计算机不再需要在计算机硬件公司工作或与大学有联系。任何人都可以把一台个人计算机带回家，不需要有经验的程序员的监督和建议，也不受工程公司方法论的约束，自己就能开始程序设计。他们也的确是这么做的，从过去什么都不会，到一次又一次地重塑一切。无论是字面上还是象征意义上，我们都没有回头看。在硬件公司的软件部门萎缩的同时，独立软件公司蓬勃发展，因此，现代软件行业是由从未接触过严谨的工程理论的人创建的。

这是我成长为程序员的时代。在个人计算机兴起之时，我开始使用计算机。但我也在常春藤联盟大学主修计算机科学！正如我之前所说，我们所有人都自学了如何进行程序设计，不知我的教授们是否了解温伯格和米尔斯，但是教授们没有对本科生谈到过他们。我不知道为什么会这样——是不是软件世界的变化如此之快，以至于这些看起来已经过时了，还是有太多其他的东西要教我们，导致没有时间讲这些，或者他们尝试过，却被无经验的个人计算机迷忽视了。或许这些内容被视为不相关的，因为这些主题往往被冠以“心理学”（一个出现在斯内德曼和温伯格经典著作标题中的术语）或“人为因素”字眼，后者听起来非常不工程化。

1976年，斯内德曼帮助建立了非正式的软件心理学会，该学会每月召开一次会议，讨论计算机科学和心理学的交叉点，也包括软件工程主题。1982年，学会将人为因素作为计算系统会议的一个主题，这导致了美国计算机协会人机交互特别兴趣组（SIGCHI）会议的创建。[24]然而，不管出于什么原因，SIGCHI 会议将重点放在用户与计算机接口的交互，而不是程序员与软件工具的交互（最终斯内德曼本人也是如此）上。所有这一切的净效应是，在普林斯顿大学，我没有听说过这项研究，当时这项研究只有大约十年的历史，当然这在当时是相关的——现在也是。[25]

在我在微软的早期工作阶段，我遇到过几位曾经在硬件公司工作过的人，他们离开的原因是在那里写软件感觉太慢和太官僚主义了：这些公司按照开发硬件的流程开发软件。我的意思是，为什么不呢，如果你可以不受既定先例的约束而工作，而是自己创造一切，那么你不想这样吗？不需要规则！意外之财！这和敏捷开发今天所做的宣传是一样的：你使用的方法越少，你就越能自由地创造出天才的作品。不幸的是，我们并没有尝试从这些避难者身上学到些什么，而是应他们的要求解开他们的束缚。

我现在意识到，这是戴夫·卡特勒（Dave Cutler）和公司几乎所有其他高管之间的区别。在我的微软早期职业生涯中，我曾为他工作，当时他在负责 Windows NT 项目。卡特勒比我大一辈，在数码装备公司（一家硬件公司）摸到了软件工程的门路。在那里工作时，他已经理解了软件开发中计划和严谨的必要性。在开始编写第一版 Windows NT 的代码之前，团队制作了一个大笔记本，其中列出了系统的内部实现细节，重点关注每个部分提供的应用程序编程接口（API），现在史密森研究所（Smithsonian Institution）保存了一份该笔记本的副本。[26]这些是在我加入团队之前发生的事情。如果我能亲身经历这个活动，我不知道我会怎么看待这件事情。我可能想知道为什么我们不赶紧开始写代码。关于这一点，我不确定比尔·盖茨（Bill Gates）是怎么想的（显然，他让卡特勒按自己的方式去做）。盖茨还很年轻，他能够在一个终端上自己学会程序设计，就像温伯格指责的那样，这种终端带领程序员走上了享乐之路。

威尔逊（Wilson）在 SPLASH 2013 会议上发表主题演讲时提到，“我怎么不知道我们知道这些事情？”的顿悟源于他在工业界工作十年后发现的 1993 年由斯蒂夫·麦康奈尔编写的《代码大全》（Code Complete）一书。[27]《代码大全》是最早试图汇集有关如何编写软件的智慧的著作之一。这本书值得特别提及，因为它确实引用了学术研究来支持书中的建议——至少是在已经研究过的领域，例如“在单个方法中，代码行应该有多少行？”值得一提的是，麦康奈尔在书中引用的研究对于这个问题的共识是，200 行左右的代码已经超出了合适的长度。[28] 从那时起，这一话题就不再受到任何研究的关注，而现在，这一话题却又充满了一大堆兴高采烈而充满激情的空话，以至于不管单个方法包含了多少行代码，人们都不会嫌多了。一些人声称，一旦你觉得你需要在代码中添加注释，你就应该把代码转移到一个单独的方法中——代码只有一个句子的长度，方法名根据驼峰命名法设置，方法名可以同时表示完整的注释含义。

当时麦康奈尔所引用的大多数研究都是至少十年前的研究了，因为在那之后这种类型的研究已经基本消亡了（该书的第二版出版于 2004 年，几乎没有新增任何新的研究）。但至少他在提及相关领域的时候引用了它们。他甚至花了五页的篇幅讨论匈牙利记法，在没有选择赢家的情况下展示了赞成方和反对方的论点。[29] 这不足为奇，因为匈牙利记法作为工业界的产物，从未被正式研究过——从未被学术界和工业界研究过，相反，双方对此展开了持续不断的争论（在该书第二版中，他将匈牙利记法的内容减半，并将其称为“标准化前缀”，但他也删去了大部分论证，让读者觉得这种记法是个好主意）。[30]

与美国计算机协会（ACM）愿景相似的专业协会 IEEE 计算机协会创建了软件工程知识体系（Software Engineering Body of Knowledge, SWEBOK），《SWEBOK 3.0：软件工程知识体系指南》一书汇总了该体系，这本书也被称为《SWEBOK 指南》（ACM 最初参与了 SWEBOK 的创作，但是与 IEEE 在 SWEBOK 的发展方向上存在分歧，于是便退出了该书的创作）。[31] 该体系最初发起时有盲从的方面：其他工程学科有各自的知识体系，所以如果我们创建一个自己的知识体系，那么我们将获得其他工程学科那样的工程严谨性。本质上，IEEE 汇集了当前软件工程的智慧，而没有对其实际价值做出判断。

鉴于 API 设计是软件工程中最关键的领域之一（麦康奈尔在《代码大全》中花了整整一章的篇幅来讨论这个主题），了解《SWEBOK 指南》对此如何解释是很有指导意义的。诚然，该书没有《代码大全》的覆盖面那么广，但只有四分之一页用来专门讨论这样一个重要主题仍然令人泄气。在解释了 API 是什么之后，它指出“API 设计应该尝试使 API 易于学习和记忆，从而增强代码可读性，使 API 不易误用、易于扩展、完备并保持向后兼容性。由于在广泛使用的库或框架中，API 的实现通常比较持久，因此我们希望 API 简单易用且保持稳定，以促进客户端应用程序的开发和维护。”[32] 以上就是全部。这个建议是正确的，虽然可能有点违反传统，但令人遗憾的是，它的表述是不完整的。“应该尝试”是什么意思？它没有说明如何实现这些目标，也没有提供任何来研究它们的参考文献。

《SWEBOK 指南》指出，它不包含详细信息，但向读者提供了其他文献：“知识的主体是在参考资料中找到的。”[33] 在 API 设计的案例中，它给出的指引是《软件架构编档》（Documenting Software Architecures）一书，书中内容是关于在不同粒度下记录你的软件设计的，包括各个 API 层——但它是关于记录已创建的设计，而不是关于如何创建新的设计。[34]

与此同时，《软件工程基础》(Software Enginnering Essentials)（该书由三部分组成，旨在提供更多关于 SWEBOK 的详细信息，并逐点进行解释）对 API 设计给出了以下解释：

API（应用程序编程接口）是应用程序用来与操作系统或其他控制程序（如数据库管理系统）通信的语言和消息格式。一个 API 意味着计算机中有一些程序模块可以用于执行该操作，或者必须将其链接到现有程序才能执行这些任务。[35]

这段话没有什么高见，它只是对一个术语的定义，来自《PC 杂志百科全书》(PC Magazine Encyclopedia)。

在过去的二十年中，软件工程信奉的许多内容（敏捷开发、单元测试、关于错误和异常的争论以及不同程序设计语言的优点）都是在没有任何实验支持的情况下呈现出来的。甚至面向对象程序设计也并没有被严格测试过它是比以前的那些方法更好，还是只是让程序设计人员的头脑更愉快。2001年一个针对几个面向对象程序设计的研究的综述写道，“尽管大多数研究未能建立在理论的基础之上，但是证据的天平仍然稍微倾向于支持OOSD（面向对象的系统开发）。很多研究缺乏合理的实验设计，还有一些研究基于这些证据得出了值得怀疑的结论。”[36]

有一些坚定的研究人员继续对软件工程进行实证研究。巴西利（Basili，2003年获得IEEE Mills奖），作为最早的也是研究时间最长的践行者之一，值得被特别提及。除了作为马里兰大学计算机科学系教授的漫长职业生涯外，他还担任了美国宇航局戈达德航天飞行中心软件工程实验室的主任长达二十五年。为了纪念他的65岁生日，2005年《实证软件工程基础》（Foundations of Empirical Software Engineering）一书出版，这本书精选了他整个学术生涯中的20篇论文。[37] 如果你对诸如“定量比较软件开发方法的控制实验”和“比较软件测试策略的有效性”的标题感到好奇，那么我鼓励你学习更多的实证研究。但他的工作经常出现在诸如《实证软件工程》(Empirical Software Enginnering）或《系统与软件期刊》（Journal of Systems and Software）的期刊上，而且从未进入工业界的视野，而一线的程序员则蜂拥至关于敏捷开发或者其他时髦话题的会议。[38]

当我们所有“年轻人”在20世纪80年代初联合起来，成功地击溃大型计算机时，我们把洗澡水（大型计算机）和孩子（工程精神）一起泼了出去。软件工程的挑战在于如何将这些都找回来。

# 注释

1. Randall Rustin, ed., *Debugging Techniques in Large Systems* (Englewood Cliffs, NJ: Prentice-Hall, 1971).

2. IEEE Computer Society, " Harlan D. Mills Award, " accessed January 13, 2018, https://www.computer.org/web/awards/mills.

3. Harold Sackman, *Man-Computer Problem Solving* (Princeton, NJ: Auerbach Publishers, 1970).

4. Maurice H. Halstead, *Elements of Software Science* (New York: North Holland, 1977).

5. Victor R. Basili and Harlan D. Mills, " Understanding and Documenting Programs, " *IEEE Transactions on Software Engineering* 8, no. 3 (May 1982): 270–283.

6. Ralph T. Putnam, D. Sleeman, Juliet A. Baxter, and Laiani K. Kuspa, " A Summary of Misconceptions of High-School BASIC Programmers, " in *Studying the Novice Programmer*, ed. Elliott Soloway and James C. Spohrer (Hillsdale, NJ: Lawrence Erlbaum Associates, 1989).

7. Ben Schneiderman, *Software Psychology: Human Factors in Computer and Information Systems* (Boston: Little, Brown, 1980), 66–70.

8. Larry Weissman, " Psychological Complexity of Computer Programs: An Experimental Methodology," *ACM SIGPLAN Notices* 9, no. 6 (June 1974): 25–36.

9. Tom Love, " An Experimental Investigation of the Effect of Program Structure on Program Understanding, " *ACM SIGSOFT Software Engineering Notes* 2, no. 2 (March 1977): 105–113; Schneiderman, *Software Psychology*, 72–74.

10. Max E. Sime, Thomas R. G. Green, and D. John Guest, " Psychological Evaluation of Two Conditional Constructions Used in

Computer Languages," *International Journal of Man-Machine Studies* 5, no. 1 (1973): 105–113; Henry C. Lucas Jr. and Robert B. Kaplan, "A Structured Programming Experiment," Computer Journal 19, no. 2 (1976): 136–138.

11. Marilyn Bohl, *Flowcharting Techniques* (Chicago: Science Research Associates, 1971).

12. "donkey.bas," accessed January 13, 2018, https://github.com/coding-horror/ donkey.bas/blob/master/donkey.bas.

13. Richard E. Mayer, "Different Problem-Solving Competencies Established in Learning Computer Programming with and without Meaningful Models," *Journal of Education Psychology* 67, no. 6 (1975): 725–734; Schneiderman, *Software Psychology*, 81–85.

14. Frederick P. Brooks Jr., "The Flow-Chart Curse," in *The Mythical Man-Month: Essays on Software Engineering*, anniversary ed. (Boston: Addison-Wesley, 1995), 167–168.

15. 正如我父亲所言，“在我发表了超过一百篇论文的学术生涯中，只有一篇是全新的工作（没有明显的前人工作）。我猜这个数量比学术界的平均值多1。”

16. Gerald M. Weinberg, *The Psychology of Computer Programming*, silver anniversary ed. (New York: Dorset House, 1998), 6.

17. John Buxton and Brian Randell, introduction to "Part II: Report on a Conference Sponsored by the NATO Science Committee, Rome Italy, October 27–31, 1969," in *Software Engineering Concepts and Techniques*, ed. Peter Naur, Brian Randell, and J. N. Buxton (New York: Petrocelli/ Charter, 1976), 145.

18. Roger M. Needham and Joel D. Aron, "Software Engineering and Computer Science," in *Software Engineering Concepts and Techniques*, ed. Peter Naur, Brian Randell, and J. N. Buxton (New York: Petrocelli/

Charter, 1976), 251.

19. Christopher Strachey, quoted in "Theory and Practice," in *Software Engineering Concepts and Techniques*, ed. Peter Naur, Brian Randell, and J. N. Buxton (New York: Petrocelli/Charter, 1976), 147.

20. Wikipedia, "Sturgeon's Law," accessed January 13, 2018, https://en.wikipedia .org/wiki/Sturgeon%27s_law.

21. Donald Knuth, interview with the author, February 10, 2017.

22. Victor Basili, interview with the author, December 7, 2016.

23. Weinberg, *Psychology of Computer Programming*, 202.

24. Ben Shneiderman, "No Members, No Officers, No Dues: A Ten Year History of the Software Psychology Society," *ACM SIGCHI Bulletin* 18, no. 2 (October 1986): 14–16.

25. Ben Shneiderman, interview with the author, December 2, 2016.

26. National Museum of American History, "Microsoft Windows NT OS2 Design Workbook," no. 2001.3014.01, accessed January 13, 2018, http://americanhistory.si.edu/collections/search/object/nmah_742559.

27. Greg Wilson, "Two Solitudes" (keynote talk at the SPLASH 2013 conference, Indianapolis, October 26–31, 2013).

28. Steve McConnell, *Code Complete: A Practical Handbook of Software Construction* (Redmond, WA: Microsoft Press, 1993), 93–94.

29. 同上，202 ~ 206 页。

30. Steve McConnell, *Code Complete: A Practical Handbook of Software Construction*, 2nd ed. (Redmond, WA: Microsoft Press, 2004), 279–281.

31. Pierre Bourque and Richard E. Fairly, eds., *SWEBOK V3.0: Guide to the Software Engineering Body of Knowledge* (Piscataway, NJ: IEEE Computer Society, 2014); John White and Barbara Simons, "ACM's Position on the Licensing of Software Engineers," *Communications of the*

*ACM* 45, no. 11 (November 2002): 91.

32. Bourque and Fairly, *SWEBOK V3.0*, 3–8.

33. 同上，xxxii 页。

34. Paul Clements, Felix Bachmann, Len Bass, David Garlan, James Ivers, Reed Little, Paulo Merson, Robert Nord, and Judith Stafford, *Documenting Software Architectures: Views and Beyond*, 2nd ed. (Upper Saddle River, NJ: Addison-Wesley, 2011).

35. Richard Hall Thayer and Merlin Dorfman, eds., *Software Engineering Essentials, Volume 1: The Development Process* (Carmichael, CA: Software Management Training Press, 2013), 140.

36. Richard Johnson, " Object-Oriented Systems Development: A Review of Empirical Research, " *Communications of the Association for Information System* 8 (2002): 65–81.

37. Barry Boehm, Hans Dieter Rombach, and Marvin V. Zelkowitz, eds., *Foundations of Empirical Software Engineering: The Legacy of Victor R. Basili* (Berlin: Springer, 2005).

# 第 11 章

## 未　来

1968 年的北约会议距今已经有 50 多年了，也就是在那个时候，**软件工程**（software engineering）一词进入了人们的视野。

我们如今面临的问题与那次会议上人们提出的关切事项清单基本相同，不过，也有一些事项已经取得了一定的进展。GOTO 语句已经被从顶级套房请到了地下室。我们有了更好的程序设计语言，尽管人们本能地抗拒这些语言。面向对象程序设计可能不允许我们通过拼接代码块来构建程序，也不会让设计可用的 API 变得更加容易，但是它给我们带来了设计模式、单元测试和不同代码模块之间更清晰的抽象。程序员仍在争论变量名的正确格式以及制表符是否比空格更好，但至少今天这些争论一半是在调侃。

与此同时，新的管理方法虽然还是没有改变目前的基本任务，但是已经认识并适应了当前的现实。敏捷开发衍生了多个不同版本的方法，这些方法使人们意识到了当前软件开发在项目调度方面的不足，并明确了开发中的代码必须可理解和可修改的要求。在开源项目中，一群可能未曾谋面的程序员合作开发软件，他们也强调了对代码可读性和可修改性的需求。此外，开源代码贡献者通常会自己选择加入一个项目，并通过实际生产的代码而不是面试来证明自己的价值，这一现象也证明了这样一个事实：并非只有顶级的大学计算机科学专业才能培养出优秀的程序员，而且成熟的软件公司也没有任何高深的软件开发技术。

最有希望改善软件工程的前景是向“云”转移：一类提供软件作为服务的公司，软件运行在该公司的计算机上，而不是运行在客户的计算机上。

IBM 个人计算机成为标准平台后的这段时期是软件行业的黄金时代，各公司都专注于所谓的*套装软件*（packaged software）。他们编写软件，并按照他们选择的质量标准实施，直至评估软件已经“足够好”，可以交付给客户。接下来的工作就是统计销售额和等着股价上涨。客户可能会报告某些软件 bug，公司可能会提供软件的更新，但使用软件的大部分痛苦（获取软件、安装软件、管理软件、软件发生 bug、安装更新）都是由客户承受的。

这种交付方式将程序员与程序运行时出现的问题隔离开来了。如果一个客户报告了一个程序 bug，而且程序员在他们的机器复现了这个 bug，那么他们可以进行修复，但是如果程序员没能复现，那么人们很容易将无法复现的 bug 视为可以忽略的小问题。偶尔会有某些程序 bug 被媒体广泛报道，导致程序员陷入焦虑的工作状态（例如，主流媒体报道的 Zune 的“第 366 日”bug 扰乱了 2008 年人们的除夕派对计划），但大多数情况下，程序员们可以睡个安稳觉，并按照自己的日程安排来修复软件 bug。微软的一些团队甚至有专门的工程师小组负责在软件发布后修复软件中的 bug，所以，当原作者正在开发酷炫的新产品时，其他人不得不处理软件中的bug。有一个细节值得一提但却并不令人惊讶：这一类“持续工程”人员，例如测试人员，通常在工程师等级排位中被认为比开发人员等级更低。

随着软件的运行向云端转移（这一类的软件通常被称为一种**服务**）所有事情都发生了变化。编写软件的公司也安装并运行软件，客户通过网页浏览器访问软件。忘掉那些重启机器的要求吧，终端用户完全无法控制在遥远的数据中心机器上运行的软件。他们不得不向公司报告所有问题——为了让客户感到满意，你最好提前找出软件的故障，这样你就可以在客户注意到故障之前修复问题。此外，在调试程序时，不可能让机器停用一小时。你必须从正在运行的系统的连续记录的遥测数据（记录系统信息、记录哪些文件被访问、追踪数据库查询等）中找出问题。

20世纪90年代初，在我参与开发Windows NT系统时，每晚下班前，我们都会在所有的电脑上启动“压力测试”。这些自动化测试是一系列连续运行的程序，执行基本操作，例如读写文件或在屏幕上绘制图形。测试的目标是查看Windows NT系统是否能够正常运行一晚且不会出现崩溃或挂起。[1]开发人员非常担心在清晨收到电子邮件，因为这意味着他们拥有的一台机器在运行程序时出现了故障。一般来说，程序员要在机器恢复之前调查清楚压力测试失败的原因，因为造成失败的罪魁祸首可能是某些间歇出现的bug。这个问题经常发生在另一个开发者的主力工作机上，在调查完成之前，这些机器都处于无法正常工作的状态。回忆起当时的测试，我觉得那些调试过程是压力最大的环节，因为在我调试成功之前，有的人无法工作。请忘掉那些复现的步骤。bug 可能源自不同软件之间的精确交互，而这个 bug 可能再也不会发生，所以你必须尽可能地像法医那样挖掘当前的内存状态，尝试将第一个错误隔离开来，然后找出代码的缺陷，从而追溯出程序的问题。要在放弃之前追溯多深完全取决于你自己，但是，如果 bug 再一次出现了，那么你的压力会陡增。如果压力测试失败重复出现，但开发人员却一直无法修复错误，那么这将是多么痛苦的一件事。

当软件成为一种服务时，针对测试失败的每次调查都是这样的。突然间，程序 bug 成为了开发人员最关心的问题。一种广泛使用的策略是给每个开发人员都配备寻呼机，并让他们随时待命、轮流处理问题，这使开发人员成了活生生的异常处理程序。程序员将直接感受到程序 bug 带来的痛苦，这同时也激励他们确保程序监视和错误警报是准确的。没有人想错过真正的问题，但也没有人想在半夜被错误警报吵醒。如果你的遥测数据不够丰富，以致不足以调试故障，那么你将有充足的动机去改进它并且立刻就开始行动。

有利的一面是，因为这些 bug 发生在公司拥有的机器上，所以程序员更容易跟踪它们、找出哪些 bug 会导致最糟糕的中断，然后返回去找出避免问题的解决方案——以及如何在未来避免同类问题的出现。是设计的选择有问题吗？还是某个 API 的副作用没有在文档中说明？是缺少某个单元测试吗？还是有设计好的测试但没有在正确的时机运行它？是部署清单上的某个步骤被遗漏了，因为某个程序员马虎了抑或是这个步骤根本没有写在清单上吗？以前的程序容易忽略一些工程上的步骤，而现在，如果人们跳过这些步骤，那么这些疏漏会更容易地暴露出来。

在某种程度上，你甚至可以将这些与多年来困扰程序员的所谓宗派式辩论联系起来。你喜欢特定编码风格吗？你认为你喜欢的语言能够加速项目的开发或减少开发的bug吗？你喜欢为变量名加上匈牙利标记前缀吗？单独一家公司不太可能提供足够的数据来给出这些问题的答案，但是如果你能了解到整个行业的情况，并据此来分析这些问题，那么真实的答案可能会从黑暗中渐渐浮现出来。即使公司自身无法回答这些问题，他们也至少会更积极地去关心这些问题的答案（而且有时会将发现的缓解措施强加给他们的团队），因为服务的改进可以很好地削减成本。如果你的软件bug比另一家选择不同编码风格的公司更多，如果你的服务运行得更慢，如果你的服务部署起来更加困难……所有这些都意味着你需要花更多的钱来维护服务的运行，这将削弱公司在市场上的竞争力。

本质上，运行一个服务会对软件工程过去的无意义争论施加一个自动的“废话”过滤器。

一个额外的好处是，数据在服务组件之间的传输，或客户机与云服务器之间的传输，要比在单个计算机上运行的软件更接近面向对象程序设计的理想。在计算机联网的早期，当机器都在同一局域网内工作时，网络带宽较低，但网络延迟也较低，通过网络传输大量数据的速度很慢，但传输一个小网络包的速度却相当快。因此，早期的网络协议将尽可能多的数据打包到尽可能小的空间中，这使得编写处理网络数据的代码变得困难。正是这种处理传入网络包的机制给了 2014 年的心脏流血蠕虫可乘之机。

现代网络将客户机连接到云端，但带宽要高得多。1990 年，微软内部的计算机网络拥有每秒 10Mb 的带宽，整栋楼共享这一带宽，而如今，典型的家庭宽带以每秒 100Mb 的带宽直接连到一间房子，其主干网络连接比这个速度还要快得多。但是，由于数据包必须在计算机之间进行多跳传输，所以网络传输具有更高的时延。因此，数据包中的数据量并没有那么重要（大数据包到达目的地的时间不会比小数据包长得多）通信的内容通常以一种更详细的格式编码，这种编码被称为可扩展标记语言（Extensible Markup Language，XML）。

类似于 UNIX 处理字符串文本的管道命令，XML 是其中一种稍加分类的版本，前者以前是“面向对象”软件模块最有效的实现。在以往包含紧密压缩的二进制数据的网络协议中，所有字节的含义都取决于它在数据包中的确切位置，而且人类很难通过分析数据包来获取每个字节的含义。有一类被称为**包嗅探器**（packet sniffer）的完整独立程序来帮助程序员调试网络流量（我在微软的早期职业生涯使用的嗅探器是完全独立的机器，如果不小心将网线插入了开机状态的机器背后，那么更换的费用将是非常昂贵的——除此之外，我对这种机器一无所知）。相比之下，XML 使用人类可读的标记来标识数据，这样程序员就可以通过浏览 XML 请求来理解这个数据包的含义。人们可以更加有针对性地编写解析 XML 的代码，因此 XML 比传统二进制传输格式更安全（微软办公套件在其新文件格式中使用 XML 来避免隐藏在旧的二进制格式中的漏洞）。XML 与二进制传输格式之间的差异类似于读取高级语言代码与读取机器语言的原始字节之间的差异。

XML 的第二个优点是与以往的协议相比，XML 通信对版本不匹配的容忍度更高。特别是，如果客户机发送的请求不是服务器所期望的，那么服务器可以忽略这个请求，这使得网络协议的扩展在不破坏与旧客户机的互操作性的情况下变得更加容易。如果把早期的网络协议比作一个使用以性能为重点的语言（如 C++）编写的紧密绑定的 API（即使向 API 的参数列表多添加一个参数，程序都可能崩溃，除非所有相关的调用者都更新了代码），那么 XML 更像是具有命名参数的 SmallTalk 消息——虽然传输速度稍微慢一点，但在面对变化时不那么脆弱。

即便如此，一个有趣的分歧正在出现。一方面程序员们正在开发具有几乎无限计算能力的云服务，另一方面他们也在小设备上编写程序。正如老一代的程序员成长于 20 世纪 60 年代资源有限的大型机和小型机上的编程环境，新一代程序员成长于 20 世纪 80 年代资源有限的个人计算机上的编程环境，很可能下一代程序员在资源有限的手机或平板电脑上学会程序设计。还有待观察的是，这里说的第三个软件资源瓶颈是否会让程序员们养成和前辈一样的坏习惯：追求性能和方便性，当然还有少打字，其代价则是牺牲了清晰的设计。

长期从事套装软件开发的程序员转到面向服务的开发时可能会遇到困难。面向服务要求程序员在观念上从追求性能转向追求可维护性和可靠性，还要求程序员进一步在观念上从专注于交付软件转向专注于程序的持续运行。微软有一个著名的“交付奖”，这个奖的意思是，所有为软件交付做出了贡献的人都会收到一枚小的纪念金属贴纸，可以将其贴到牌匾上，不断累积的交付奖见证了每个员工在微软工作的职业生涯。[2] 20世纪90年代初，微软有几个大型项目的开发都因失败而取消了，这让程序员长年的工作看起来毫无进展，为此微软设立了这个奖项，其初衷是强调实际完成软件并将其交付给客户的重要性。尽管这个奖项在发起时遭遇了传说中的挫折[3]，但人们确实非常关心他们所获得的交付奖，许多微软员工会骄傲地在办公室展示他们的交付奖。

十五年过去了，你的故事叙述人、我，作为管理卓越工程团队的一个职责便是决定在微软编写的一款软件是否足够重要，值得被授予一个交付奖。关于我是如何决定授予奖项的故事有些复杂，但我尽自己最大努力，按我认为公平的方式决定了奖项的归属（新版的微软办公套件和Windows系统：获奖；在微软商店中使用的销售点软件的更新：落选）。交付奖是专为套装软件设置的，但大约在这段时期，大型服务团队意识到软件交付只是一个开始，真正的诀窍在于保持服务的运行。他们开始要求获得同样的认可，因为他们也想装饰他们的牌匾（他们要求的奖项是“运行奖”），但最终他们的要求被否决了——这是“它只是持续的工程”思想的遗产。

2009年，微软的许多程序员开始转向开发服务，因此我们卓越工程团队走访了公司的各个部门，询问那些已经由开发套装软件过渡到开发服务的人的建议（包括“给我们一个运行奖”的建议）。最有洞察力的评论来自Exchange电子邮件服务的工程师，他以前曾参与过套装软件的开发。在浏览了一份他需要重新学习的所有东西的清单之后，他懊悔地说：“问题是，如果时光倒流两年，我告诉自己我将要学这些东西，我是不会相信的。”布鲁克斯曾引用本杰明·富兰克林（Benjamin Franklin）在《穷理查智慧书》（Poor Richard's Almanac）中的话：“经验是良师，但愚者无师。”[4]

由套装软件向服务转移是朝着正确的方向迈出的一步，但我们还有更多的工作需要做。

葛文德（Gawande）的著作《清单革命》（The Checklist Manifesto）有一个副标题“如何把事情做好”（How to Get Things Right）。他曾与一位结构工程师讨论建筑业的变化：

他解释道，自中世纪以来，在现代历史的大部分时间里，人们建造建筑物的主要方式都是雇佣一名建筑大师负责设计、施工和自始至终的监督。……但是到了20世纪中叶，建筑大师们都去世了或消失了。建筑业的进步使得建筑过程的每个阶段的多样性和复杂性已经远远超出了个人能力可以掌控的范围。

如今的软件工程师都是大师级的构建者，但他们都处在被淹没的风险之中。

葛文德还讨论了高速飞机发明早期的英雄试飞员，如汤姆·沃尔夫（Tom Wolfe）的《太空先锋》（The Right Stuff）一书中所记载的。他们通过快速反应和大胆尝试而获得成功，但最终“安全和责任的价值观盛行，试飞员如摇滚明星一般的地位消失了。”[6]宇宙会对未能适应的试飞员进行自然纠正，但软件中不存在这种影响。软件公司的中上层管理人员中许多人都是自学成才的程序员。我希望，近年来有更多的毕业生已经听说过设计模式和单元测试了。虽然这些方法距离成为软件工程学科的科学基础还有很长的路要走，但至少它们已经让人们看到了这样一个事实：

软件行业能够接受新的知识，这反过来也会促进人们对新方法的学习（前提是我们能发现新的方法）。当然，它们必须要先被发现。

否则，我们将不得不面对葛文德书中的另一句话：

在历史长河中，人们在大部分时间里都是生活在无知之下的。……我们可以原谅无知的失败。如果在特定情况不存在提供最好办法的知识，那么人们只要尽最大的努力就很好了。但是，如果这样的知识的确存在且人们没有正确应用这些知识，那么你很难不被激怒。……哲学家并非无缘无故地用一个无情的术语“愚笨”称呼这些失败。

程序员真的愚笨吗？我认为程序员并非恰好处于葛文德对医学指责的位置（这是这本书的主要关注点）。他谈论的情景是：我们有如何提供适当的医疗保健的知识，而且这些知识是相关人员都认同的知识，但由于种种原因，这些知识没有得到正确的应用。葛文德在“需要掌握复杂性和大量知识的几乎所有努力”中看到了类似的挣扎——他的名单中包括了外国情报机构的失败、摇摇欲坠的银行和（他知之甚少的）有缺陷的软件设计。[8]

反对给程序员贴上愚笨标签的理由是，他们甚至还没有达到了解正确工作方式的阶段。这是因为他们已经不再试图解决这个问题，而这并不是一个很好的理由：我们仍然是无能的，只是方式略有不同。

1986年，布鲁克斯写了一篇题为《没有银弹》（No Silver Bullet）的文章——“银弹”据称是杀死狼人所需的弹药。他哀叹道：“我们听到了绝望的呐喊，希望得到一颗银弹，它能让软件开发像计算机硬件一样，可以通过某种方式快速降低成本。”

> 但是，当展望未来十年的前景时，我们却看不到任何一线曙光。无论是在开发技术上还是在管理技术上，都没有一丝进展，而只有这些技术得到提升才能保证软件在生产力、可靠性和简单性方面有甚至一个数量级的提高。……不仅现在看不到任何银弹，软件的本质决定了未来也不太可能会有。

布鲁克斯描述了他所认为的问题本质，即软件固有的困难：复杂性、一致性（需要让新代码适应现有的API）、易变性和不可见性（内部可视化的困难）。他列举了可能有帮助的各类开发，包括面向对象程序设计（当时它刚刚开始转变为面向对象的银弹联合控股公司），但他怀疑这些开发是否能提供解决问题所需的魔力。

九年后，在他的原始文章中提到的十年时间快要结束时，布鲁克斯写了一篇后续文章《再论<没有银弹>》，讨论了针对原始论文的一些攻击。他写道：“大多数攻击针对的是我的没有神奇解决方案的中心观点，以及我的不可能有这样的解决方案的观点。大多数人同意《没有银弹》中的论点，但他们接着断言：确实有一个击败软件野兽的银弹，它正是由作者发明的。”[10] 楷体字部分是我自己添加的句子，因为我没法想出比其对所谓的软件万能药更简洁的总结了。

布鲁克斯的第二篇文章用标题为“子弹的净重——位置不变”的一小节作为结束。他引用了软件观察家罗伯特·格拉斯（Robert Glass）在《系统开发》(System Development）杂志的一篇文章：“最后，我们可以把注意力集中在比天上掉下的馅饼更可行的事情上。现在，也许我们应该继续关注那些逐步改进软件生产力的可行方法，而不是等待那些不太可能实现的突破。”[11]

在过去的数十年间，软件工程一直在寻找“银弹”。结构化程序设计、正式测试、面向对象的语言、设计模式、敏捷方法，这些都是有用的，但没有一种方法可以单独杀死“狼人”。我个人经历了所有这些转换，甚至经历了结构化程序设计最繁荣的那段岁月。由于我早年在 Fortran 语言和 Basic 语言的自学泡沫中度过，所以我能够亲身体验到 GOTO 语句的暮光（比工业界晚了十年）。这些技术在刚面世时都只有一小批拥趸，但最后它们都被吹捧为所有程序设计问题的解决方案，最后走向了不可避免的失望和幻灭。我能理解为什么程序员对银弹抱有无限的希望，并热切地期望抓住一系列闪亮的物体。就像俗话说的“风暴来时不择港”。不幸的是，正如帕纳斯（Parnas）所言，“(程序员）已经见识了太多的‘银弹’，以致他们不再相信任何事情了。”[12]

此外，软件行业已经养成了一种习惯：一旦旧的银弹被玷污就放弃。这是一种二元世界观：一项程序设计技术要么能解决所有的问题，要么毫无用处。当微软开始雇佣软件测试工程师来测试软件时，曾经负责此项工作的开发人员很快就转换到“把它扔到隔壁去测试”的模式。在 21 世纪前十年中期，微软用软件设计工程师取代了软件测试工程师，他们负责编写自动化测试，确保项目不再依赖手动测试。随着后来测试逐渐演变为单元测试（由开发人员编写)，微软淘汰了许多做测试的软件设计工程师以及他们提供的用户界面层测试。如今，随着软件逐渐演变成云服务，测试重点变成了“生产中的测试”，即软件更新会被快速部署到一小部分真实客户的服务中，同时快速地检测更新是否存在问题，在出现问题时立刻回滚。每一种新技术都是有用的，但它应该被看作是箭袋中的一支箭，而不是排除以前一切方法的终极要义。

1978年，哈兰·米尔斯（Harlan Mills）预测“下一代程序员要比第一代程序员能力更强。他们必然会更强。正如在‘美好的过去’读大学是一件容易的事情一样，在‘美好的过去’成为一名程序员也是一件容易的事情。对于新一代程序员来说，程序员需要有能力达到以前从未要求过的精度和生产力。”[13] 正如米尔斯的几乎所有著作所述，这一要求在今天和在过去都是成立的。

那么我们该怎么办呢？

我的大部分建议都是关于改变大学里教授学生软件工程的方式的。我并没有把所有事情都怪罪到大学头上，它们不知道该把什么教给学生的其中一个主要原因是工业界过于自大和自满，导致它们无法与学术界好好交流。如果你问公司希望大学教授什么，其很可能会开始谈论所谓的软技能：沟通、准时、与他人合作。这说得没错，但是，现在有家庭、背负着抵押贷款和担负着各种责任的成年人会意识到如今的高年级大学生并不像他们现在这样成熟，这并不奇怪。一个更难的问题是，如何确定大学毕业生缺乏哪些技术技能，尤其是在经验丰富的员工也可能缺乏这些技能的情况下。

根据《清单革命》的精神，我不会太草率地给出建议。只要工业界和学术界已经就要做的事情进行了讨论并达成一致，我就相信他们的判断。但是，“达成一致”并不意味着美国计算机协会（ACM）举办一个学术界教授和工业界研究人员都出席的会议就够了，这种会议已经有很多了。值得称道的是，美国计算机协会拥有三十多个特殊兴趣小组（special interest group），其中包括专注于计算机科学教育、程序设计语言和软件工程的兴趣小组，但它们在已参加工作的软件行业人士中没有获得足够的吸引力。我希望大学里的软件工程项目能改变其课程设置，而且希望工业界也要关心。

总之，这是一个时间问题：未来的程序员通常在获得软件行业工作之前就接受软件教育，所以让我们从教育开始。结合学术界和工业界，我们需要解决以下问题。

## 强迫学生学习新东西

当独立的软件产业在20世纪80年代出现时，它彻底改变了20世纪60年代和20世纪70年代关于软件项目管理的一切。很难理解人们在这上面浪费了多少时间和精力。然而，对于下一代程序员来说，很难说这样的事情不会再发生。

有些学生在进入大学时不知道如何编程，但也有很多学生已经拥有了丰富的编程经验。学生越早地摒弃他们已经学过需要学习的一切的思想，就能越快地接受新思想。我在普林斯顿大学学习计算机科学时认识到了这一点（在某种程度上来说还包括我在微软的早期职业生涯）这些认识都是基于我在高中时自学的为IBM个人计算机编写BASIC游戏的技能。大学里的课程并不容易，我不得不编写大量的代码，在冯·诺依曼（von Neumann）实验室度过许多个不眠的深夜，尝试让我的程序运行起来。但这些工作并没有为我开启软件工程广阔世界的大门。

强迫学生学习一些新的东西，而不是让学生依靠现有的技能去完成工作，这会使他们变得谦虚。正如爵士小号手温顿·马萨利斯（Wynton Marsalis）所说的，“谦虚使人进步。”[14] 有一个例子是关于数组排序算法的细节的，常见的排序算法有**冒泡排序**（bubble sort）和**选择排序**（selection sort）。特定的排序算法在处理特定的数据时表现得更好，这是高德纳（在他标志性的系列著作《计算机程序设计艺术》中）和其他人在很久以前提出的。当我让面试的程序员在白板上写排序算法时，我不在乎他们是怎么做的，也不在乎他们是否知道算法的名字。我考察的是一种难以用语言描述的能力，我希望面试者可以编写代码并让程序运行正确，用一句话来概括，“他们会编程。”但是为什么不期望学生能够流畅地说出不同排序算法的复杂细节呢？具有讽刺意味的是，互联网上流传的消息声称微软在面试过程中注重这一层次的细节，但我从未关注这一点，不过，如果你找一下斯坦福大学计算机技术面试指导课程的幻灯片，或者浏览 Reddit 网站上的讨论板块，就能发现似乎有一些公司是非常关注这些细节的。[15]

即使学生不记得算法的所有细节，至少他们意识到需要学习的知识还有很多，在需要的时候可以去学习它们。在某些情况下，选择哪种排序算法非常重要，你希望学生可以培养出判断何时使用何种算法的能力。

当你布置了项目任务时，可以让学生预先估计项目的各个阶段需要花费多长时间，然后回过头来比较他们实际花费的时间。这些项目可以是较小的项目，因此估计的误差不会像实际开发中那么大，但是要让学生们明白，即使是较小的项目，预先估计软件的开发周期也是风险很大的。

当然，一个刚毕业的学生可能会遇到不需要深入应用工程知识的情况。一些程序设计训练营号称能在几个月内把任何人培训成程序员，这些训练营毁誉参半，但它们确实表明，某些程序设计工作所需的基本知识可以被相对快速地传授。

如果学生们最终在一个敏捷开发的伊甸园中工作，其中在一个小团队中工作了很长一段时间，仅与一个负责管理他们的软件的客户交互，并且日常工作是在良好的编程环境调用一个拥有良好文档的 API——那最好不过了，他们可以回忆软件工程规范，重温宁静美好的日子。但如果事实并非如此，那么他们需要具备核心工程知识。了解软件工程规范但弃之不顾要比不了解这些规范且将其抛在脑后要容易得多。

学生也应该学习软件工程的历史。2001 年 6 月，一次会议在德国波恩举行，十六位有影响力的软件先驱进行了专题报告。这次会议的成果（包括视频）被收录在《软件先驱》（Software Pioneers）一书中。[16] 该书的作者列表令人印象深刻：沃思（Wirth）和布鲁克斯（Brooks）、达尔（Dahl）和尼高（Nygaard）（他们设计了 Simula 语言）、弗里德里希·鲍尔（Friedrich Bauer）（栈结构的发明者）、凯（Kay）（他发明了 Smalltalk 语言和图形用户界面）、霍尔（Hoare）（他在程序正确性方面做了基础性的工作）、他的同事也是 Algol 68 语言的谴责者戴斯特（Dijkstra）、帕纳斯（Parnas）（他的论文是最早涉及模块化软件的文献），还有一些限于篇幅我没有提到的人物。

现实情况是这些杰出人物不会永远在世。戴斯特、达尔和尼高都在第二年的六周内相继去世，鲍尔（Bauer）于 2015 年去世。

约翰·巴克斯（John Backus），Fortran的发明者，被邀请参会但最终未能成行，他于2007年去世。如果连那些从这些人物的洞察力中受益的程序员都不承认他们的贡献，那这将对他们造成极大的伤害。如果他们的智慧没能流传给下一代程序员，那也将是极大的不幸。

## 努力营造公平竞争的环境

我们需要程序员，我们不能在起跑线上排除任何人。我们想吸引对程序设计感兴趣的任何人，不管他是不是高中极客，也不论他的种族和性别。即使激励他主修计算机科学的动机仅仅是编程一小时的教程，或者是喜爱玩电子游戏，他也应该受到欢迎。希望这能带来双重的好处：让新的程序员在学校里更受欢迎，并培养出学习能力更强、更乐于终身学习的软件工程师。所谓的“外向程序员”（brogrammer）的兴起让烦人的兄弟会成员现在重生为了一名网页开发者，在某种程度上来说这是一个鼓舞人心的迹象，证明软件行业向更加广泛的受众敞开了大门。

一些大学已经将其入门课程拆分成了多个通道，这样一来，那些没有程序设计经验的学生就不会被程序设计高手吓倒。[17] 此外，现在还有一种趋势是，组织一年级学生参加以项目为中心的程序设计课程，这些项目对学生来说比单纯的算法学习更有趣，比如机器人程序设计或游戏程序设计。[18]

另一个策略是确保在高中时加入计算机俱乐部不会成为特别的优势。卡内基－梅隆大学在其导论课上教授一种名为ML的语言。ML 是一种优雅但非主流的语言，它是一种函数式程序设计语言，而不是过程式语言或面向对象语言。这是程序员在其职业生涯中可能永远不会用到的东西（尽管现在有些程序员声称函数式程序设计最终将是治愈所有程序设计疾病的灵丹妙药，这并不奇怪）。在入门课程中使用 ML 语言最大的好处是很可能没有一个新生在高中时就用过它（他们不太可能学过任何函数式程序设计语言），所以在课程的一开始，每个人都处于平等的地位。

与此相关的是，关于如何提高计算机科学专业女性的比例，已经有了相当多的讨论，有时讨论范围被扩大到少数族裔比例不足的问题。哈维 – 姆德学院（Harvey Mudd College）最近因在其计算机科学项目中达到近 50% 的女性比例而受到广泛的关注，其主要策略之一是采用多层次的入门课程。卡内基 – 梅隆大学的计算机科学项目也有近 50% 的女性参与。

计算机科学入学人数的增减取决于新闻的焦点是股票期权百万富翁还是科技公司破产。计算机研究协会（Computing Research Association）2017 年的一份报告显示，自 2006 年（在 21 世纪初早期互联网泡沫破灭后，计算机科学专业的入学率在这一年达到了最低点）以来，计算机科学专业的人数几乎增加了两倍，达到了历史新高，几乎是互联网泡沫高峰期的两倍。[19]

2006 年，计算机科学专业女性学生的比例为 14%，2009 年下降至 11%，到 2015 年（报告涵盖的最后一年），计算机科学专业女性学生的比例又回升至 16%。与此同时，一直徘徊在 10% 左右的少数族裔学生的比例在 2015 年略升至 13%。[20] 考虑到总体入学率的上升，这代表着女性学生和少数族裔学生在绝对数量方面的大幅增长，但这一比例与他们在总人口中所占比例相比仍然要低得多。(根据报告中的定义，在2010年人口普查中，少数族裔的人口占美国总人口的30%左右)。[21]

在这方面女性程序员有一个秘密武器。学术界和工业界都需要做更多的工作从让学生和员工与国际电子电气学会（IEEE）和美国计算机协会（ACM）联系起来。这些协会是计算机相关的专业协会，软件工程领域的工作人员应该了解并关心它们。女性群体的秘密武器是一个被称为“计算领域女性的格蕾丝·霍珀庆典”（Grace Hopper Celebration of Women in Computing）的年度会议，这个庆典以第一个编译器的作者命名，她是COBOL语言背后的指导力量之一(尽管COBOL在今天已经成为笑柄，但在当时的背景下，这个语言已经向前迈出了一大步)。该会议既有关于职业生涯发展的报告，也有技术报告。相关资料在很多地方都可以找到，但是格蕾丝·霍珀庆典的关键在于，无论是在学生还是专业人士中，都有大量的参会者。这是微软最喜欢派大量员工参加的会议。(会议允许男性出席，事实上，会议积极鼓励男性也参与进来。)

## 教学生使用更大规模的软件

米尔斯在1980年写道，

软件工程的特点是，高级从业者要解决的问题可能需要来自数十人甚至数百人的持续努力，花费数月或数年才能解决。解决这种大规模问题要求的技术精度和范围完全不同于解决单个问题所需的技术精度和范围。如果这种精确性和范围不能在大学教育

*中被学到，那么无论一个人有多勤奋或多么富有擅长于解决问题的直觉，他都很难在以后掌握这种知识。*[22]

如今，学生们通常以 2 到 4 人的小组形式进行课堂程序设计，其目的是让他们有机会接触到那些在单独程序设计时接触不到的问题。即使在我的学生时代，我也和一个搭档一起做过几个课程项目。这是一个值得称赞的尝试，可以让学生接触到他们未来在工业界工作时可能遇到的某些情况。

不幸的是，2 到 4 个人一起工作一个学期与单干项目相比并不是一个足够大的进步。是的，你会看到别人的编码风格，而且要划分出每个人的工作、在不同工作之间制定好 API，还要练习人际交往技巧——这些练习都是有用的，并且可能让学生收获大开眼界的经验。但是，基本上你还是可以通过自学的程序设计技巧来完成项目。如果你调用的 API 接口是和另一位同学一起设计的，那么你们不太可能会在功能上混淆 API 的使用，而且在一个学期内你都不会忘记代码是如何工作的，所以代码的可维护性并不是需要考虑的问题。回顾布鲁克斯对一个程序和一个程序设计系统产品之间的差异的描述（从一个作者到多个作者，以及从一个组件到一个通过 API 连接不同组件的程序）在小团队中工作的场景会在这两个维度上都带来一些挑战，但是，你面临的挑战仍是较为简单的情形。[23]

较大规模的软件还可以让学生练习阅读代码，并让他们懂得清晰的变量名以及代码注释等的好处。为了真正由此受益，他们需要面对一个更大型的、远比学生自己创造的软件复杂得多的软件。这和土木工程不一样，如果你能模拟一根钢梁上的应力，你就可以推断出整个桥梁的力学参数。也许有些大公司会自愿提供他们的代码，将其视为一个获得潜在的未来员工的认可的机会。另一种选择是，如果公司不愿意公开他们的代码，那么还有大量的开源项目，这些项目可以为学生提供一个真实有效的培训场地。还应注意选择各种不同语言编写的代码，以帮助学生更好地了解哪种语言最适合于哪类问题。

调试小程序要容易得多，因为它们往往运行在小规模的数据集上。在大学里，我用的是所谓的**打印调试法**（printf debugging），这个术语来源于调用 C 语言打印信息到控制台的 `printf()` API。如果我的程序没有按预期工作，那么我会在程序的不同地方插入临时 `printf()` 语句以显示变量的内容，然后查看输出，并尝试找到第一个错误的位置。对于大学里小规模的项目而言，这种方法非常有效，但在工业界这种方法却毫无作用，至少对我们大多数人来说是这样的。设计并实现了第一个 UNIX 系统的汤普森（Thompson）表示，他非常喜欢打印调试法。[24] 但正如贝尔德（Baird）所说，“如果你是肯·汤普森那样的天才，你便可以写出好的代码。”[25] 普通人需要借助打印调试法之外的调试方法，才能使代码正常工作，这也是我在微软公司研究 Windows NT 系统的内部细节时很快发现的问题（调试的基本技巧是学习使用一种名为**调试器**的专用软件，它可以检查特定程序的内存情况）。

调试就像医生诊断病人——这显然是医学院花费大量时间教授的技能。当然，医生不必首先学习如何构建一个人体，这为其他科目留下了更多的空间，但大学很少教授学生们关于调试的知识。有一些工具和技术是专门用于调试大型程序的，如果能够在足够大型的代码库上实践，那么这些工具和技术都可以在大学里被教授给学生，但我在进入工业界工作之前，完全没有意识到这些工具和技术的存在。

帕纳斯表示，希望实习能让学生接触到这类问题。[26] 但是问题在于，学生实习大部分时候都是公司面试的延续或者为公司做宣传。出于这些原因，公司倾向于让实习工作变得容易，避免让学生接触过多的代码，不管代码组织得有多好。要求实习生学习大量的代码会让他们气馁，也会占用大量的实习时间。但是，阅读代码当然也是一个大学课程的要求。

## 强调编写可读的代码

大部分情况下，代码只被编写一次，但却要被阅读很多次，然而，过去大部分时候的重点都是以牺牲可读性为代价，使代码编写起来更容易。要求学生参加代码审查（正式的代码审查，而非临时的代码审查）这对每个学生来说都是非常有价值的，不一定是为了发现代码缺陷，而是为了确保学生写的代码是可阅读的代码，因为他们需要通过阅读彼此的代码才能参与代码审查。不仅是被审查代码的人会对这一环节感到紧张（他们可能感觉自己正在经历审讯），审查代码的人也同样会感到焦虑（他们可能会体会到找出问题的压力）。但我们可以缓解双方的压力，例如，由经验丰富的人领导审查过程，或者让每个人轮流提供被审查的代码。如果学生们向他们的教授抱怨审查是不公平的，那是因为他们还没有认识到代码应有的样子——嗯，这是一个很好的机会，可以迫使教授去解决学生们的代码中存在的问题。

还有一些技术试图产生更易于阅读的代码。1984年，高德纳发表了一篇关于编写程序的论文《文学程序设计》（Literate Programming），主要关注如何使程序更易被他人理解的问题。他兴致勃勃地说："这种新方法对我自己的风格产生了深远的影响，我的兴奋感持续了两年多。我非常喜欢新的方法，以至于我很想把过去写的程序再用'文学'的方式重写一遍。"

文学程序设计要求程序员编写一个将代码和相关注释混合在一起的文件，而注释是主要焦点，小片段代码则出现在相关注释之后。代码片段可以引用其他代码片段，类似于API调用。接着，另一个程序将会解析这个原始文件，生成两个输出：第一个输出是一个包含了所有代码片段的文件，这些代码片段被放在一起以便编译；第二个输出是一个包含所有代码片段注释的格式化文档（高德纳将这个系统的第一个实现命名为WEB，他解释道（当时还是1984年），"之所以选择WEB这个名字，有一部分原因是它是英语中为数不多、还没有应用到计算机领域的三字母单词。"）[28] 当我的孩子接受驾驶教育时，他们被教导进行"评论驾驶"（在驾驶时大声解释他们的想法）。文学程序设计与此类似，区别是你是在源代码旁边写下注释。

高德纳在一个夏天做了一个实验，他尝试教七个本科生学习文学程序设计；七个学生中有六个学生都喜欢文学程序设计，因为，正如他所说的，"文学程序设计与他们的精神相契合。"[29] 这种方法并没有被广泛采用。高德纳评论说，在50个人中可能有一个人擅长程序设计、有一个人擅长写作，但是很难找到两者都擅长的人。高德纳成功地将文学程序设计应用在了广受欢迎的排版程序 TeX 中，不过他是这个程序大部分内容的唯一作者。

文学程序设计最成功的例子可能是由马特·法尔（Matt Pharr）和格雷格·汉弗莱斯（Greg Humphreys）编写的计算机图形渲染软件（这个软件将三维物体转换成图像），他们在《基于物理的渲染》（Physically Based Rendering）一书中记录了这一事实。[30] 他们受到《一个可重定向的 C 语言编译器》（A Retargetable C Compiler）的启发，而该书中的 C 语言编译器也是根据文学程序设计的思路创建的。（事实上，这个编译器是贝尔实验室的研究员克里斯托弗·弗雷泽（Christopher Fraser）和普林斯顿大学的教授大卫·汉森（David Hanson）合作的作品）。[31] 在这两个例子中，最后出版的书实际上来源于原始的包含代码的注释文件，因此，该书可以看成是程序所用算法的完整文档，而且方便与代码保持同步。

法尔和汉弗莱斯将文学程序设计称为“一种基于简单但革命性的程序设计理念的新的程序设计方法，这个理念阐明：*程序应该是为人类服务的，而非为计算机服务的*”。[32] 他们由于该书的贡献，与斯坦福大学教授帕特·汉拉恩（Pat Hanrahan）一起获得了科学和技术学院奖（Science and Technical Academy Award）。如果你观看颁奖视频，那么你不仅会看到克里斯汀·贝尔（Kristen Bell）和迈克尔·B·乔丹（Michael B. Jordan）在解释渲染技术的最新进展方面做了令人称赞的工作，你还会在奥斯卡获奖感言中听到对高德纳的致谢。

文学程序设计是个好主意吗？我真的不知道。即使贝尔在她的 Kindle 中确实保存了一本《基于物理的渲染》电子版，就像她开玩笑说的那样，这只是一个成功程序的例子。高德纳写道："我的热情是如此充沛，以至于我必须警告读者，我将说的就像是一个以为自己刚刚看到了伟大的光明的狂热分子的胡言乱语，因此要对我所说的话大打折扣。"[33] 在《基于物理的渲染》的前序中，汉拉恩评论道："写一个文学程序比写一个普通程序要多做一些工作。毕竟，谁会把注释程序放在第一位呢！？还有，谁会用易于理解的教学风格来注释程序呢？最后，有谁试过在编写文档时对代码背后的理论和设计问题做出评论？"[34] 也许这带来了更大的工作量——但也许这正是程序员要做的工作。

文学程序设计是一个有趣的例子，它说明了在学术界产生新的程序设计思想是多么不容易。文学程序设计是由高德纳发明的，他拥有无可挑剔的资历和广为传颂的声誉，TeX 是他的代表作品，也是一款少有的由学术界生产的大型软件，并被大众广泛使用，文学程序设计在高德纳进行的非正式研究中也有正面的结果。尽管如此，在与诸如敏捷开发的更为流行的方法竞争时，文学程序设计很难占据上风，敏捷开发支持者的生计是建立在其成功的基础之上的。

无论是文学程序还是其他程序，如果 API 的提供者创建了关于 API 功能的更正式的文档，而不仅仅是方法名和参数列表，那么它将减少 API 带来的各类问题。在 Java 中，一种方法必须列出它抛出的每个异常以及它所调用的方法抛出的每个异常（如果该方法本身没有捕获这个异常）——换句话说，该方法的调用者可以期望得到一个完整的异常集。这需要程序员更多的思考和键入，但是它可以让调用者清楚方法的主要副作用，从而使调用这些 API

的代码鲁棒性更强，因为API内部未描述清楚的副作用常常是造成程序错误的原因。帕纳斯在1994年与贾恩·马代（Jan Madey）和米歇尔·艾格斯基（Michal Iglewski）合作的一篇论文中，提出了一种用于说明API副作用的符号表示法。[36]虽然这样的事情会使程序员脸色苍白，但如果它有助于消除混乱，那么我们还是需要咬紧牙关，让程序员们学会阅读这种符号。

## 重新定位某些易于理解的主题

人们对计算机科学和软件工程两个大学专业的名称使用并不一致，但是常常不加区别。当然，有一些学生在大学里修的课程比他们在工作中应用的知识更具有理论性。正如麦康奈尔写到的关于计算机科学专业的学生成为软件工程专家的问题，"这使计算机科学家进入了一个技术上的无人岛。他们被称为科学家，但他们履行的却是传统上工程师的工作职能，而且没有经过工程培训的洗礼。"[37]

我们需要一个真正的软件工程专业，专注于工程实践。然而，大学里的本科课程已经够多了。它们还能腾出空间来教授更多的基础知识吗？

有一个解决办法是把一些历史悠久的科目从软件工程专业里挤出去。在计算机科学的某些领域，理论和实践在过去几年里得到了相当丰富的充实，包括图形学、编译器和数据库。这些课程通常是在本科生课程中教授给学生的，但事实是，除非学生继续在那些特定领域工作，否则这些课程没有太多的价值（除学生有机会通过这些课程写更多的代码外）。如果学生最终在这些领域工作，那么他们将很容易学习到这些知识。软件工程的问题常常不在于找不到正确的算法，而是在于需要将该算法转换为可以正确工作的代码。因此，尽管对学生来说，学习排序这类的基本算法是有益的，但是学习更高级的算法却不是必需的。

当然，这些通常是教授们的专业领域，因此教授这些课程对他们很有吸引力。我不是说这些课程不应该被教授给学生，我是说它们应该被转移到一个真正的计算机科学专业，而不是宣称教授软件工程的专业，或者，可以为研究生设置这些课程。

把这些专题推到研究生院可以让有兴趣的学生集中精力研究这些领域，这样一来，不同专业的学生们就可以有所区分。目前普遍认为，从大学毕业的软件工程师是可被替代的。工业界认为，只要通过雇佣程序认定面试者是有能力的，那么他就可以进入团队，从事程序任何部分的开发工作。然而，正是随着软件变得越来越复杂，人们在不同领域发挥自己的专长才更有意义。

米尔斯曾写了一篇关于外科医生团队专业化的文章：

外科医生团队是一个关于工作建构的很好的例子，其中团队成员的专业和所受教育决定了他在团队中的角色。外科学、麻醉学、类风湿性关节炎学、护理学等构建了外科医生团队的各个维度。不同角色之间的通信是清晰和干净的——接口之间的带宽很低，例如，不同角色之间的交流可能只停留在“海绵和手术刀”这样的级别，他们之间的交流不需要所有的医学知识。[38]

葛文德也在他关于清单的著作中谈到了专业化。根据他的指导，要确保软件安全、快速、可靠（或者你关心的其他方面），并不是要制作一个要求每个程序员都必须遵循的长长的清单。公司应该雇佣专门从事安全、性能、可靠性或其他方面的程序员，然后每个程序员将有一个简单的清单项目，即“你与安全 / 性能 / 可靠性等方面的专家讨论过吗？他们对这个软件满意吗？”本科教育无法覆盖所有这些领域。让这些领域成为研究生学习的专业将解决这个问题，这样还可以让拥有研究生学位的学生在工业界中获得更高的地位。反过来，公司在雇佣员工从事专门工作时应该优先考虑他们。

## 注重实证研究

布鲁克斯在 1995 年写道：“在准备回顾和更新《人月神话》时，我惊讶地发现，该书主张的命题很少被一线软件工程师的研究和经验所批判、证明或否定。”[39]

实证研究从未停止过。程序员实证研究研讨会（the Empirical Studies of Programmers workshop）仍在举办，《实证软件工程》（Empirical Software Engineering）期刊仍在出版。一次著名的（实证研究领域的）会议是 2006 年在德国的达格斯图尔堡举行的。2011 年出版的《软件开发》（Making Software）收录了三十篇关于实证软件工程的论文，包括《测试驱动开发有多少成效》和《你的 API 的可用性如何》。[40] 英国程序设计心理学兴趣小组（the Psychology of Programming Interest Group in England）仍在举行年度会议。

变化的是程序员消费这些材料的胃口。随着 20 世纪 70 年代末和20世纪80年代个人计算机的大规模普及，独立的软件行业出现了。许多程序员都是自学的，他们很快意识到，通过继续他们自学的程序设计实践，他们可以赚很多钱。他们觉得没有必要研究如何改进他们的程序，所以他们也确实没有这么做。他们痛苦地重新发明那些对他们的成功至关重要的方法，例如bug追踪或程序设计计划，全然没有意识到上一代程序员已经深入地研究过如何解决这些问题了。

具有讽刺意味的是，程序员通常喜欢对世界的运转方式抱有独特的看法。1984年在我上高中三年级的时候，我参加了滑铁卢大学为期一周的夏令营，参与夏令营的都是在年度数学竞赛中表现出色的学生。这个夏令营可以说是加拿大未来的程序员的年度聚会。在这次夏令营里，有一个参加者正在读一本棒球作家比尔·詹姆斯（Bill James）写的书，我从未听过这个作家的名字。这本书主要讲述他将数学的严谨引入比赛的所有尝试：利用棒球运动长期以来毋庸置疑的“规则”（例如，比赛的胜利）来衡量投手的能力或偷垒的价值，并试图通过挖掘其上个世纪积累的丰富的统计数据来回答这些问题。我很快就喜欢上了这个想法，并像其他程序员一样，成了詹姆斯的粉丝。但不知何故，我没有继续深入思考：长期以来毋庸置疑的软件“规则”是否也可以被研究和分析。

格拉斯（Glass）在他的论文集《软件冲突》（Software Conflict）中问道：“那么，为什么我们领域的科学和工程中并不注重实验呢？”然后继续说道，

我想可能有如下两个原因：

1. 可被恰当控制和实施的实验很难而且成本高昂。让三个本科生编写 50 行 Basic 代码，然后对笔记做比较是远远不够的。如果一个实验是有意义的，那么它应该让真正的软件开发人员在一个精心定义和测量的环境中解决真正的软件问题。

2. 我们领域的工程师和科学家既没有动力也没有准备好进行有意义的实验。倡导（格拉斯的意思是在没有任何实验证据的情况下宣传某种方法论的言论）已经伴随我们很长一段时间了，似乎没有任何人认识到我们的研究缺少一个重要的组成部分。如果没有动力去提供缺失的部分，就没有人能够借助适当的智力工具来了解如何进行实验研究。

格拉斯确实说，“也许上一段中的‘没有人’讲得太过了。例如，在软件和心理学交叉领域工作的人们，即‘实证研究’的人们，正在做着一些相当有趣的实验工作。”[41]

仅仅因为程序设计的实证研究很困难，并不意味着研究人员应该避开这些研究，而且这也肯定不是公司忽视已有研究内容的借口。“实证研究”和“软件心理学”这两个术语需要更新。我们讨论的研究应该被称为程序设计科学（programming science）。通常我会将其放在学术界，而且我认为学术界需要做更多的此类研究。但工业界的软件公司并不习惯于关心这种研究，因为即使没有这一方面的研究，他们也已经非常成功了。

当我在微软工作时，特别是当我在卓越工程团队时，我发现，如果某个建议是收集自微软内部的，那么它会受到抵制。微软研究院有一个研究软件工程的团队，他们通常将微软自身作为其研究对象，但是，他们的研究结果虽然被认为是发人深省的小花絮，但很少能在产品部门引起反响。这是盖尔曼失忆（Gell-Mann Amnesia）效应的一种体现，人们能意识到关于他们专业领域的新闻报道过于简单或不准确，但却完全信任那些他们不熟悉的话题的新闻报道。如果你告诉一个微软团队的成员关于另一个团队的工程经验，他们立即就能指出（基于他们对微软内部的了解）两个团队的不同之处，随后将经验束之高阁。同时，他们也很乐意接受 Scrum 的指导，即使这个技术完全不适用于他们的团队，因为他们并不了解 Scrum 成功所需的环境细节。

## 设定最终认证和许可的目标

麦康奈尔在 1999 年出版的《淘金热后：创造一个真正的软件工程专业》（After the Gold Rush: Creating a True Profession of Software Engineering）中提出了一个类似于本书的主题：我们如何修复软件工程？他引用了软件工程知识体系（SWEBOK）的一个早期版本作为大学应教授学生什么知识的指南，并提出了合格软件工程师应得到的（自愿性的）认证或（强制性的）许可。

我同意麦康奈尔的最终目标：软件工程应该根据已取得一致意见的知识体系来进行教学，基于这一知识体系，可以开展一系列对于软件工程师的认证和许可考察。这将有利于大学知道该教什么、公司知道该面试什么、软件开发人员知道他们该学什么，当然，最终他们会做得更好，我们也会拥有更可靠的软件。

不幸的是，SWEBOK 还没有为此做好准备。它包含了课程指南，但我同意 SEMAT 一书不屑的总结："指导方针从一个高层次的角度给出了建议，但留下了（太大的）空间待大学和教授定义。”[43] 2013 年，作为软件工程师许可的一部分，德克萨斯州专业工程师委员会采用了工程规范与实践考试（the Principles and Practice of Engineering exam），该考试考察了软件工程领域的大部分广泛认同的规则。[44] 该考试涵盖了广泛而简单的 SWEBOK 式知识，其他行政区仍对这个考试持“观望”态度。[45]

即便有明确定义的知识体系，公司对认证和许可的态度很可能最好的依然是漠不关心，最差的依然是积极反对，因为其认为这并不能带来切实的好处。公司关心的是员工了解他们工作所需的特定语言和工具，但在整个行业的范围里，不同公司使用的语言和工具的差异可能很大。此外，公司还担心，许可会带来软件 bug 责任认定的问题。

帕纳斯提供了一个基准线版本（将其归功于一个朋友）：“我们生活在需要从业许可证来为别人理发的国家，但你不需要任何许可就可以编写与安全密切相关的软件或针对特殊任务的关键软件。”[46] 麦康奈尔提供了一份清单，列出了在加州需要获得从业许可证的三十多个职业，包括定制家具制造商和骡子骑师。[47] 这听起来有些不真实，但的确是真的。

我们应该建立认证和许可制度，但这不可能一蹴而就。重要的是，工业界和学术界应该达成一个共同奋斗的目标。也许不是每个人都需要经过认证，也许你只希望获得硕士学位就可以了，但我们应该把建立认证和许可制度作为一个长期的目标。1999 年，麦康奈尔写道：“我们需要继续在多个方面开展工作——普及软件工程本科教育、为专业软件工程师颁发许可证、建立完善的软件工程认证体系，并在工业界普及最佳实践方法。”[48] 然而，20 年过去了，这些方面的工作几乎没有任何进展。

与此同时，我们拥有什么呢？我们所拥有的就是我作为软件开发者，工作二十多年后的当下所处的情景：我意识到我的职业生涯中存在着一种奇怪的空虚，因为我与最近的大学毕业生之间不能建立师徒关系。我可以在业务上给予毕业生指导，但这是其他任何人都可以给出的一般性建议。像其他人一样，我的指导是含糊不清的：“好吧，在这个案例中，我记得这类方法是可行的，为什么不试试呢？”

迈克尔·刘易斯（Michaeal Lewis）曾在微软就他的《大空头》（The Big Short）做过一次演讲，该书记录了 2008 年的金融危机。刘易斯的第一本书《说谎者的扑克牌》（Liar’s Poker）记录了他在华尔街工作的岁月，华尔街是美国金融服务业的心脏。他提到，多年来，许多人告诉他，他们在读了《说谎者的扑克牌》之后便去了华尔街工作。他觉得很奇怪，因为他的目的是要说服人们，华尔街是一个愚蠢的工作场所，但不知何故，华尔街在大学生中成了一个有趣的工作场所。他意识到作者无法控制读者的想法，但他确实觉得这有点滑稽，因为他认为去华尔街工作是对人才的巨大浪费。

从事软件产业是对人才的巨大浪费吗？我相信大多数华尔街的白领都觉得他们提供了有价值的服务，尽管刘易斯有自己的看法。而且我当然不觉得我的事业是在浪费时间。我曾经研究过惠及了很多人的软件产品。一些员工告诉我，在读了我以前的一本书之后，他们燃起了为微软工作的热情，这让我感到自豪，而不是内疚。尽管如此，我还是感受到了一个问题的影响，一位微软高管曾感叹道："我们在微软雇用了很多聪明人，但他们的工作往往会相互抵消。"当我在微软的产品团队工作时，我花费了大量时间和精力来说服同事相信某种方法对于软件开发的助益（有些时候我没能说服他们，因为他们未经检验的信念和我的一样根深蒂固)，然而，这种方法的优缺点早就应该被弄清楚了，(重复的争论）是极其浪费的，更不用说是多么令人沮丧了。我想起了艾伦·金斯伯格（Allen Ginsberg）的诗《嚎叫》（Howl）的第一句，"我看到我这一代最优秀的头脑被疯狂所摧毁"，我感受到了他的这种失望。

史蒂夫·洛尔（Steve Lohr）在其名为《Go To》的软件历史著作中，提出了这样的一个观点："美国人常常把工程思维带到设计程序设计语言的任务上——为了解决手头上的计算问题而做出一些妥协。相比之下，欧洲人在程序设计语言的设计上往往采用更为理论化的学术方法。"[50] 他承认，这种说法是一种"草草的概括"，并不能完全反映事实。如果回顾程序设计语言发展的历史，就会发现在大西洋两岸传播着类似的思想。Simula 语言和 Pascal 语言来自欧洲，Smalltalk 语言和 Algol 语言则来自美国。最早推销面向对象设计的人迈耶尔（Meyer）和考克斯（Cox）分别是法国人和美国人。戴斯特是欧洲人，高德纳是美国人。一个在美国工作的丹麦人设计了 C++，这是最后的折中。我还没有观察到食用花生酱是否对程序设计语言设计有影响。

然而，毫无疑问的是，随着工业需求超过大学教授追随业界前沿的能力，软件工程的连接也稳固地转移到了美国，因为几乎所有大型软件公司的总部都设置在美国。

软件的当前状态是否反映了美国的价值观，即个人高于集体、打破陈见胜于因循守旧、马盖先（MacGyver）[㊀]胜过赫尔克里·波洛（Hercule Poirot）[㊁]？这并不是说美国公司在制度上不重视软件质量。20世纪60年代，硬件公司最初倡导用工程的方法开发软件，这些硬件公司是软件的主要生产者，其大部分也是美国公司。库尔特·安德森（Kurt Andersen）在最近的一本书《幻想世界》（Fantasyland）中讨论了从20世纪60年代开始，美国人是如何逐渐脱离理性主义的，因为人们越来越觉得“*你对事物的信仰和其他人的信仰都同样是真实的……我相信我的信仰是真实的，因为我希望并感到它是真实的。*”[51]这将使软件成为典型的美国工业，当然还有软件诞生的速度以及随之而来的财富，似乎这些都以独特的方式演绎出软件的美国传奇故事——白手起家的老板、车库里的天才、西方的神话。也许不可能说服美国的软件领导者相信他们并非在经历在21世纪重演的昭昭天命，而且软件产业不应该是如今的模样。如果你用百万富翁的数量作为衡量一个行业是否成功的标准，那么软件工程行业似乎非常成功。

但这并不意味着我们不需要改变它，而且这种变化不一定起源于美国。从汽车到摩天大楼再到太阳能电池板，有很多技术最初是在美国流行起来的，但后来创新的中心转移到了其他地方。目前，美国是软件开发的主要智慧来源，但这并不是天生注定的，特别是如果其他国家更愿意投资于基础工程研究的话。

早在1980年，米尔斯就对这一点感到担忧，他提到冷战初期

---

㊀ 美国电视剧《百战天龙》中的英雄人物。——译者注

㊁ 英国作家阿加莎·克里斯蒂笔下的神探。——译者注

美国在导弹技术方面与苏联之间的差距："美国数十万无章可循的程序员的惯性是令人担忧的真正原因。……除非我们采取特殊措施来解决这个问题，否则我们正在走向一个'软件鸿沟'，问题与著名的'导弹鸿沟'相比，更为严重和持久（'导弹鸿沟'推动了我们电子工业的发展）。"[52] 到目前为止，这些问题还没有暴露出来：无章可循的程序员的数量不断增加，但他们并不只是集中在美国。

与此同时，持怀疑态度的爱德华·尤登（Edward Yourdon，他在早期对即将到来的千年虫灾难做出了警告，有些人认为，他的警告过分夸大了这个问题，有些人则认为他的警告给了全世界避免空难的时间）在 1992 年出版了一本书，名为《美国程序员的衰亡》（Decline and Fall of the American Programmer），他在书中轻率地预言，"美国程序员即将面临像渡渡鸟那样的命运。到这一十年的最后几年，我预见到美国的程序员、系统分析师和软件工程师中会有大批的失业人员。"他预言的前提是"美国软件的开发成本更高、生产效率更低，质量也比其他国家的低。"因此，"如果你有一群散漫的程序员，且其开发的软件并没有世界级的性能，那么把他们换成爱尔兰或新加坡的程序员吧。"[53]

这一预言还没有成真。美国的代码目前并不比其他国家的代码差。仅仅四年后，尤登本人出版了《美国程序员的崛起与复活》（Rise and Resurrection of the American Programmer）一书，在该书中他回顾了自己早期的一些警告，以及来自互联网发展和微软公司的成功的启示。在谈到他的第一本书中的稻草人 COBOL 程序员时，尤登写道："那些美国程序员确实已经死了，或者至少可以说，他们处于严重的危险之中。但是新一代的美国程序员正在做一些令人兴奋的新的事情。”[54] 但是，这并不意味着将来不会发生这种情况。就我个人而言，我并不在乎。我希望软件成为一门真正的工程学科，但这与软件工程行业的中心是否仍在美国无关。

回到我最初在前言中提出的问题：是软件开发确实太难，还是软件开发人员能力不足？当然，软件中某些部分的开发是非常困难的，但软件开发人员似乎竭尽所能，在重新发明轮子和低效的方法上浪费了大量的时间，使原本简单的部分变得更加困难。很多错误都出现在一些我们本应已经理解得很好的基本领域中，因此软件行业需要努力弄清楚这些领域，然后将其教授给人们，这样我们就可以将精力投入到真正困难的部分中去。

在 1982 年的一部关于成长的电影《雷奇蒙德中学的时光》(Fast Times at Ridgemont High）[⊖]中，杰夫 · 斯皮考利（Jeff Spicoli）饰演的角色在他高中毕业舞会那一晚被他的历史老师（另类的汉德先生）找去谈话，历史老师要求他回答关于美国革命的知识，以弥补他过去乏善可陈的表现。最后，斯皮考利总结道：“杰斐逊所说的是，嘿，我们离开了这块叫英格兰的地方，因为它已经落伍了。所以，如果我们不能建立自己的法律规则，那么我们马上也要落伍了。”[55]

这就是当今软件工程所面临的问题。我们丢掉了本来可以完成的其他工作，因为它们对我们没有吸引力，于是我们走向了软件之乡，在那里我们可以变得聪明且富有创造力。我们自由自在了一段时间，但现在整个世界都依赖于我们了，因此如果我们自己没有建立一些很酷的规则，那么很快，……好吧，你懂的。

⊖ 又译《开放的美国学府》。——译者注

## 注释

1.《观止》（Showstopper）一书描述了压力测试. G. Pascal Zachary, *Showstopper: The Breakneck Race to Create Windows NT and the Next Generation at Microsoft* (New York: Free Press, 1994), 154–157.

2. 在互联网上搜索关于交付奖的图片，你可以看到许多例子。

3. 宣布该计划的电子邮件不小心将其称为“交付奖”(Shit-It Award)。

4. Frederick P. Brooks Jr., “Calling the Shot,” in *The Mythical Man-Month: Essays on Software Engineering*, anniversary ed. (Boston: Addison-Wesley, 1995), 87. 这句话有时也被写成“经验是一所学费昂贵的学校……”

5. Atul Gawande, *The Checklist Manifesto: How to Get Things Right* (New York: Metropolitan Books, 1999), 58.

6. 同上，161 页。

7. 同上，8 ~ 11 页。

8. 同上，11 页。

9. Frederick P. Brooks Jr., “No Silver Bullet—Essence and Accident in Software Engineering,” in *The Mythical Man-Month: Essays on Software Engineering*, anniversary ed. (Boston: Addison-Wesley, 1995), 181.

10. Frederick P. Brooks Jr., “‘No Silver Bullet’ Refired,” in *The Mythical Man-Month: Essays on Software Engineering*, anniversary ed. (Boston: Addison-Wesley, 1995), 208.

11. Robert L. Glass, “Glass” (column), *System Development* (January 1988): 4–5.

12. David Parnas 给作者的电子邮件，2017 年 5 月 22 日。

13. Harlan Mills, foreword to *Fortran with Style: Programming Proverbs*, by Henry F. Ledgard and Louis J. Chmura (Rochelle Park, NJ: Hayden, 1978), v.

14. Wynton Marsalis, *To a Young Jazz Musician: Letters from the Road* (New York: Random House, 2004), 11.

15. "CS9: Problem-Solving for the CS Technical Interview," accessed January 14, 2018, http://web.stanford.edu/class/cs9/.

16. Manfred Broy and Ernst Denert, eds., *Software Pioneers: Contributions to Software Engineering* (Berlin: Springer Verlag, 2002).

17. National Public Radio, "How One College Is Closing the Computer Science Gender Gap," accessed January 14, 2018, http://www.npr.org/sections/alltechconsidered/2013/05/01/178810710/How-One-College-Is-Closing-The-Tech-Gender-Gap.

18. Lafayette College, "CS—Computer Science," accessed January 14, 2018, http://catalog.lafayette.edu/en/current/Catalog/Courses/CS-Computer-Science. 这只是其中一个例子。

19. Computing Research Association, *Generation CS: Computer Science Undergraduate Enrollments Surge since 2006 2017*, B-1, accessed January 14, 2018, http://cra.org/data/Generation-CS/.

20. 同上，D-2 页。

21. US Census Bureau, "Overview of Race and Hispanic Origin: 2000," March 2011, 4, accessed January 14, 2018, https://www.census.gov/prod/cen2010/briefs/c2010br-02.pdf. 这里说的少数族裔包括黑人 / 非裔美国人、西班牙裔 / 拉丁裔美国人、印度裔美国人、阿拉斯加原住民，以及夏威夷原住民或其他太平洋小岛上的原住民。

22. Harlan D. Mills, "Software Engineering Education," in *Software Productivity* (New York: Dorset House, 1988), 260.

23. Frederick P. Brooks Jr., "The Tar Pit," in *The Mythical Man-Month: Essays on Software Engineering*, anniversary ed. (Boston: Addison-Wesley, 1995), 9.

24. Peter Seibel, *Coders at Work: Reflections on the Craft of*

*Programming* (New York: Apress, 2009), 468.

25. Henry Baird, interview with the author, August 7, 2017.

26. David Parnas 给作者的电子邮件，2017 年 5 月 18 日。

27. Donald E. Knuth, " Literate Programming, " *The Computer Journal 27*, no. 2 (January 1984): 97.

28. 同上。

29. Donald Knuth, phone interview with the author, February 10, 2017.

30. Matt Pharr and Greg Humphreys, *Physically Based Rendering: From Theory to Implementation* (Amsterdam: Morgan Kaufmann, 2004).

31. Christopher Fraser and David Hanson, *A Retargetable C Compiler: Design and Implementation* (Redwood City, CA: Benjamin-Cummins Publishing, 1995).

32. Pharr and Humphreys, *Physically Based Rendering*, 1.

33. Knuth, "Literate Programming," 97.

34. Pat Hanrahan, foreword to *Physically Based Rendering: From Theory to Implementation*, by Matt Pharr and Greg Humphreys (Amsterdam: Morgan Kaufmann, 2004), xxii.

35. 其实并不是所有异常。有一些异常（例如除以零异常或栈溢出异常，这些异常通常都是意想不到的，但却基本上无处不在）不需要列入列表中。

36. David Parnas, Jan Madey, and Michal Iglewski, " Precise Documentation of Well-Structured Programs, " *IEEE Transactions on Software Engineering* 20, no. 12 (December 1994): 948–976.

37. Steve McConnell, *After the Gold Rush: Creating a True Profession of Software Engineering* (Redmond, WA: Microsoft Press, 1999), 39.

38. Mills, "Software Engineering Education," 255–256.

39. Frederick P. Brooks Jr., *The Mythical Man-Month: Essays on*

*Software Engineering*, anniversary ed. (Boston: Addison-Wesley, 1995), viii.

40. Andy Oram and Greg Wilson, eds., *Making Software: What Really Works, and Why We Believe It* (Sebastopol, CA: O' Reilly, 2011).

41. Robert L. Glass, " How Can Computer Science Truly Become a Science, and Software Engineering Truly Become Engineering, " in *Software Conflict 2.0: The Art and Science of Software Engineering* (Atlanta: Developer.* Books, 2006), 231.

42. McConnell, *After the Gold Rush*, 84–88, 101–112.

43. Ivar Jacobson, Pan-Wei Ng, Paul E. McMahon, Ian Spence, and Svante Lidman, *The Essence of Software Engineering: Applying the SEMAT Kernel* (Upper Saddle River, NJ: Addison-Wesley, 2013), 255.

44. Texas Board of Professional Engineers, " Software Engineering," accessed January 14, 2018, https://engineers.texas.gov/software.html.

45. National Council of Examiners for Engineering and Surveying, " NCEES Principles and Practice of Engineering Examination Software Engineering Exam Specifications," April 2013, accessed January 14, 2018, https://engineers.texas.gov/downloads/ncees_PESoftware_2013.pdf.

46. David Parnas 给作者的电子邮件，2017 年 5 月 22 日。

47. McConnell, *After the Gold Rush*, 103.

48. 同上，155 页。

49. Allen Ginsberg, " Howl, " in *Howl and Other Poems* (San Francisco: City Lights Books, 1956), 9.

50. Steve Lohr, *Go To: The Story of the Math Majors, Bridge Players, Engineers, Chess Wizards, Maverick Scientists, and Iconoclasts—the Programmers Who Created the Software Revolution* (New York: Basic Books, 2001), 99.

51. Kurt Anderson, *Fantasyland: How America Went Haywire* (New York: Random House, 2017), 174.

52. Mills, “Software Engineering Education,” 253.

53. Edward Yourdon, *Decline and Fall of the American Programmer* (Englewood Cliffs, NJ: Yourdon Press, 1992), 1, 17, 20.

54. Edward Yourdon, *Rise and Resurrection of the American Programmer* (Upper Saddle River, NJ: Yourdon Press, 1996), xi.

55. *Fast Times at Ridgemont High*, directed by Amy Heckerling (1982; Universal City, CA: Universal Studios Home Entertainment, 2004), DVD.

# 推荐阅读

## 人件（原书第3版）

作者：（美）Tom DeMarco 等 ISBN：978-7-111-47436-4 定价：69.00元

**公认对软件行业影响最大、最具价值的著作之一，历时15年全面更新**
**与《人月神话》共同被誉为软件图书领域最为璀璨的“双子星”，近30年全球畅销不衰**

在软件管理领域，很少有著作能够与本书媲美。全书从管理人力资源、创建健康的办公环境、雇用并留用正确的人、高效团队形成、改造企业文化和快乐工作等多个角度阐释了如何思考和管理软件开发的最大问题——人（而不是技术），以得到高效的项目和团队。

## 设计原本——计算机科学巨匠Frederick P. Brooks的反思（经典珍藏）

作者：（美）Frederick P. Brooks,Jr. ISBN：978-7-111-41626-5 定价：79.00元

**图灵奖得主、《人月神话》作者Brooks封笔之作，揭秘软件设计神话！**
**程序员、项目经理和架构师必读的一本书！**

《设计原本》开启了软件工程全新的“后理性时代”，完成了从破到立的圆满循环，具有划时代的重大里程碑意义，是每位从事软件行业的程序员、项目经理和架构师都应该反复研读的经典著作。全书以设计理念为核心，从对设计模型的探讨入手，讨论了有关设计的若干重大问题：设计过程的建立、设计协作的规划、设计范本的固化、设计演化的管控，以及设计师的发现和培养。